规模、边界与秩序

——“三规合一”的探索与实践

潘安　吴超　朱江　著

中国建筑工业出版社

图书在版编目（CIP）数据

规模、边界与秩序——“三规合一”的探索与实践 / 潘安，吴超，朱江著. —北京：中国建筑工业出版社，2014.10

ISBN 978-7-112-17302-0

Ⅰ. ①规… Ⅱ. ①潘… ②吴… ③朱… Ⅲ. ①城市规划－研究－中国 Ⅳ. ①TU984.2

中国版本图书馆CIP数据核字（2014）第223004号

责任编辑：唐　旭　杨　晓
书籍设计：锋尚制版
责任校对：姜小莲　党　蕾

规模、边界与秩序

——“三规合一”的探索与实践

潘安　吴超　朱江　著

*

中国建筑工业出版社出版、发行（北京西郊百万庄）
各地新华书店、建筑书店经销
北京锋尚制版有限公司制版
北京盛通印刷股份有限公司印刷

*

开本：787×1092毫米　1/16　印张：12¾　字数：310千字
2014年10月第一版　2015年5月第二次印刷
定价：98.00元

ISBN 978-7-112-17302-0
（26083）

前　言

经常会有人问：什么是“三规合一”？为什么要做“三规合一”？

这个问题看上去比较简单，但真正要讲清楚并不是一件很容易的事。

我们知道，“三规合一”中的“三规”是指：国民经济和社会发展规划、城乡规划、土地利用总体规划。就城市而言，三个规划都是由地方政府组织编制，并按程序报批后实施的。理论上，三个规划应该在编制内容、实施管理上保持充分的协调与对接。

但在实际工作中，三个规划是由政府的三个行政主管部门分别组织编制实施的。由于三个规划既是从不同专业角度对城乡未来发展的设想和量化控制，又是主导规划编制行政管理部门依法行政的主要依据。因此，三个规划的编制和调整都更强调由上至下的行政管理，并分别制定了一套严谨的规范和程序强化这种纵向的衔接关系，而三个规划彼此之间的衔接却缺少具体要求和强制性管理措施。在这种情况下，受主管部门、技术标准、编制办法、实施方式等影响，现实中的三个规划往往存在较大差异。复杂的行政程序、海量的规划数据，独立的信息孤岛和缺失的衔接机制，导致三个规划各自为政的局面，削弱了规划对城乡空间资源的调控能力，降低了项目审批效率，严重影响了城市空间治理能力的提升。

“三规合一”中的“合一”，就是要把三个规划中涉及地理空间的相关内容提取出来，通过比对和协调，使地理空间的规划信息及相关内容达到高度的吻合与一致。在此基础上，建立一个规范的规划衔接管理机制，规范“三规合一”的动态维护与三个规划之间的联动行为，实现建构统一空间规划体系的梦想。

举个例子：建设用地规划是城乡规划的重要内容，并主导城乡规划的发展方向，建设用地也是土地利用总体规划的重要内容，国民经济发展的规划和社会发展的规划也都需要依托于建设用地的规划。那么，建设用地就是“三个规划中涉及空间的重要内容”，就应该保持高度的吻合与一致。所谓“保持高度的吻合与一致”，是指三个规划在建设用地的定义和范畴方面需要保持一致或兼容，同时三个规划在相同的规划期限内，建设用地的规模也需要保持一致或兼容。另外，三个规划在相同的规划期限内，建设用地的具体位置还需要保持一致或兼容。当其中一个规划调整了，另外的规划也应该随之调整。所谓“规划衔接的管理机制”是指在日常行政管理过程中，做出对城乡、国土和经济的建设用地调整的行政决定后，同时调整相应规划的管理规则和办法，城乡、国土或经济社会中的一个规划调整了，另外两个规划也应该随之调整。

回答了“三规”与“合一”的问题，也就解决了为什么要做“三规合一”的问题。“三规合一”以建立统一的城乡空间规划体系为目的，也强调以统筹城乡空间行政管理为手段。同时，“三规合一”以城乡空间为纽带，可以最大限度地整合和充分发挥三个规划各自的最大优势，真正实现空间规划源于并服务于经济、社会、环境、生态、文化等各种因素，与之协调一致、共生共存的目标。

所以，我们说“三规合一”的工作不产生新的规划，重点不在于规划编制，而在于规范已编或在编规划的衔接行为。

“三规合一”基于城乡空间的衔接与协调，是优化城乡空间，有效配置土地资源，提升城市治理能力，提高政府行政效能的有效手段。“三规合一”的本质是一种空间规划的协调工作。协调的重点是城乡用地发展，协调的核心内容是规模、边界与秩序。从古至今，规模、边界与秩序一直都是城市空间规划最为重要的研究内容。规模决定了城市空间拓展的尺度，边界决定了城市空间拓展的范围，秩序决定了城市空间拓展的关系。

工业革命之前，城市建设用地规模是通过统治者的主观臆断、等级制度或现实需求明确的，城市建设用地的边界是通过城墙确定的。因此，边界通常是清晰而又肯定的，是难以轻易改变的。城墙决定城市，边界决定规模，由于边界难以改变的特性，工业革命之前的城市建设之初就已经稳定了其规模和秩序。

工业革命之后，城市急剧扩张，在工业烟尘中将要窒息的人们开始探索理想城市模型和城市更新改造的方式。田园城市、带形城市……一个一个美丽构想呈现在我们面前；伦敦的公共卫生运动、芝加哥的城市美化运动、奥斯曼的巴黎大改造，这一系列的改造行动也取得了一定效果。1933年《雅典宪章》发布，确定了城市四大功能分区。打破城墙约束后的城市发展相对会自由很多，但建设用地边界的拓展仍然要受到高山大川等地理条件的限制。所谓城市门槛，讲的就是这个原理。城市边界从受制于城墙转向受大自然的控制，城市边界拓展仍对城市规模拓展具有较大的影响，有时甚至是决定性的影响。

20世纪，人们也尝试通过规划形态控制城市边界，乃至主导城市规模。例如，巴西利亚、堪培拉这些功能分区明确、锁定城市规模和具有优美几何图案的经典城市规划方案也横空出世，但是这种几何平面极大地约束了城市发展，规划实施往往只能得到悲剧式结果。

当今世界，现代人类的进步，已经将跨越高山大川发展城市变成现实，建设用地边界可以自由地穿梭于自然之中，大自然为城市发展设定的门槛几乎降低到可有可无的状态。但这只是一种表面现象，城市规模与生态安全是密切相关的。毋庸置疑，城市规模越大，生态安全系数越小。

我们知道温水煮青蛙的道理。将一只青蛙放进沸水中，青蛙会立即奋力从锅中跳出逃生。如果把这只青蛙放进装有冷水的锅里，青蛙会在水中畅游，当你提升锅里的水温时，青蛙并无激烈反应直到水烫得无法忍受。但这个时候的青蛙已四肢无力，无法跃出水面，逃离危险。青蛙最终死在热水中。

城市规模增长是渐变的，生态安全环境演化也是渐变的。如何在渐变中防止生态环境发生质的恶化，如何在没有显性城市门槛条件下通过规划控制城市规模则是我们需要研究的重要课题。城市的发展是一个聚集、扩散、再聚集、再扩散的循环过程。与此对应，城市边界也是一个由完整向碎片化发展的过程。这种碎片化的城市边界隐藏在城乡之间，它控制着城市合理的规模、科学的空间格局，维护着生态安全系统。

规划的控制、土地的制度、计划的实施，都会影响这条隐形边界的寻找工作。在我国，规划和国土两个部门分别以城乡规划和土地利用总体规划为代表，寻找这条隐形边界，发改部门则通过重点发展区域、建设项目的计划影响这条隐形边界的形成。寻找隐形边界，以及研究与之对应的规模和秩序问题，已成为城市空间规划和管理的核心内容。

形成统一的城市空间发展边界是破解城市空间规划矛盾的一把钥匙，也是建立城乡空间规划新秩序的理想方法。因此，“三规合一”工作的核心就是搭建城乡空间规划新秩序，在新秩序引领下寻找隐形边界，并保障其运行实施。

“三规合一”的边界包括城市空间拓展的规模边界和增长边界，完善城市功能的功能边界，保护城市生态的生态边界。其中的核心是规模边界，它是城市空间拓展的现实边界，即城市在一定期限内实际可以进行建设的范围。它是“三规合一”的纲，是“三规合一”的魂。增长边界是为解决规模边界的刚性问题，从规划引导和控制的角度，划定的建设增长的范围。在精准的建设用地边界条件下，适当延伸，在非建设用地中划定生态用地保护边界和在建设用地中划定功能区块边界有利于“三规”协同发挥更大的作用。

在瞬息万变的现代社会，城市空间发展和管理新秩序的搭建需要依托新的技术手段。大数据时代的到来为其提供了良好的契机。数字技术、网络技术、信息技术的发展为边界的建立和维护带来了可能。城乡空间规划新秩序呼唤智慧化的畅想。“三规合一”信息联动平台已迈出了智慧“三规合一”的第一步。

适度的规模、统一的边界、良好的秩序是“三规合一”工作的核心，也是城市空间综合治理的基础和关键。时代的发展、观念的更新、技术的提升呼唤以“三规合一”为依托的城乡空间规划新秩序和城乡空间管理新秩序的形成，而新秩序的产生必将触动我国城市空间综合治理的巨大变革。

“多规融合”是“三规合一”工作的延续。所谓“多规融合”，无外乎将更多的有关空间规划的内容纳入到“三规合一”之中。就工作时序而言，“三规合一”是基础，应当先行建立基本框架。在“三规合一”框架基本稳定后，再将其他空间规划融入框架之中，将更有利于快速有效建立统一的空间规划体系。

“三规合一”是一个全新的研究课题。

本书的重点是试图从城市发展历史的角度、从现实城市发展阶段的角度、从寻找城乡矛盾的角度、从生态环境的角度，探索城市空间发展的核心要素，破解“三规合一”之道。

笔者力图通过层层剥茧的方式，把研究视角逐渐聚焦于“规模”、“边界”和“秩序”三个空间规划的基本要素，并以边界为纽带，探讨城市的规模和秩序问题。

目 录

第一章

传统城市规模与边界的失衡

农耕社会的粮食关系到国家的命脉和政权的保障。有了粮食，统治者就可以修建更坚固的城墙、就可以养育更强大的军队，就可以购买更健硕的兵马，就可以打造更锐利的武器。有了粮食，统治者就可以占领更广阔的土地。

中国人习惯讲一句话：国以粮为本，民以食为天。

“民以食为天”这句话出自《汉书·郦食其传》，原意为：“王者以民为天，而民以食为天”。

郦食其是秦汉之际一位学问超群的书生，因助刘邦取陈留而被封为广野君。相传，楚汉相争时，刘邦守地有一处称为敖仓的小城，是关东最大的粮仓。在刘邦首尾不能相顾，征求郦食其是否放弃敖仓的时候，郦食其对刘邦讲了这番话。也正是由于郦食其的劝说，刘邦坚守住了粮仓，最终打败了项羽。

自此以后，“民以食为天”成了帝王将相，大小官员的座右铭。

粮食烙印如此刻骨铭心，以至于成了全社会的集体记忆，时至今日我们仍会把很多东西都和“吃”联系起来。

例如，我们把工作叫做饭碗，称谋生为糊口，自嘲过日子为混饭；例如，我们随手可以举出很多带有吃的词组：吃醋、吃亏、吃苦、吃准、吃透、吃香、吃力、吃得开、吃老本、吃劳保、吃小灶、吃软饭、吃不消、吃干饭、吃苦头、吃不准、吃不住、吃里扒外、争风吃醋、大小通吃、软硬不吃、大鱼吃小鱼、吃颗定心丸、吃一堑长一智、吃着碗里瞧着锅里、吃不了兜着走、吃饱了撑的、哑巴吃黄连。

借用“吃”的描述，讲出了生活百态，社会大千，讲出了感情上的形形色色，讲出了行为上的林林总总，讲出了粮食曾经在人们灵魂深处的地位。

为了保护这些关系国家命运、百姓生死和政权稳固的粮食，统治者建立了大大小小、等级森严、层次分明的城堡、城镇、城市。

不夸张地说，农耕时代的城乡关系是唇亡齿寒的关系。城市与原野、城市与疆土和城市与政权相互依存，失去一方，另一方必然难以持久维系。如果一方强大了，另一方自然得到巩固。

当然，城市守望广袤原野的同时，也为统治者提供了栖身的场所。

随着时间的推移，城市不仅仅起到保卫原野和疆土的作用，还拓展了象征统治者身份和满足统治者日常生活的功能。

随着时间的再推移，兵马调动的能力和速度提高了，兵戈相见的频率减少了，部

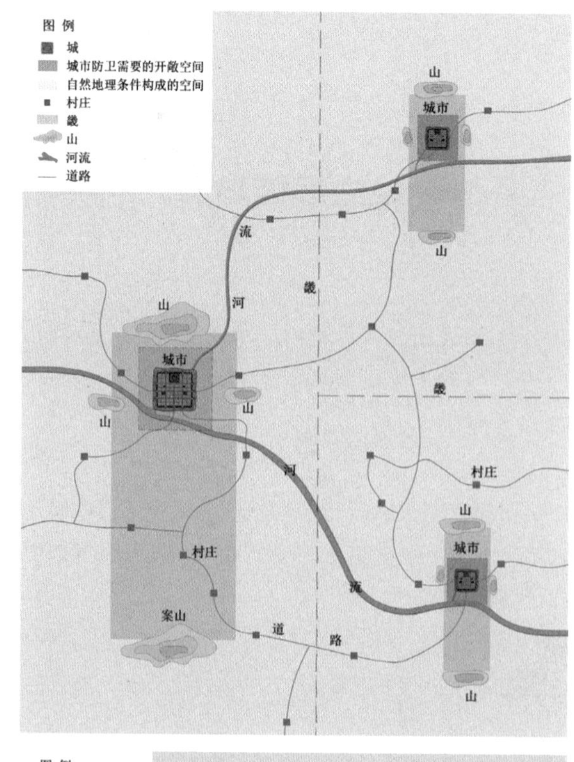

图 1-1 传统的城市与原野
城市边界规整清晰
城市规模稳定
城市依托乡村供给
乡村依赖城市保护
城乡空间反差大

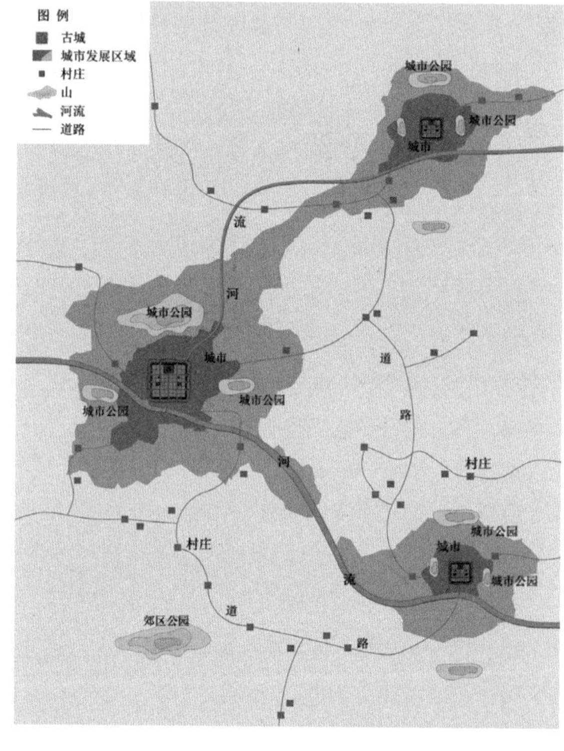

图 1-2 传统城市的颠覆
城市边界不规则状态并具有向外延伸趋势
城市规模不稳定
城市对本地产品供给需求减弱
乡村对城市依赖成为城市一部分
乡村空间反差减小

队的野战性能增强了，城市的防卫功能和守望效果淡化了。

最终，传统的城乡关系被颠覆了。

颠覆传统城乡关系的推手是工业革命[①]。

18世纪始于英国的工业革命改变了社会的生产方式。

社会生产方式变革的直接后果是政权的强盛和命运直接与城市的经济能力挂上钩。城市经济开始主导着国家的命运与人类的生活。

粮食不再是财富的唯一来源，甚至占有粮食并不意味着拥有财富。工业的发展、商贸的崛起、人口的聚集，让财富迅速向城市聚集，使城市规模迅速扩张、城市数量快速增长。

机器技术实现了从传统农业社会转向现代工业社会的重要变革，改变了城市的发展方向。城市经济毫无悬念地取代原野经济。城市不再是原野的守望者，而成为引领经济世界的弄潮儿。

人口和经济的高度集聚颠覆了传统城市的形制、布局、形象和功能。城市的规模不再由城市的等级和城市统治者的身份决定，而是由城市自身经济发展水平决定。曾经决定城市边界的城墙、护城河、环城道路不再是安全的象征，而成为阻碍城市发展的绊脚石，破城发展成为不可阻挡的潮流。城市与原野唇齿相依的关系逐渐淡化，城市赖以生存的农林牧渔产品不再完全依赖于眼下的原野，这些产品可能来自远方，甚至可能来自海外。

由此，城市走向富足，乡村走向贫穷。城乡的经济条件差距开始拉大，生活方式差距开始拉大。城乡关系由依存关系进入二元状态，甚至成为对立关系。

如果我们把由军事政治统领转向由经济统领的过程称为城市的凤凰涅槃也许夸张了一点，但是在这一过程中城市的确经历了一次生与死的考验。

①工业革命亦称产业革命。以资本主义的机器大工业代替手工技术为基础的工场手工业的革命,并以纺织机和蒸汽机的发明和普遍采用为标志。

第一节 城市规模与边界的确立

本节开篇，我们要先引进一个很特别的字：畿[①]。

什么叫畿?《周礼·地官·大司徒》:“制其畿方千里而封树之。”

隋唐间儒家学者、经学家孔颖达[②]对此的解释是：“制其畿方千里者，王畿千里，以象日月之大，中置国城，面各五百里。”就是说国王直接拥有的土地为方千里，称为王畿。国王要在这片土地的中央建一座守望这片土地的城市，称为都城。都城每个面守望的范围是五百里。王畿之外，每方五百里被划分为一畿，而且这些畿都有特殊的名称：侯畿、甸畿、男畿、采畿、卫畿、蛮畿、夷畿、镇畿、蕃畿。城不过是畿的守望者而已。

在农耕时代，粮食对于国家的存亡、对于人类的繁衍意义是无可取代的。星罗棋布于原野上的城市就是要守望人们赖以生存的粮食生产基地，要守望广袤的疆土，要为统治者提供安全而又舒适的庇护空间。

守住原野，就守住了统治者的生存之本。要守住生存之本，就要有保护生存之本的武装，即军队。有军队，就应该有城市。因此，有畿必有城，城必居畿中央。城因乡而存在，乡因城而宁静。

也许城市只是一个临时栖身之地，乡村才是真正意义的家。也许这种城乡逻辑关系被描述得过于简单，但却勾勒出城市与原野、城市与统治者的依存本质。

欲窃邻之畿，破其城，屠其王，即可。商汤就是这么干的。

《孟子》在描述夏商之变的时候是这样讲的：“汤始征，自葛载，十一征而无敌于天下[③]”。其大概意思是商汤是从讨伐葛国开始，向夏王朝下手的。自灭了葛国之后，一路凯旋，接连十一次战役都打了胜仗。

商国曾经是夏王朝的小方国。但到了公元前16世纪前后，这个位居黄河中下游的小方国实力已经不小了，国力日渐强盛，粮食富足有余，而夏王朝已见衰势，民心相背。商王汤掌权之后，便有了灭夏之心。

商汤首先选择从相邻小方国葛[④]入手，小试牛刀。

故事由此展开：葛国君主葛伯放纵无道，不祭祀祖先。商汤质问，葛伯说没有牛羊为牺牲。于是商汤送牛羊给葛伯，但葛伯仍然没有祭祀祖先，而是把送来的牛羊吃了。商汤再次质问，葛伯说没有粮食做祭品，商汤便派人帮助葛国人种粮食。葛伯却杀了来者，抢夺粮种，分而食之。

商汤怒，领军进攻葛国，一场发生于今河南宁陵

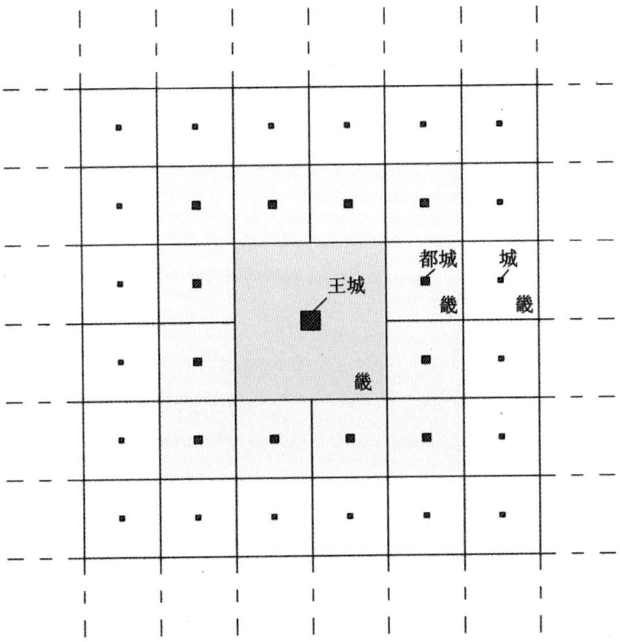

图1-3 畿与城

王畿方千里，中置国城
侯畿、甸畿、男畿、采畿……方五百里，中置城各守其职

①畿的本义：国都四周的广大地区。含义：古称王都所在处的千里地面，后指京城管辖的地区。

②孔颖达(574-648)，字冲远、仲达，冀州衡水人。出身官宦人家，自幼受到传统的儒学教育，曾从时之名儒刘焯问学，以精通五经称于世，对南北朝经学之"南学"、"北学"均有颇深造诣。尤明《左传》、郑玄注《尚书》、《毛诗》、《礼记》和王弼注《易》，兼善历算、能属文。

③源于《孟子·滕文公下》。

④葛，葛国，葛伯国，夏代封国之一，位于今河南省商丘市宁陵葛伯屯。

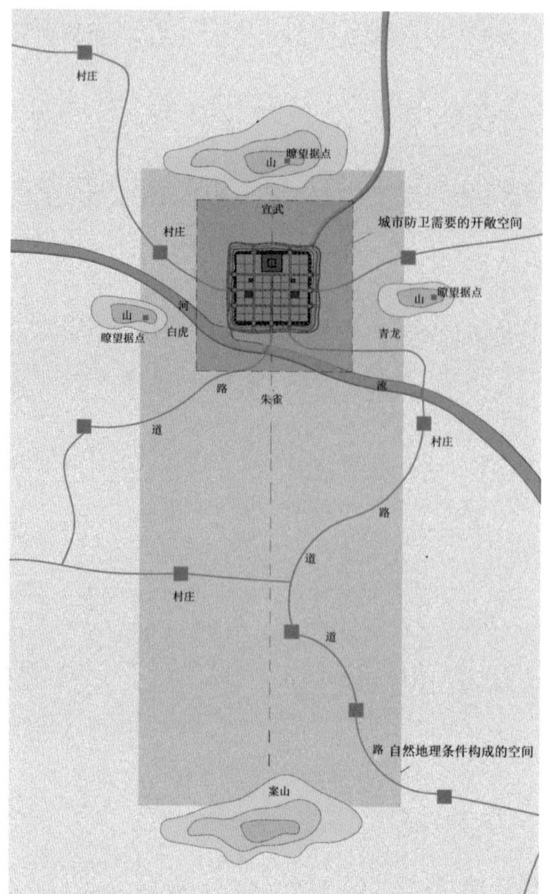

图1-4 城市规模、边界与安全

城市规模决定城市防卫能力和兵马多少
城市内部需有快速调动人马的通路
城市内部需有收集军情的瞭望所，即钟鼓楼和和城门楼
城市外围要有收集情报的据点

传统城市共有四个空间层次:
守望原野的范围
青龙白虎朱雀玄武等自然地理构筑空间环境
城市防卫需要的开阔地
城墙、护城河和绕城路

东北的商葛战争就这样毫无悬念地展开了。商国灭葛国的标志很明确:破城屠王。

所谓破城屠王，就是攻破葛国的城墙，杀掉不听话的葛伯，换上听话的葛伯。原野还是那片原野，城市还是那座城市。只是守城的士兵换上商汤的旗号，统领士兵的人换成商汤的葛伯。城市的主人变了，原野的主人也随之变了。

商汤灭掉不听话的葛伯之后，信心倍增，后逐一灭掉夏王朝诸方国，直至推翻夏王朝，建立商王朝。

历史就是这么简单，也许就是为了几头牛羊，几担稻谷就会引发战争。也许，就是这几头牛羊，几担稻谷导致了王朝的更替、社会的变迁。即便是其背后有着更深刻的隐情，但至少从表面上讲，粮食是导火索。如果葛伯丰衣足食，故事至少会变成另外一个版本。

既然城市与乡村关系如此清晰，既然城市对于政权如此重要，既然城市是统治者的城市，城市的安全自然会成为统治者精心研究的课题。

一切为了安全，一切立足于安全，一切服从于安全，是传统社会建设城市之本。适中的规模和清晰的边界是决定城市安全的最基本要素。就城市的规模与边界而言，我们可以从社会关系、自然环境和城市格局三个角度进行讨论。

传统城市规模受人为和自然两个条件的制约。

所谓人为条件，是指将城市作为等级社会的等级象征。这一点在中国社会尤为突出，中国古代城市规模与行政架构及传统文化基本保持一致，成为加强统治者结构秩序的重要手段。

因此，任何一个朝代，都城都是这个国家城市规模体系的参考坐标和最高标准，是一个王朝最高等级的城市，同时也是一个国家最高统治者的居所。

我们知道，解经《春秋》典籍的有左氏、公羊、谷梁三家，史称“春秋三传”。其中，《公羊传》是一部以问答的方式注释《春秋》[①]的书，书中是这样解释京师的:“京师者，天子之居也。京者何？大也。师者何？众也。天子之居，必以重大之辞言之。”这里的京师，便是我们所说的都城。

所谓“都城”或“城市”，都包含了“都”、“城”、“市”三重意义。“都”代表政权与规模，“城”代表防卫与边界，“市”代表商业与生活。国都除了具备一般城市的功能外，还有无可替代的政治意义。国都通常以庞大的规模聚集众多的人口，以表达至高无上的权力，彰显尊卑上下，傲视群城。各级城市莫不以都城为标杆，逐级减

①晋范宁评《春秋》三传的特色说:“《左氏》艳而富，其失也巫。《谷梁》清而婉，其失也短。《公羊》辩而裁，其失也俗。”《公羊传》亦称《春秋公羊传》、《公羊春秋》，其起讫年代约公元前722年至前481年，作者旧题是战国时齐人公羊高，曾受学于孔子弟子子夏。

少规模。按照《考工记》[①]的记述："国都方九里，公国方七里，侯、伯方五里，子、男方三里。王宫门之制五雉，宫隅之制七雉，城隅之制九雉。经涂九轨，环涂七轨，野涂五轨。门阿之制，以为都城之制。宫隅之制，以为诸侯之城制。环涂以为诸侯经涂，野涂以为都经涂[②]"。所谓雉：长三丈高一丈。

①《考工记》是中国战国时期记述官营手工业各工种规范和制造工艺的文献。

②将城邑分为三级：第一级是"王城"，即王国的首都；第二级为"诸侯城"，即诸侯封国的国都；第三级为"都"，即宗室和卿大夫的采邑。三级城邑的建制层次分明。以三级城邑为据点，自上而下组成了一个遍布全国的统治网。

除了等级制度外，墨子的"五不守"理论比较形象地描述了自然条件对城市规模的制约。墨子说："凡不守者有五：城大人少，一不守也；城小人众，二不守也；人众食寡，三不守也；市去城远，四不守也；畜积在外，富人在虚，五不守也。"也就是说，城市规模应在人为和自然条件双重制约下确定。

结合前面提到的畿的概念，我们可以得到这样一个结论：城的规模与畿的大小应相适应，畿的大小不是一成不变的。城与畿规模都需服从于城市规模体系，不可僭越。

城市规模确定了，城市的边界也就确定了。传统城市平面有非规则形状的，但多数都是方形。我们根据城市的面积很容易推算出城市的边界，也就是城墙的位置。按照《考工记》的说法，不仅城墙的位置可以推算出来，而且对城墙的高度也有所规定。不仅如此，对环绕城墙道路的尺寸也有所规定。因此，城市规模一旦确定，由城墙、护城河、环城道路构成的城市边界会泾渭分明地将城市空间和非城市空间分割得清清楚楚。

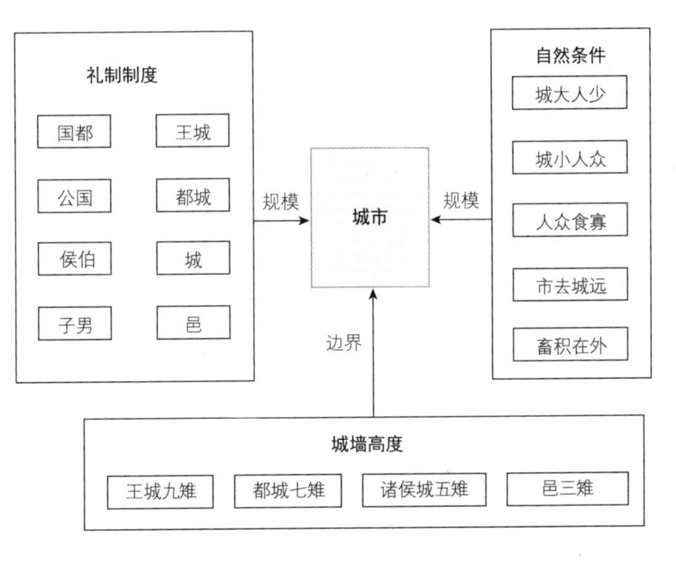

图 1-5 城市规模体系

城市规模和边界的决定因素明晰之后，我们可以讨论与城市规模相适应的选址问题，城市边界的周边环境是否能与城市边界相适应的问题。

阳光和水是生命之本。在农耕时代，水源是城市选址必须考虑的因素。一座水源匮乏的城市是没有生命力的城市。滨水筑城，就等于选择了生存的希望。中国古代城市选址素有"相土尝水"、"象天法地"[③]之说，所谓"相土"就是检验土质是否坚实、是否适于建城，而"尝水"则是要判断水源是否充足，水质是否甜美，是否能满足人们的生活需求。所谓"象天法地"就是看风水。

③据《吴越春秋·阖闾内传》记载，公元前514年，吴国大臣伍子胥曾依相土尝水，象天法地，"造筑大城，周回四十七里"。

河流、川溪、湖泊、海洋是城市饮用、排放、循环系统的基本保障，是守望原野、调兵遣将的主要通道，是保卫家园、御敌域外的重要防线。河流、川溪、湖泊、海洋便于交通运输，便于耕地良田，便于畜牧渔樵。故，中国风水学家有"背山面水"、"山环水抱"、"曲水环抱"之说。

围绕城市的水系起着防御功能、漕运功能和生活循环功能的案例有很多。

水系与城市最直接、最直观的关系是为护城河补水，起到保护都城的作用，并由此强化了城市边界的清晰度。同时，通过护城河与水系的关系，也将城市与自然环境联系起来。除此之外，水系的规模与城市规模也是息息相关的，丰厚的水系地区往往是大都市城址的首选。

比如，西汉文学家司马相如在描写了汉代林苑时留下“荡荡乎八川分流，相背而异态”[①]的笔墨，于是就有“八水绕长安”之说。属黄河水系的渭河、泾河、沣河、涝河、潏河、滈河、浐河和灞河八条河流，汇集各类水面面积近27平方公里。从某个角度来讲，有如此丰厚的水资源，才有汉唐十三朝古都西安城不衰的历史。

①源于《文选·司马相如<上林赋>》：“终始灞浐，出入泾渭，沣、滈、潦（即涝）、潏，纡余委蛇，经营乎其内。荡荡乎八川分流，相背而异态”。

比如，宋朝离开八水环绕的西安之后，经过一番争辩和商议，最终的首都选址还是落户在一座著名的北方水城：东京，即开封。汴河、蔡河、五丈河和金水河贯城而过，构成各地贡献漕运东京的重要通道，也是禁军军力威慑全国的重要渠道，还是实现宋朝中央集权兵制的重要保障。

图 1-6 汉长安
图片来源：根据董鉴泓《中国城市建设史》（中国建筑工业出版社）绘制

纵观全球古都：柏林、巴黎、伦敦、莫斯科、科隆、巴比伦、希腊、罗马无一不是泮水而建。

纵观全球河流：莱茵河、塞纳河、泰晤士河、莫斯科河、幼发拉底河、恒河、长江、黄河无一不是聚集了大量的古城、古堡遗迹。

管子曾经总结过：“凡立国都，非于大山之下，必于广川之上”。

管子还说过：“高毋近阜而水用足，低毋近水而沟防省[②]”。

②源自《管子·乘马》。

就是说，无论你要在高山脚下建城，还是要在平原建城，都不要把城市选在离水源太远的高岗上，当然也不能过于贴近水面。

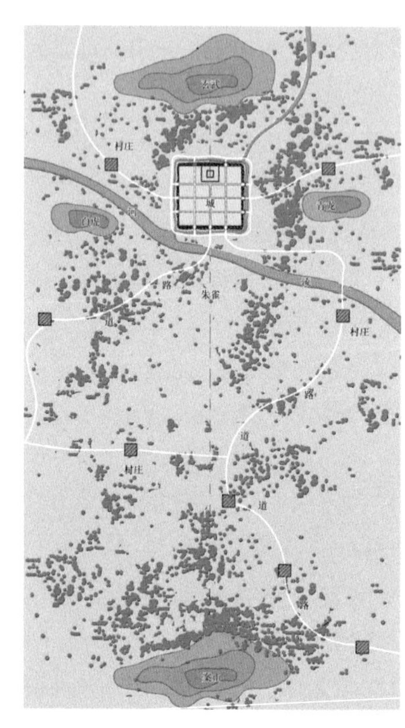

在解决城与水的关系的基础上，还有一个城市方位的问题。

《周礼》中提到了“惟王建国，辨方正位”的思想，中国风水师在“辨方正位”的基础上提出了：“负阴抱阳”[③]的说法。

③《道德经》中写道：“道生一，一生二，二生三，三生万物。万物负阴而抱阳，冲气以为和。”

按照风水师的理想，城市应该是这样的：北部有谓之玄武的高山，南面有谓之朱雀的平原及水口，最好是河流凸岸，远处是朝案之山，东西两侧有谓之青龙白虎山丘。高山与案山的连线被视为自然轴线，如果城市轴线与自然轴线重合，则为最佳。

传统城市选址注重对山脉走势的把握，注重对河流湖泊的运用，提倡“中和”[④]，讲究天地万物协调，要求势、气兼备，倡导“天人合一”、“人与天调”，主张尊重自然、顺应自然。大城市如此，小城市如此，乡村也是如此。活人居住空间如

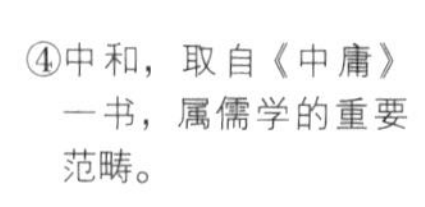

④中和，取自《中庸》一书，属儒学的重要范畴。

图 1-7 传统城市理想选址

此，逝者墓穴也是如此。

明晰了城市与山脉水体的关系，明晰了城市规模、边界与自然的融合度。剩下的就是城市的格局与城市规模、边界相适应的问题。

传统社会对城市平面布局的限制是较为严厉的。

《考工记》曾经这样描述都城："匠人营国。方九里，旁三门。国中九经九纬，经涂九轨，左祖右社，面朝后市。"

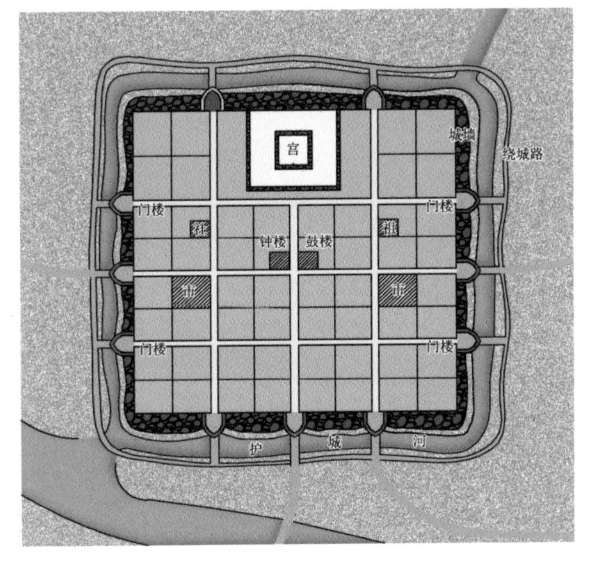

图1-8 都城理想平面

说白了，就是要在城市建设中强调方正规整，皇城居中，中轴贯通，左右对称，道路规整，经纬分明。同时强调诸侯城墙规制不能超过王国都城皇宫的宫墙，宗室和卿大夫采邑城墙规制不能超过王国都城皇宫的宫门，以此类推。

我们还要告诉大家一个事实：在传统城市内，我们是几乎看不到什么树木的，尤其是紫禁城内。

我们之所以在城中看不到树木，是因为古代城市基本没有行道树，这是军事上的考虑。只有进入皇家园林、私家园林和庙宇、道观后，也许能见到一两棵名木古树。但大量的园林绿化多集中在城外的苑囿。以苏州园林为代表的城市私家园林是在城市防卫功能基本消失的前提下，才逐渐出现的。

西方城市以广场、庙宇和市政厅为核心，街道上同样没有行道树，其求安全的本质没有改变。无论是放射性道路还是棋盘式道路，都以调动军队为第一功能，行道树是比较晚期的事情了。

我们之所以提到城市树木的问题，是要提醒大家，在讨论传统城市的过程中，自始至终不要忘记，防卫是城市的根本。同时提醒大家，城市内光秃秃的街道同广场和建筑与城市外的山川河流、荷塘林木的自然景观会有强烈的对比。

在现实中，都城建设都在《考工记》的理想平面基础上有所发展。其中，主要的变化是宫城后移；另一个变化是市场没有设置在城市的后部，而是在城市的东西各设置一个市场，也称东市、西市。也许我们把物品叫做"东西"的缘由，就是源于"东西"需要去东市场或西市场购置；或者说，去东市场或西市场购置物品被简称为"买东西"。

我们以中国两个最大的都城，唐长安城和明清北京城为例述之。

西安是隋唐两朝都城，隋称大兴城，唐称长安城。

工部尚书宇文恺是隋大兴城的缔造者，这位出身于武将功臣世家的鲜卑人主持建造了大兴城和东都洛阳城。据《隋书》记载，隋文帝考虑到"龙首山川原秀丽，卉物滋阜，卜食相土，宜建都邑。定鼎之基永固。无穷之业在斯。"便确定了新都建于龙首原上这个大原则，并责令宇文恺规划建造。《类编长安志》卷二记载："先修宫城，以安帝居，次筑子城，以安百官，置台、省、寺、卫，不与民同居，又筑外郭京城一百一十坊两市，以处百姓。”据说，自兴工至迁都仅用十个月的时间。

唐朝沿用隋都城，改“大兴”为“长安”，并继续建设，于654年完善了外郭城墙、城楼、都城格局。唐长安城曾经号称是世界规模最大的都城，也是我国历史上最大的都城。都城面积达83平方公里，人口约50万。

唐长安城将中国里坊城市推向极致，也是最后一个有完整里坊建制的城市。里坊，是中国古代城市居住区组织的基本单位。里坊制① 是便于城市管理而采取的一种强制管理的居住制度。

①里坊制的确立期，相当于春秋至汉。把全城分割为若干封闭的“里”作为居住区，商业与手工业则限制在一些定时开闭的“市”中。“里”和“市”都环以高墙，设里门与市门，由吏卒和市令管理，全城实行宵禁。

唐长安城由宫城和皇城以及109个里坊组成。里坊大小约在26~76公顷之间，设高2米左右的坊墙，开2~4个坊门，规定非三品以上官员豪宅不得随意临街开门。里坊的坊门定时启闭，平时由士兵巡逻管理。

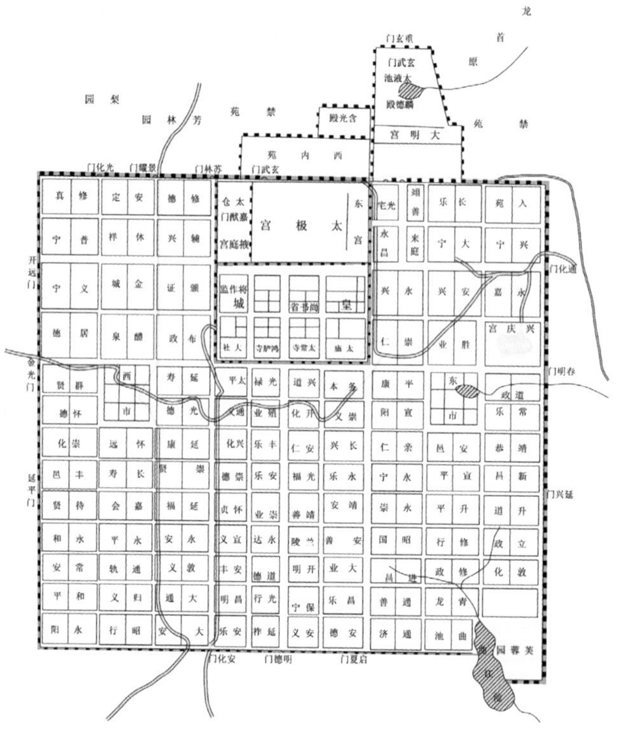

图1-9 唐长安城

图片来源：根据董鉴泓《中国城市建设史》（中国建筑工业出版社）绘制

唐长安城的里坊制延续了前朝的做法，但出现了一些变化。如，除了居住外，坊内出现了寺庙、军营校场等非居住功能，甚至于政府官署、旅馆等功能也出现于里坊之中；再如，坊内不再严格按阶级和职业划分居住类型，僧俗共处一坊，平民、官员共处一坊等现象司空见惯，手工业作坊大量充斥于里坊中。

唐代既是里坊制度发展的最完善阶段，也是里坊制度走向瓦解的时期。唐长安城因唐朝末年迁都洛阳遭遇摧毁。随之而来的宋朝逐渐开放了街道，取消了里坊制度，是中国城市发生变革的一个标志。

北宋经过一番激烈争论，最终定都开封，称东京，亦称汴京。北宋东京是在一个旧城的基础上改建的，因此，它缺乏历朝都城的完整规划和设计。中央各级部门官衙不能集中一地，多杂处于居民区和商业区之中。但仍不影响它成为世界上最繁荣的城市之一。

也正因为如此，再加上军事技术的发达和社会内部的稳定，里坊制失去了防卫的基本作用，战争中遭破坏的坊墙没有得到修复。由于军事调防不再依赖里坊制，市场集中设置也就没有必要，从景阳门大街开始，“破坊见市”一发不可收拾，标志着里坊制的解体。《清明上河图》所描绘东京城郊的场景，如实写照了里坊制解体和城市变革的基本盛况。

坊不再是封闭的坊，坊里坊外商业活动频繁，突破了市区的限制。

现在让我们再看看明清北京城，这个源于元大都的都城。

昆仑山系向北延伸出太行山脉和燕山山脉，北京西山和军都山分别属于两大山脉。两山汇合于北京西北，形成面向东南的半圆形山湾，山湾环抱北京平原。桑干河、洋河河流汇入永定河穿越北京平原，走向东南。所谓“东临辽碣，西依太行，北连朔漠，背扼军都，南控中原”，讲的就是这种“山环水抱必有气”的大势，讲的就是这种王之都的磅礴气派。

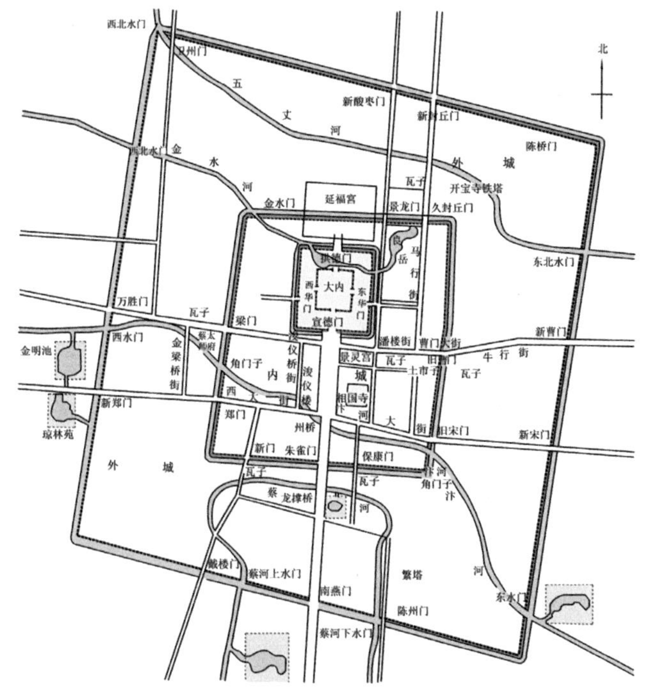

图 1-10 宋东京城

图片来源：根据董鉴泓《中国城市建设史》（中国建筑工业出版社）绘制

据史料记载，元大都出自规划家、天文学家、水利家刘秉忠、郭守敬①师徒二人。师徒二人还将玉泉山的水引入通惠河，以弥补河流水量不足的缺憾，其人工渠道部分称为“金水河”。元大都平地起家，外城东西宽约6700米，南北深约7600米。皇城内宫苑围绕水势蜿蜒、如水中游龙的太液池展开。

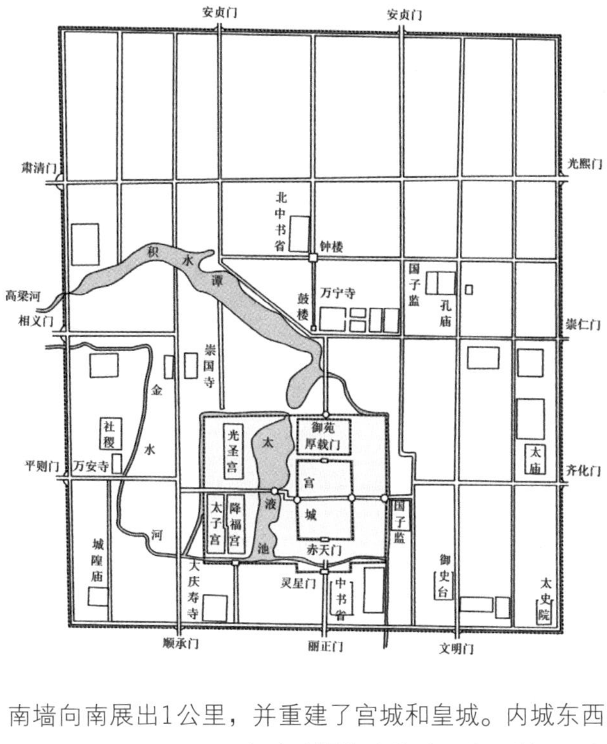

①刘秉忠（1216—1274），初名侃，字仲晦，号藏春散人，因信佛教改名子聪，任官后而名秉忠，邢州人。
郭守敬（1231—1316），元朝著名的天文学家、数学家、水利专家和仪器制造专家。字若思，汉族，邢州龙岗人。生于元太宗三年，卒于元仁宗延祐二年。郭守敬曾担任都水监，负责修治元大都至通州的运河。

图 1-11 元大都

图片来源：根据董鉴泓《中国城市建设史》（中国建筑工业出版社）绘制

明朝燕王朱棣选定北京为都城后，对城市格局略作调整，其目的是更为精巧地利用地理环境，同时消除元代阴影。

北京内城由元大都城改建而成，北墙南缩2.5公里，南墙向南展出1公里，并重建了宫城和皇城。内城东西长6.65公里，南北宽5.35公里，面积35.57平方公里。嘉靖时期扩建外城，东西长7.95公里，南北宽3.1公里，面积24.49平方公里。至此，由宫城、皇城、内城和外城建构的都城空间格局基本形成。北京内、外城面积合计为60.06平方公里，属中国古代都城的第三大城②。

明朝皇帝对宫城设计可谓煞费苦心。因皇宫定名为“紫微宫”，故宫城也称：紫禁城。宫城，即北京故宫，位于内城中部偏南地区，南北长960米，东西宽760米，面积

②明清北京城仅次于唐长安城、北魏洛阳城。

0.72平方公里，宫殿中轴东移，使元大都原宫殿处于西侧“白虎”位置。

明清北京城和唐长安城的街道相比，有比较大的差别。

唐长安城的里坊内部有宽约15米的东西横街或十字街，再以十字小巷将全坊分成16个地块，由此通向各户。北京城则不同，明代划为五城三十七坊[1]。城市内部等距离的平列着许多东西向的胡同，胡同宽为5~6米，以胡同划分为长条行的居住地带，间距约70米，中间一般为三进四合院，大多为南进口。

[1]这些坊只是城市管理上的划分，没有坊墙坊门严格管理的坊里制。

四合院的正房即北房由家里长辈居住；东西两侧厢房呈对称分布，建筑格式也大体相同或相似，由晚辈居住；南面建有南房，为客厅、客房，又称倒座，与北房相对应。正是这种对称的四合院式的建筑单元，组成了我国建筑群体的基本单位，无论是皇宫、官府衙门还是豪舍、百姓民居，都是以四合院为单元向南北、东西向延伸组成的，各组建筑群又一起组成了整个城市的布局，在不间断的路网控制下，构成了整齐对称的建筑群体，同时产生一种整齐、严整的韵律感。以家庭为单位的四合院取代里坊制，是城市结构的根本转变。

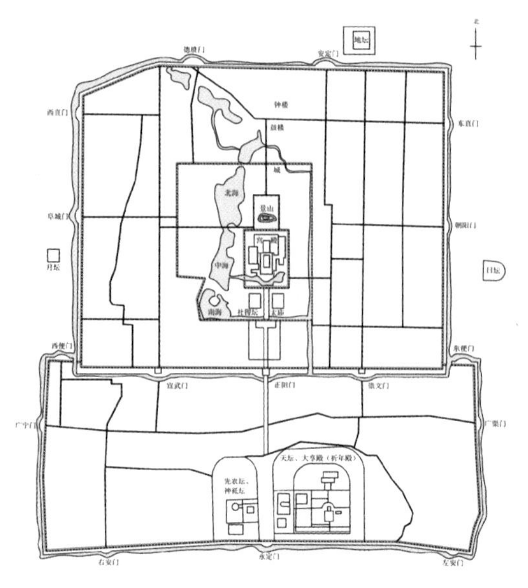

图 1-12 明清北京城

图片来源：根据董鉴泓《中国城市建设史》（中国建筑工业出版社）绘制

回顾这段历史，我们不难发现，农耕时代的城市往往是在一个首领统筹、一个思想主导、一次性建设完成的。比如，长安城建设总指挥的宇文恺，北京城建设总指挥的刘秉忠、郭守敬师徒二人。

在城市的规模、边界和布局之中，礼制社会等级制度起着主导和决定性作用。而易学中卦辞、数理，风水中阴阳、五行发挥了辅助作用。城市格局用卦辞、数理来解释不同的分区，用阴阳、五行来组织建筑之间的组合、搭配使我国古代城市充满神秘色彩，又不乏古代文化底蕴的体现，使古代城市在礼制下不同城市体现不同特色。

城市功能比较单一，基本上服从于礼制制度和风水需求。古代的阴阳五行是一种古朴的辩证思维，数理是其中的一种体现方式，规划师将其与功能糅合在一起，在城市规划中加以运用，以阴阳协调来体现其天地和谐的思想，并巧妙地将城市功能穿插于其中。

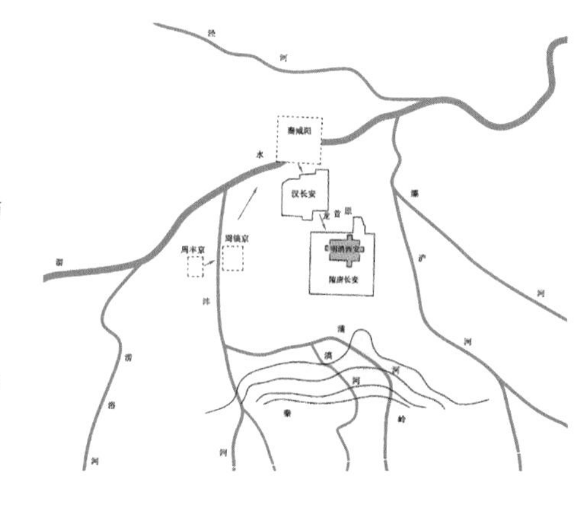

图 1-13 改变城市规模与边界的因素

防洪、供水和城市人口的增加，决定了西安历代都城的选址变迁

图片来源：根据董鉴泓《中国城市建设史》（中国建筑工业出版社）绘制

回顾这段历史，我们不难发现，农耕时代的城市更新与变革往往是伴随着战火和迁都过程完成的。也就是说，旧城是因为改朝换代或战火摧毁的，新城是因为社会需求建设的。

隋朝因放弃了汉长安城而建造了世界最大都城，宋朝因放弃了唐长安城而改变了里坊制，元朝因放弃了南宋临安城开创了北方都市先河，明朝因放弃南京城而改变了中国城市格局。

莫斯科是一座有850多年历史的城市。1147年的莫斯科还是莫斯科河畔的小居民点。1156年，尤里·多尔戈鲁基大公来到莫斯科，修建了克里姆林。所谓克里姆林，就是城堡的意思。14世纪伊万·卡利达大公环绕居民区修筑了石头城墙以抵挡鞑靼人，并说服俄罗斯大牧首将大主教的辖区从基辅迁到了莫斯科。宽阔的莫斯科河蜿蜒穿过城区，沿途有许多溪流和小河汇入，从战略的角度来看，莫斯科的确是一个理想的构筑要塞的地方。

1812年，拿破仑及其军队抵近莫斯科，英勇的莫斯科人将整个城市付之一炬意图挫败敌军的入侵，当拿破仑到达莫斯科时，望着大火中熊熊燃烧的城市，只好撤退。这次战争后的重建工作为莫斯科的扩展提供了机遇，莫斯科从一个中世纪的城镇变成一个拥有主干道、时髦的欧式大厦和建筑的优雅首都。他不仅有着方便、完备的城市生活与工作设施，广阔自然的大地景观系统，而且有着深厚的历史传统和人性化的城市空间形体环境。这与俄罗斯的自然环境和欧亚之间的相互交融影响以及城市的自身发展相适应。

回顾这段历史，我们不难发现在农耕时代，“城”与“市”并存，构成“城市”。也就是说，“城市”的内容包括防御工事，也包括王室与诸侯行宫，还包括生活场所。

但是在公元10世纪之前，“城”居主导地位。

城，是具有军事意义的防御工事、防御设施和防御管理的统称。城与乡的关系决定了城市功能，城市是政府所在地，它的建设目的着重于军事防御和守望原野。任何一个朝代都需要从物质和制度两方面构建完备的防御体系。例如，钟鼓楼、城门楼和宫城往往是城市的最高建筑，就是为了便于军事瞭望[①]。

公元10世纪之后，“市”逐渐占了上风。

市，是一个可以满足统治者及其市民生活消费需要的场所。就在北宋摒弃里坊制的时候，西方世界也迎来了城市变革期，从11世纪到14世纪的400年间，是西方城市发展的黄金期。其中，仅13~14世纪，欧洲就增加了1000余个城市。这些变化来源于城市防御手段的改善和商品社会的发展。

城乡之间的商品交往，城与城的商品交往，社会管理、居住、宗教服务和小作坊市场的发展，在城市安全的前提下，不断地提出新的需求。都城提供了人们进行日常工作、生活、商业活动的空间。北宋之后，里坊制被打破了，商品经济得到了发展，开始出现了具有一定职能的镇、市等新型城市型聚落，如景德镇。后来，随着城市的继续发展，人口的继续集中，城市的城垣外衍生区开始扩大，以至于出现了依附城郭的“草市”[②]，使得城市的格局发生了变化。

①钟鼓楼有两种，一种建于宫廷内，一种建于城市中心地带，多为两层建筑。宫廷中的钟鼓楼始于隋代，止于明代。它除报时外，还作为朝会时节制礼仪之用。

②草市原来是乡村定期集市，各地又有俗称，两广·福建等地称墟，川黔等地称场，江西等地称扵，北方称集。起源很早，东晋时建康（南京）城外就有草市，大都位于水陆交通要道或津渡及驿站所在地。其命名用意，或说因市场房舍用草盖成，或说因初系买卖草料市集。经过长时期的发展，到唐代，其中一部分发展成为居民点，个别的上升为县、镇；而紧临州县城郭的草市，则发展成为新的商业市区。

第二节　工业革命对城市的冲击

商业的发展冲击着城市的内部格局，也对城市的规模与边界提出了挑战。宋朝之后，城市中私家的林木时有所见，东西两市的商业个活动逐渐扩张。随着国家军事范围的扩展和跨地区调动军事能力的加强，边防功能和独立军事据点的功能逐渐取代了城市防卫功能。

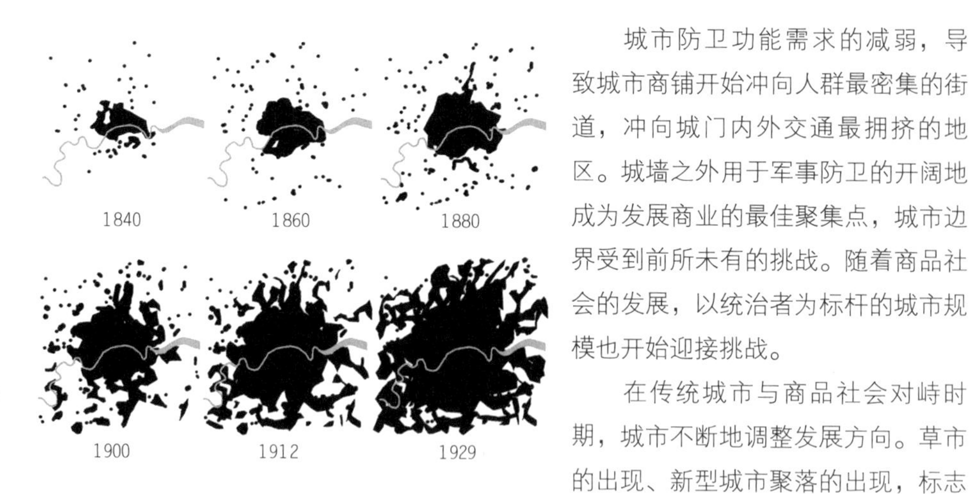

图 1-14 工业革命打破传统城市的规模与边界
伦敦城市轮廓演进过程

城市防卫功能需求的减弱，导致城市商铺开始冲向人群最密集的街道，冲向城门内外交通最拥挤的地区。城墙之外用于军事防卫的开阔地成为发展商业的最佳聚集点，城市边界受到前所未有的挑战。随着商品社会的发展，以统治者为标杆的城市规模也开始迎接挑战。

在传统城市与商品社会对峙时期，城市不断地调整发展方向。草市的出现、新型城市聚落的出现，标志着传统城市在不断地修正自己，以适应新的城市功能的需求，直至工业革命的到来。

真正摧垮传统城市体系，摧垮传统城市规模与边界的是工业革命。工业革命改变了城市社会关系、经济关系和人口结构。大规模的工业进驻和人口进驻，彻底摧毁了传统的城市体系。

阿基米德在《论平面图形的平衡》①一书中最早提出了杠杆原理。为此，他讲了一句影响后来几个世纪的话："给我一个支点和足够长的杠杆，我就可以撬动地球"。

①《论平面图形的平衡》，是关于力学的最早的科学论著，讲的是确定平面图形和立体图形的重心问题。

随着社会的进步，战火和迁都不再是城市更新与变革的唯一动力。那么，撬动城市由农耕时代走向现代的支点在哪里呢？我们把目光锁定在一个人身上，那就是：瓦特。詹姆斯·瓦特，伟大的英国格拉斯哥大学的技师，一位享誉全球的伟大的发明家。

小的时候，我们的课本有一节是专门写瓦特观察水壶盖故事的，故事很形象地描述了瓦特是如何思考"推动壶盖跳动的动力"。那个时候，我们以为是瓦特通过反复思考和实验，发明了蒸汽机。长大后，我们才知道，有关蒸汽原理早在古埃及就有人研究过。之后，至少有20位以上的科学家做过类似的探讨，只是他们并没有将其转变为生产力。我们知道瓦特并不是蒸汽机的发明者，他只是气压表和气动锤的发明者。

为什么我们会误认为瓦特是蒸汽机的发明者呢？除了小学课本的误导外，还有一个最重要的原因，就是瓦特改良了蒸汽机。瓦特与投资者马修·博尔顿联手，制造博尔顿-瓦特蒸汽机②，并将其运用于生产。

②1702年前后，托马斯·纽科门制成一台用于从煤矿里抽水原始的蒸汽机。1763年，瓦特开始改进纽科门的蒸汽机。

瓦特的蒸汽机被广泛应用于冶矿、纺织、炼铁等行业。

瓦特的蒸汽机引起了一系列技术革命和飞跃；瓦特的蒸汽机带动了手工劳动向动力机器生产的转变；瓦特的蒸汽机促进了冶金、煤矿和纺织业的发展。我们把这个因蒸汽机的改良而导致的工业大发展，称之为"工业革命"。据说，"工业革命"的概念是由恩格斯首次提出来的。

应该说，由于蒸汽机的改良，触发了近代工业的发展，导致了资金和人口在短时间内快速地向城市聚集。使欧洲城市在毫无准备的情况下，突然被卷进了现代化的进程。

有人曾经这样开玩笑，说如果瓦特早生一百年，或晚生一百年，也许他只是一个普通的人。仔细想一想，这种说法也不是完全没有道理。工业革命之所以能在英国爆发，城市经济之所以能在英国率先崛起，必定有其内在的原因。目前，普遍的看法是英国具有培育工业革命的土壤。

在中国，我们经常用“背井离乡”描述离开故土的人群，用“客死他乡”描述难返故土的惨状，用“落叶归根”描述对故土依恋的情结。可见农耕时代，人们主要生活在原宿地，甚少迁徙。但是，就在中国明朝政府大力倡导黄色文明，主张把人们拴在土地上的时候，英国却在探讨社会、政治结构、市场、价值标准和私有财产神圣不可侵犯等问题。

比如，出生于1588年的英国政治家、思想家、哲学家托马斯·霍布斯创立了机械唯物主义体系。他提出“自然状态”和国家起源说，认为君主应该履行保证人民安全的职责，人民应该对君主完全忠诚。

比如，出生于1623年的英国统计学家、古典政治经济学家创始人威廉·配第最先提出了劳动决定价值的基本原理。配第区分了自然价格和市场价格，还提出了“劳动是财富之父”、“土地是财富之母”的观点。

比如，出生于1632年的思想家、哲学家和著作家约翰·洛克，是不列颠经验主义的开创者，是现代的自由意志主义者，是第一个系统阐述宪政民主政治以及提倡人的“自然权利”的人，他主张要捍卫人的生命、自由和财产权。

这些对国家体制的讨论、对市场的讨论、对私有财产的讨论，无疑是在鼓励人们追求个人的目标，激发人们最大程度地发挥创造能力，强调社会应该提供一个宽松、平和的环境。而且，在英国这些思想已被广泛接受了。于是，就有了1688年非暴力政变①。英国资产阶级和新生贵族推翻詹姆斯二世的统治，建立了一个稳定的国家体制——君主立宪制。

①1688年，英国资产阶级和新贵族发动的推翻詹姆斯二世的统治、防止天主教复辟的非暴力政变。这场革命没有流血，因此历史学家将其称之为“光荣革命”。君主立宪制政体即起源于这次光荣革命。

在君主立宪制的框架下，在活跃的政治思想理论的影响下，英国培育了独特的社会结构。这个社会结构主体是土地贵族、中等阶级与工资劳动者。这种社会结构存在的前提是私有财产地位问题的解决。它标志着政治、社会和文化的重大变动。

当然，这种社会新结构产生的前提是农业生产力的提高，可以释放出大量劳动力。据有关资料显示，从16世纪到18世纪，英国农业技术的改进促进农业生产率提高了60%以上。同时，在自然经济向社会经济转变的过程中，城市生活方式开始向农村渗透，随着商品化程度的提高，人们普遍接受了新的价值观念，求变成为一种追求。年轻一代离开了祖祖辈辈生活的乡村，成群结队地来到城市，成为社会新结构的主体。这个时期，农业劳动力占农村人口的比例从80%下降到50%。

于是，英国社会就形成了这样一个蓄势待发的状态，它在等待，等待经济和技术问题的解决。一旦关键性的技术问题解决之后，必将导致社会财富急剧增长、城市人口的高度膨胀和公众利益最大化。

这个时候，瓦特出现了。

在瓦特之后，还有一位主导工业革命的领军人物：亚当·斯密。

出生于1723年的亚当·斯密，一位经济学之父，也是一位英国苏格兰哲学家，将他的

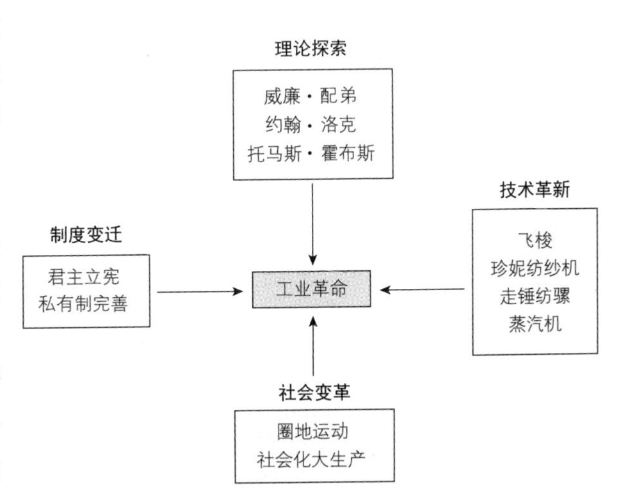

图1-15 英国工业革命的四个支撑点

经济哲学命题："明确而简易的天赋自由制度"，写入被简称为"国富论"的《国民财富的性质和原因的研究》一书。1776年出版的《国富论》[①]是一本试图阐述欧洲产业和商业发展历史的著作。

斯密有两本书奠定了他的历史地位：《国富论》及《道德情操论》[②]。斯密通过两本书描述了人类利他性和利己性，利他与利己的纠缠也被世人称为"斯密之谜"。

斯密认为，利己有利于社会，分工提高了生产效率，自由市场有利于国家繁荣昌盛，城市之间应有分工，政府应尽公共事业之责，教育是国泰民安的基础。斯密理论为工业革命有序发展奠定了基础，也为现代经济发展奠定了基础。至今，《国富论》和《道德情操论》仍是中国大众炙手可热的读物。

从瓦特现象，我们可以看到，早期的工业革命是由生产第一线的技工因产业需要而推动的。从斯密现象，我们可以看到，揭示城市经济崛起本质的理论是工业革命可以维系持久高速发展的原动力。

以私有制理论探索为前提，以君主立宪制为保障，以社会新结构为基础，以技术革新为动力，以国富论为指引，一场以城市经济崛起为本质的工业革命在英伦大地轰轰烈烈地展开了。

现在让我们来看看工业革命的最初成果。

1800年，也就是瓦特改良蒸汽机100年之后，英国煤产量和铁产量已经超出世界产量之和。而且，已有500台蒸汽机投入生产。

1813年英国有动力织布机2400台，1820年达到14000台，1829年达到55000台，1832年达到10万台。

1831年仅格拉斯哥一个城市就拥有328部蒸汽机，分装在60多条汽船和107家纺织厂中。

1800年后的60年，《国富论》出版近90年里，英国的蒸汽机促进了纺织业的机械化，提高了工业的用铁量，刺激了冶铁技术和煤矿业的改进，英国煤产量由1200吨提高到5700吨，铁产量由13吨提高到380吨。

工业革命在促进生产规模扩大的同时，还刺激农村人口向城市汇集，促使城镇的范围不断扩展。如，格拉斯哥在18世纪末还是一个默默无闻的小城镇，1831年已经是20几万人口的大工业都市了。

据相关数据，英国是世界上第一个实现城市化的国家。1700年英国有7个百万人口城市，城市化率达到18.7%；1750年英国有20个百万人口城市，城市化率达22.6%；1801年英国有49个百万人口城市，城市化率达到30.6%；1851年英国的城市化率就为51%。工业革命开始后，随着现代科学技术的进步，医学和医疗卫生事业的迅速发展，带来了人口的迅猛增长。在1750~1850年的100年间，英国人口从750万增至2100万。如果将两方面因素叠加，英国城市人口实际翻了6番。

1861年英国的城市化率为62.3%，此后在1921年英国的城市化率已为77.2%，在1998年就激增到89%[③]。

工业革命不仅打破了传统城市的规模

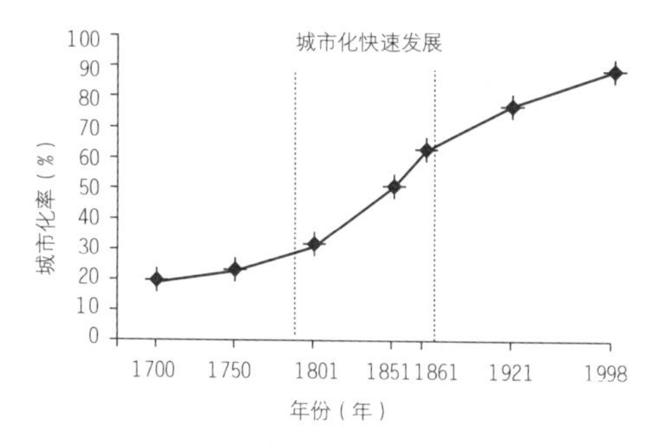

图1-16 工业革命促使英国城市化率快速提高

①《国富论》全名为《国民财富的性质和原因的研究》，首版于启蒙时代的1776年3月9日。它不仅影响了作家和经济学家，同时也影响了各国政府和组织。

②《道德情操论》是亚当·斯密的伦理学著作。斯密从人类的情感和同情心出发，讨论了善恶、美丑、正义、责任等一系列概念，进而揭示出人类社会赖以维系、和谐发展的秘密。《道德情操论》对于促进人类福利这一更大的社会目的，起到了更为基本的作用，是市场经济良性运行不可或缺的"圣经"，堪称西方世界的《论语》。

③李其荣. 世界城市史话 [M]. 湖北人民出版社，1997：85.

与边界，而且还改变了城市之间的关系，改变了城乡之间的关系。

在农耕时代，守望原野的城市是相对独立的，城市之间除了军队互动频繁外，其他联系比较松散。工业革命促使运河、汽船、海运、公路、铁路等交通行业有了长足发展，城市之间建设了有效的交通网络，大幅缩短了城市间来往路程所需的时间，加之斯密“城市之间应有分工”的理论指引，城市互动衍生到经济、生活等广泛的领域。

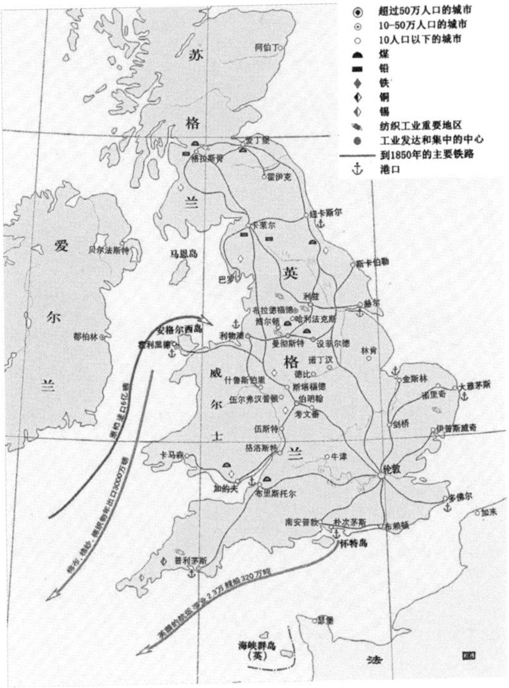

1804年蒸汽机火车的出现和1807年蒸汽机轮船的出现是城市之间交通运输条件改善的开端。

图1-17 英国交通网络与新型城市

图片来源：根据张芝联《世界历史地图集》（中国地图出版社）绘制

1761年英国开凿了从沃斯利到曼彻斯特的第一条运河，1830年英国建成4023公里的人工运河，1842年建成3960公里的人工运河。

1836年英国国会批准兴建了25条新铁路，总里程1600多公里。1838年，英国拥有铁路805公里，1850年为10622公里，1855年为12960公里，1870年为24945公里。

交通运输条件一直都是城市选址的重要依据，工业革命后的交通方式的变化，不仅加强了城市之间和城乡之间的经济联系，而且还改变了城市格局，使处于新的交通网络和交通枢纽位置的城市和城镇迅速成长。城市与所在的乡村原野的关系越来越松散。

过去，英国曾有条禁止出口机械的法律①，1825年这条法律被废除了。随后，工业革命的成果便暴风骤雨般地席卷欧洲。当然，成果是需要通过网络分享的。

信息网络几乎是伴随交通网络同步出现的。1837年，第一封有线电报出现了。1840年，塞缪·肯纳德建立了一条横越大西洋的定期航运线，预先宣布轮船到达和出发的日期。1866年，人们铺设了一道横越大西洋的电缆，建立了东半球与美洲之间直接的通信联络。

应该说，工业革命建构的交通网络，不仅仅只是重构了英国国内的城市格局。而且随着交通网络的延伸，特别是初期信息网络的建构，让英国近代技术革命迅速地蔓延到欧洲大陆和北美，再进一步传播到全世界。

新技术的扩散，最初是通过先进国家对外出口机器、对外投资、工程技术人员的流动和技术走私等途径完成。如法国在1815年只有15台蒸汽机。1825年英国废除限制出口条例后，法国1830年就拥有了1625台蒸汽机并雇用了15000至20000名英国工人来操纵新机器。1871年法国拥有26146台蒸汽机，1910年拥有82238台蒸汽机。

随着欧美大陆的介入，更多的科学家、理论家和学者参与其中，工业革命的成果再度迸发。其标志是1870年之后标准化生产和流水线生产。大量的机器和人力集中在工厂里，实现劳动分工的高度专业化；把生产过程中各个环节的机器合理地组成机器系统，形成生产流水线。这些措施都促进了劳动生产率的提高。同时，电、无线电、

①蒸汽机发明后，英国不许蒸汽机出口，1810年前后，英国颁布了一个法令，凡是进行蒸汽机和机器出口的人，处以死刑。

石油、汽油、化肥等也为工业革命增添了诸多光环。欧美诸大国经济随之而起。

比如，法国制成品的价值从1870年的20亿法郎提升到1897年的150亿法郎。

比如，1914年德国在钢铁、化学和电力工业方面超过欧洲其他所有的国家，能在采煤和纺织工业方面紧随英国之后。

比如，美国1910年钢产量2600万吨，煤产量6亿吨。

经济高度集中一地必然会产生溢出现象，即由经济发达地区向待发达地区转移。早期英国工业经济影响欧美大陆，后来的欧美大陆经济格局自然也会向接受他影响的地区转移。在这个过程中，人口转移往往会先行一步。

19世纪20年代中，14.5万人离开欧洲。19世纪50年代中，有大约260万人离开欧洲。1900至1910年间，移民人数高达900万。

其中：英国移民前往大英帝国的自治领土和美国；意大利人前往美国和拉丁美洲；西班牙人和葡萄牙人前往拉丁美洲；德国人前往美国，其中还有小部分人前往阿根廷和巴西。

人口的转移只是表象，而内在是资金的转移。用现在的语言讲就是，发达地区需要不断地谋求投资对象，以谋求更大的利润。

1914年，英国在国外投资了40亿英镑，等于其国民财富总数的25%。法国在国外投资了450亿法郎，约合其国民财富的17%。德国在海外投资了220~250亿马克，约合其国民财富的7%。

例如，英国曾用船把大量纺织品和资本运到印度，资本主要是用于铺筑铁路。到1890年，印度已铺筑了约27359公里铁路，大致与英国的铁路网相等。但是，从1890~1911年，印度的铁路网大约增加一倍，达53108公里，而在这同一时期，英国的铁路仅增加了483公里多一点。

经济强国的有效投资刺激了全球经济的增长和贸易量的增幅。1860~1890年世界工业生产值增加了三倍，在1860~1913年间增加了七倍。世界贸易的价值从1851年

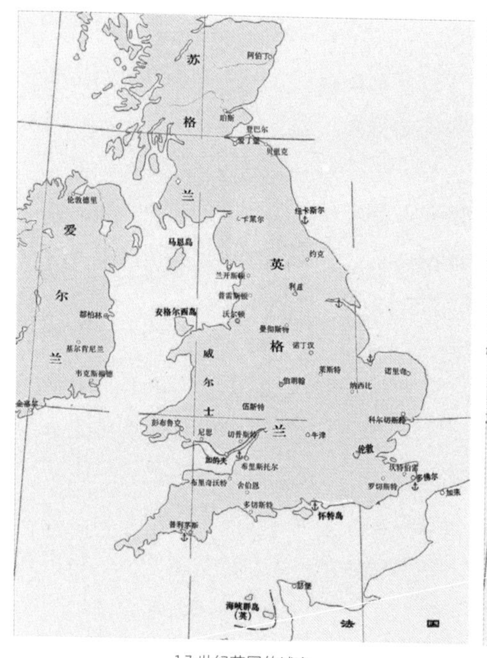

17 世纪英国的城市

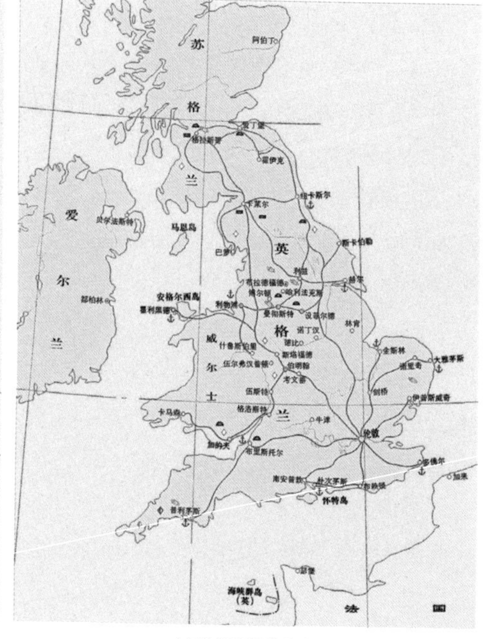

19 世纪英国的城市

图 1-18 工业革命对英国城市格局的影响

图片来源：根据张芝联《世界历史地图集》（中国地图出版社）绘制

的64100万英镑上升到1880年的302400万英镑、1900年的404500万英镑和1913年的784000万英镑。

如果说，伦敦、利物浦、曼彻斯特等一批大城市得以在欧洲脱颖而出是因英国经济的率先兴盛。那么就可以说，纽约、芝加哥、底特律以及后来洛杉矶的兴起源于美国经济的崛起。同样的道理，全球经济增长换来的必然是世界各大城市的崛起。

当今世界，在美国，有2.43亿人口居住在仅占全国总面积3%的土地上。每个月有500多万的人口迁居到发展中国家的城市里，截至2011年，城市人口已经占到了全球总人口的一半以上[①]。虽然城市的总面积约400万平方公里，仅为地球表面积的1%，人们还是疯狂地向城市进军。在洪流滚滚的人潮中，传统城市的规模定律、边界定律已经荡然无存。留下的只是传统城市文化。我们需要的是在新的条件下重新建立城市规模与边界秩序。

①源自《城市的胜利》。

在这里，我们得到的结论是：无论人们的意愿是什么，经济发展是必然的，经济发展引发城市膨胀也是必然的。我们能做到的只是，如何引导经济发展和在这个条件下如何引导城市发展。

第三节　政府职能的缺失与重塑

前面我们讲过，农耕时代，城市具有明显的军事目的和防卫功能。无论是选址，还是建设，都会彰显“城”的特色。同时，城市应具有凸显政权和宗教地位的功能。即便是公元10世纪之后，城市的防卫功能有所减弱，但强化政权和宗教地位的需求没有改变，人们还无法冲破传统城市规模与边界的束缚，最多也只是加强了消费和贸易的场所。

工业革命彻底摧毁了农耕时代的城市体系。

工业革命过程中产生的工业生产基地占据了城市，成为城市的重要组成部分，完全改变了城市原有的格局。更为重要的是，工业革命改变了政府与城乡的关系。粮食不再是政权稳定的保障，政权的强大和实力依靠的是钢铁、煤炭的产量，是交通便利引发的城市经济联盟，是工业经济的增长和贸易额的扩大。

工业革命之后，城市不再仅仅是提供城市生活的场所，不再是守望原野的据点，不再具备军事防御功能，而是工业生产的基地。城市开始掌握国家的经济命脉，开始决定政权的生死，决定政权的稳固。城市社会分工更加复杂、精细，商业、贸易规模空前扩大，城镇化水平加速发展。

既然城市经济主宰了国家的命运，既然工业决定了城市经济，那么，工业进驻城市必然是势不可挡的，必然是无所顾忌的，必然是来势汹汹的，必然是排山倒海般的。我们在前面所列举的一串串数据从一个侧面说明了当年工业进驻城市的势头是多么凶猛。

更糟糕的是，我们的城市并没有意识到洪水猛兽的来临，它在工业革命到来前的一瞬间，还在按照农耕社会城市发展规律优雅地漫步在历史的轨道上。所以，当工厂大踏步进驻城市之初，城市是显得那么惊慌失措，那么束手无策，那么无助。

我们知道，在农耕社会，城市的生态平衡能力是十分脆弱的。

前面我们讲过，那个时代的城市没有树木园林绿化。因为，防卫功能的需要，因为出了城就是广袤的原野，一望无际的绿色大地足以维持城市的生态环境。记得就在十几年前，某个城市要建公园的时候，就有那么一位资深的主管城市建设负责人提出反对意见。其理由是我们都是刚刚洗脚上田的人，见惯了花花草草，我们不需要公园，我们需要的是宽阔的道路广场，需要的是高大的楼宇房屋。生活在现代社会的人尚且如此，更何况农耕时代的城市建设者和使用者呢。

前面我们提到墨子说过的一句话："低毋近水而沟防省。"其大概意思是，如果城市标高处理好的话，可以利用自然高差排水，连排水沟渠都可以省掉。这句话至少说明农耕时代城市的排水量是很少的，排水设施是简陋的，有的城市真的会将排水设施减到最少甚至没有。

前面我们分析过，公元10世纪后中国城市取消了里坊制，而这个时期欧洲也渡过了黑暗的中世纪，迎来了文艺复兴的春天，城市街道出现了繁荣的景象。宵禁解除了，原本为调动军马的空旷街道充满了享受生活的市民。

就是这样一个生态脆弱的城市在迎接工业革命。工业革命创造的一串串辉煌的经济数字背后，是一座座工厂、一排排噪声轰鸣的车间、一个个高耸入云的烟囱、一辆辆穿梭于工厂之间的运输长龙，打碎了原本安详宁静的城市生活。

工业带来的浓烟废气充斥天空，压向没有防备的城市；工业造成的污水废渣没有有效地排放，无组织地渗透在城市的个个角落；工业必需的交通运输涌进城市，堵塞了原本宽松的街道。

问题的严重程度远不止于此。不仅工业本身在侵占城市、污染城市、破坏城市，而且，工业还引入数倍于原市民的劳动力涌进城市。1832年英国媒体称："大不列颠的制造业体制，以及由之而来的大型城镇令人难以置信地迅速增长，这在世界历史上是没有先例的。"1914年，德国产业工人人数上升为总劳动力的2/5，而农业中的劳动者人数则下降为总劳动力的1/3。1848年伦敦人口已高达200余万。

于是，"城市病"出现了：人口膨胀、交通拥堵、环境恶化、卫生不良、住房拥挤、疫情频发、火灾不断、城市贫富分化严重、犯罪率不断攀升。归纳造成这些林林总总城市病的病源，无非是城市规模和密度无节制地增大了。

应该说，工业革命促进了制造业的空前发展，产业人口的集聚，导致部分城镇规模呈井喷式膨胀。出于寻求利益以及增强自身竞争力的要求，企业向城市相对集中，直接影响了城市的环境、格局以及城市的扩展形式。资本、工厂以及人口向城市迅速集中，导致城市工业化和城市密集化。

城市规模扩展进程加快，人口迅速增长，促进人们生活方式和思想观念发生改变。同时，工业革命引起社会结构的改变和占有社会财富手段的改变，使原有固定的社会等级关系转换为变动的社会等级关系，生产力大为提高，社会流动性大大增强，平等和民主的意识深入人心。

工业革命使得资产阶级成长壮大，充当了民主化进程的主导者和缓冲人，促进了社会和解，使得社会在变革中没有分裂，推进了民主过程的加速。1832年的议会改革，使英国开始了由政治民主化向社会民主化转变的过程。

最重要的是这些变化转变了政府的职能。

英国政府开始对城市发展逐渐承担起更多的社会责任，开始真正直视城市工业化和密集化带来的社会问题，直视“城市病”。这些职能的转变促进城市发展进入一个新的阶段：城市化不再是单一市场力量支配下的成长，而是不断受到来自社会力量的修正。

政府转变职能的直接效果是改善城市公共卫生。

公共卫生不仅关系到城市的健康发展，更关乎社会秩序的稳定和谐。因此，公共卫生问题是城市化进程中重要的社会问题，公共卫生政策也是公共政策最重要的方面。

兴起于19世纪30年代的公共卫生改革运动为政府介入这一领域做了大量的铺垫工作，提供了坚实的社会基础。运动中涌现出的各种公共卫生思想决定了政府后来制定的一系列法规制度、政策措施、管理策略的基本原则。

这个时期，人们不断地研究城市生活环境、工作环境和城市自然环境的状况，研究传染病、流行病和职业病的爆发情况，研究疾病与公共卫生状况的关系，研究公共卫生管理机构和运行状况，探索公共卫生改革的方向。

公共卫生运动有一个特别重要的结论，那就是：农耕时代的社会管理体系不能满足工业化社会的要求。

英国社会改革家埃德温·查德威克毕生致力于社会改革事业，被公认为是完善济贫法、供水排水、污水处理、公共卫生、城市服务、学校建设、贫苦儿童教育等多项计划的倡导者。

1838年济贫法委员会秘书查德威克建议派出一个医务委员会进行调查。

1844年查德威克发表了《关于劳动人口卫生状况的报告》，指出生活在底层的阶级正处在有害于他们道德和健康的状况中，并且该委员会对卫生状况作了详细的建议。

1847~1848年，莫派斯议员两次向议会提交公共卫生议案，议案强调国家应加强对公共卫生领域的干预，实行中央集权化的管理。地方势力、自由主义者曾强烈地反对议案，与公共卫生改革的支持者在议会上进行激烈的辩论，并对议案进行了一定的修正。

最终，英国议会于1848年通过《公共卫生法》。《公共卫生法》围绕着城市环境、疾病和公共卫生管理三方面展开。

《公共卫生法》标志着英国政府开始放弃自由主义的原则，突破地方自治的传统，通过立法手段对公共卫生领域进行干预，法案在供水、排污、垃圾处理、住房等问题上规定了政府的责任和义务。《公共卫生法》为英国公共卫生改革运动开辟了道路，确立了发展的方向。

1848年，英国设立历史上第一个公共卫生机构——中央卫生委员会①，构建了国家卫生体系，开创了国家干预公共卫生事业的模式，开始对公共卫生领域进行了国家层面的管理和监督。

①1848年英国根据公共卫生法组建了卫生总会，权利期限为5年。总会不再受枢密院管辖，由两位贵族、查德威克和医务顾问史密斯组成，同时规定地方当局有权建立地方卫生委员会。

1848年后的6年里，英国成立了182个地方卫生委员会，在以后的25年中，又有数百个地方卫生委员会出现。

《公共卫生法》推动了城市健康发展。英国的《公共卫生法》及其成效对欧美地区产生了比较广泛深远的影响。

公共卫生的首要问题是城市排污。如慕尼黑执政官卡尔·波斯特于1811年修了一条20公里的阴沟渠，将污水引向了艾萨河。1930年开始绘制地下排水系统。

当时，治理污水最有成效的城市是伦敦和巴黎。

1848年之后，随着政府的介入，“城市病”的整治渐有起色，英国开始有计划地清理贫民窟并着手研究城市排污工程。那个时候伦敦环境恶化已经到了难以想象的地步：垃圾遍地、臭气熏天，泰晤士河水流淌着褐色液体。也就是这一年英国爆发了霍乱，死亡人数超过14000人。当时，人们认为是空气惹的祸。1853年，霍乱卷土重来，一位名叫约翰·史劳的医生发现霍乱源于水源。遗憾的是卫生官员和顾问没有接受他的观点。所以，治水工程进展缓慢。

1856年，首都污水治理委员会委托约瑟夫·巴瑟杰研究设计伦敦的地下水道系统。巴瑟杰的方案被否决5次之后，终于获得通过。工程于1859年正式动工，1865年完工。伦敦地下排水系统改造工程实际长度达到2000公里，确保了伦敦的污水全部排出，伦敦上空的臭味也随之消失。至此，伦敦再也没有发生大规模霍乱。至今，这个下水道系统仍在发挥着重要的作用。

与伦敦同期，法国也在研究下水道问题。

1854年，巴黎总规划师奥斯曼让贝尔格朗具体研究给排水问题，他的设想是：改变人们向塞纳河排污的习惯，将脏水直接排出巴黎，从塞纳河取得饮用水。

厄热·贝尔格朗没有辜负奥斯曼的重托，他于1878年修建了600公里长的下水道。而后不断延伸，直至2400公里。巴黎的下水道纵横交错，密如蛛网，位于地面以下50米处。

如今，巴黎下水道①已经成了城市市政设施的楷模，也成了现代旅游的一个景点。

①巴黎下水道系统四壁整洁，管道通畅、宽敞，没有脏物，没有异味，可与城市街道媲美。下水道中间宽约3米用于排水，两旁宽约1米供检修人员通行。通过净化站对雨水和废水进行处理后，一部分排到郊外或者流入塞纳河，另一部分则通过非饮用水管道循环使用。

虽然，农耕社会的城市会考虑排水问题，如中国夏代的二里岗城址中，就发现了下水管道，汉唐长安城也比较重视城市的水环境。但那些排水系统往往经不起近现代工业的摧残。

应该说下水道建设在城市环境改善中起到了不可替代的作用。

伴随着城市排污设施的建设，城市环境建设也在进行，如1866年，格拉斯哥市政会通过改善法案，拆除市中心约8英亩的建筑物，进行重新规划，计划建39条新街，改造12条旧街，筹建公园绿地等。

有关城市环境改善问题，我们将在下一章详细讨论。

总结工业革命及其以前的城市变化，我们发现：城市的发展与变革并不是取决于我们对城市的规划，而是取决于社会与经济的发展。无论是公元10世纪前后中国城市里坊制的消失，还是工业革命引发城市规模的膨胀，都不是对城市研究出来的成果，而是社会推动城市的改变。城市规划的任务是如何顺应这些变化，让城市在同等条件下处于最佳状态。

同时，我们还发现：政府行为决定着城市秩序。特别是在城市变革时期，政府职能的缺失，无疑是一场灾难。

第二章

城市新秩序的探索

现代城市起源于工业革命，我们再来回顾一下那个时候所面临的问题。工业革命初期，尚处于农耕社会状态下的城市，面对不期而至的工业入侵的确有点不知所措。再加上政府还沉浸在农耕时代的社会管理体系中，没有依照工业化社会的要求转变职能，导致政府职能缺失。因此，工业革命为社会创造了巨额财富的同时，也给城市带来前所未有的灾难。蜂拥而至的人潮冲垮了传统城市的模式与边界，气势汹汹的工业占据了城市重要位置。拥挤、卫生、安全等一系列问题几乎让人们丧失了对城市未来的信心。

有人曾经用“迈达斯灾祸”来描述工业革命给城市带来的灾难。

“迈达斯灾祸”是来源于古希腊一则神话故事。故事里的迈达斯是弗里几亚的国王，这位心高气傲的国王，曾经请求酒神狄奥尼索斯赐予他点物成金的力量。狄奥尼索斯经过一番思量后，满足了他的希望。欣喜若狂的迈达斯回去之后才发现问题的严重性，这位可怜的国王接触到的任何东西都在瞬间变成黄金，其中当然包括他所需要的食物、酒水及日常的一切必需品。故事的结尾可想而知：迈达斯不得不再次乞求酒神解除赋予他点物成金的法术。民间的这类传说、故事很多，构成了人们对财富与生活关系的理性思辨。

英国历史学家汤因比也做过类似的表述，他说：“工业革命说明了，自由竞争可以创造财富，但不能创造幸福。”他还说：“产业革命的烟雾所带来的破坏，要多于创造”。

然而，正如我们在第一章讨论中得出的结论：“城市的发展与变革取决于社会与经济发展”，“是社会推动城市的改变”。换句话说，工业是否入侵城市，产业阶层是否入侵城市，并非取决于城市本身，而是取决于社会与经济发展的需求。面对工业革命给城市带来的灾难，人们没有退缩的余地，人们只能自救，而且刻不容缓。因此，欧洲人自发地协同政府开始拯救自己的城市。相比较而言，没有城墙束缚的美洲城市虽然也遭遇到“城市病”的困扰，但其危害程度远远小于欧洲城市，拯救成本远远低于欧洲城市，其拯救效果却明显高于欧洲城市。因此，美洲城市一度曾经成为现代城市的楷模。无论如何，工业革命后期，一场以环境改善为目标的一系列拯救城市的风暴席卷了欧美大陆。

拯救城市风暴起步于以伦敦、巴黎为代表的旧城环境整治，然后是以芝加哥为代表的城市美化运动[①]。在城市环境得以改善之后，人们才得以腾出手来，去实践理想城市的模式和研究现代城市的未来。目前，都市群的发展成为一种倾向，都市群也许代

①城市美化运动主要指19世纪末，20世纪初，欧美许多城市为恢复城市中心的良好环境和吸引力而进行的城市“景观改造运动”。

城市环境整治与美化阶段

城市艺术　城市设计　城市改革　城市修葺

破城发展：20世纪，全球掀起一股拆城墙扩大城市之风，固有的城市规模与边界被打破

城市常规发展阶段

城市扩张　非几何平面　新区建设　弹性空间

新城建设与旧城扩张并举：城市规模不断扩大，城市边界不断更新，直至城市化达到一定水平，城市规模与边界才开始处于新的稳定时期

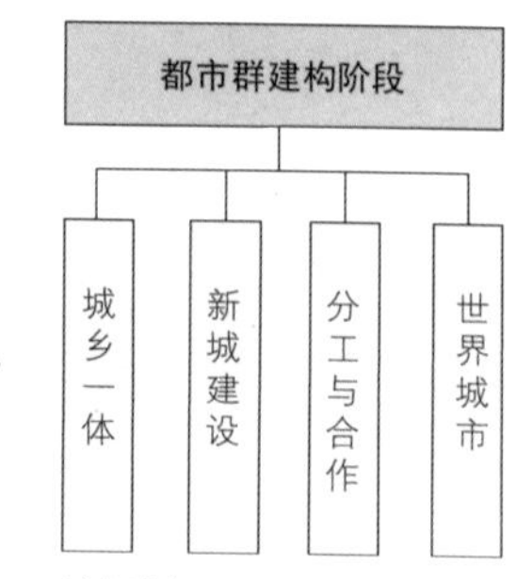

城市群出现：城市与城市之间在功能、空间上互补，形成整体

图2-1 工业革命后的城市发展

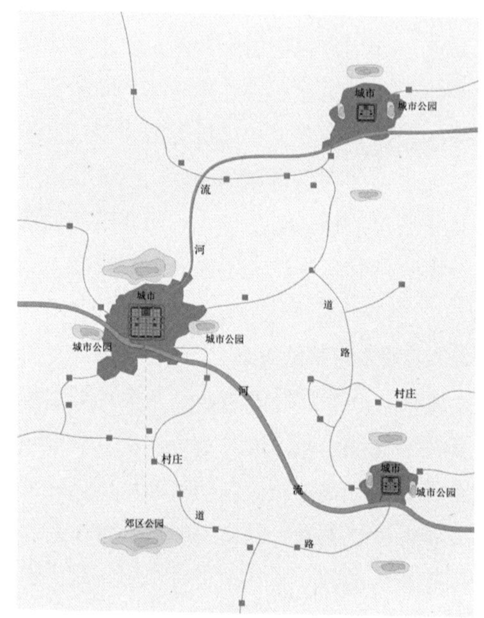

第一阶段

出城发展：城市与新工业区、商贸区及居民区有界限

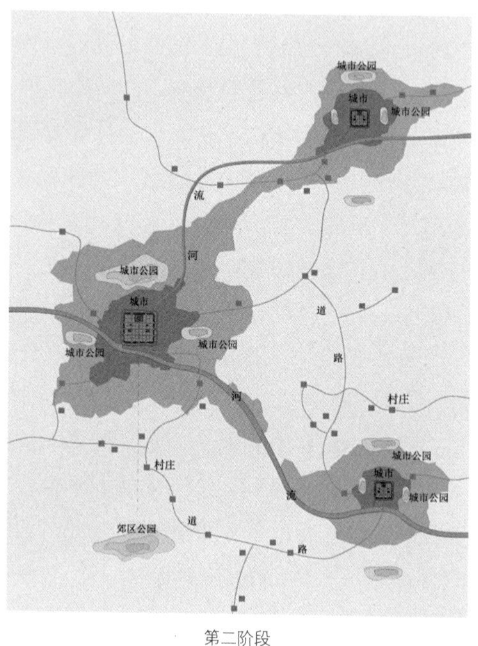

第二阶段

城市向外延扩展速度暴增：相邻县城与中心城市连成一体

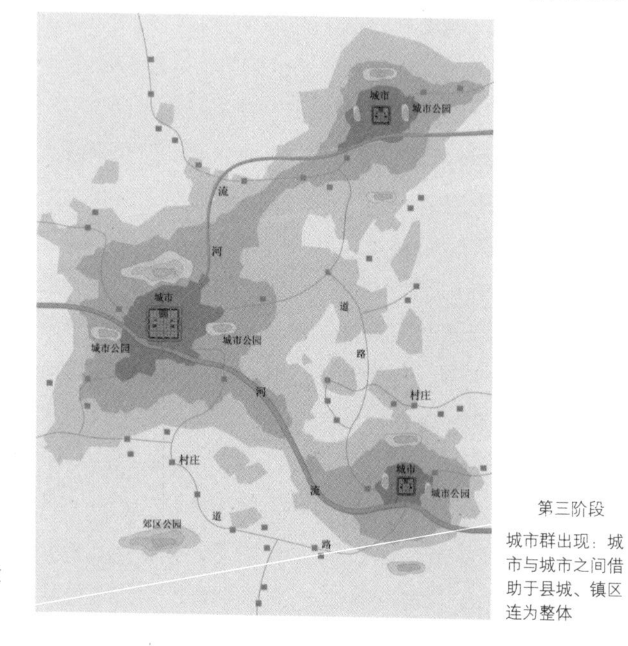

第三阶段

城市群出现：城市与城市之间借助于县城、镇区连为整体

图2-2 中国现代城市发展三部曲

表了城市的未来。

我们把欧美近现代城市发展归纳为三个阶段：城市环境整治与美化阶段、城市常规发展阶段和都市群建构阶段。

当然，这三个阶段没有标志性的时间，它们是缓慢的、交叉的、渐进的和彼此涵盖的过程。

中国近现代城市发展，没有经历工业革命带给欧洲城市的那种阵痛。大致也经历了三个阶段。

1840年之后，舶来的工

业逐渐进入中国沿海城市，舶来品进入中国市场，改变了城市固有的形态。1949年之后，全国统一的目标是变消费城市为生产性城市。大小工厂出现在城市的大街小巷，改变了城市空间结构。1980年之后，城市规模疯狂扩张，沿海地区逐渐形成了以长三角、珠三角和京津冀为核心的都市群。

第一节　现代城市新秩序的重构

工业革命起源于英国，最早遇到城市环境恶化问题的自然也是英国，率先揭竿而起的掀起旧城改造运动自然还是在英国。英国作家、艺术家、社会思想家约翰·拉斯金曾经这样悲观地预测英国的未来："烟囱会像利物浦码头上的桅杆那样密布……没有草地……没有树木，没有花园。"但是，我们并没有看到拉斯金所预言的景象发生，那是因为英国人通过自己的努力，改善了自己城市的环境。

伦敦是英国城市环境改善的标杆和代表。和其他城市相比，伦敦城市有一个很特殊的客观条件，那就是它没有传统城市必备的城墙。这个话题要追溯到1666年。

1666年9月2日的凌晨，伦敦普丁巷的一间面包铺失火，引发了周边木屋的燃烧，熊熊的大火席卷了80%伦敦城区，30000平方米城区化为焦土，直到4天后大火才被扑灭。在那次大火中，大约有1/6的建筑被毁，包括87间教堂，44家公司和1300间民居。

虽然火灾中仅5人丧生，但伦敦的城墙因此遭到严重的破坏，并由此被废弃。换句话说，自1666年的大火之后，伦敦就成了没有城墙的城市。不仅如此，大火之后伦敦部分木构民房为石构建筑所取代，也减轻了很多旧城改造的负担。城市不受城墙制约可以自由发展。城市核心区域以石构建筑为主，大大减少了需要改造环境的面积。

没有城墙的束缚，被大火吞噬的贫民窟，取而代之的石构建筑，为伦敦环境整治运动提供了诸多便利，也使整治运动比较容易地得到效果。这些使伦敦成为英国乃至欧洲旧城整治的典范。

英国人之所以能够比较完美地改善自己的城市环境，是因为英国政府的完整介入。英国政府完整介入城市环境改善的标志是前一章提到的颁布于1848年的《公共卫生法》及后来颁布的一系列法规。它标志着英国政府由农耕社会的管理体制转变到工业社会的管理体制。

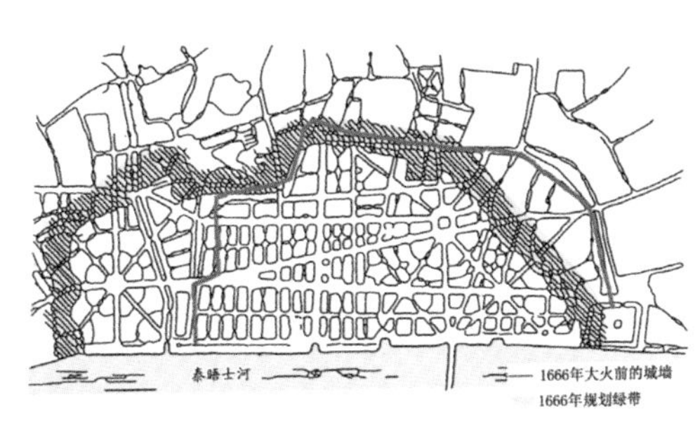

图2-3 伦敦是一个没有城墙的城市

1966年大火把伦敦城墙烧毁，从此伦敦没有了城墙

图片来源：根据董鉴泓《中国城市建设史》（中国建筑工业出版社）绘制

工业聚集和人口聚集必然会产生大量的废水，污水。解决城市污水、废水排放问题相当于打通城市脉络，因此，下水道建设是城市环境改善的一个基本条件。前面，我们提到英国政府介入城市环境改善最成功的案例是下水道建设。雨果《悲惨世界》里讲过这样一句话"下水道是城市的良心"。下水道对于城市的确非常重要。

一个优良的城市，必然会有一个畅顺的排污系统，古今中外莫不如此，除了伦敦、巴黎之外，我们还可以列举很多案例，比如远古时期，公元前6世纪左右，伊达拉里亚人就使用岩石堆砌渠道，渠道最大截面达3.3米×4米以便将暴雨洪流排出罗马城。比如古代时期，隋大兴城和唐长安城①。比如工业革命之后，慕尼黑已建成的2400公里

①20世纪发现长安城大部分街道两侧修有水沟，例如在朱雀门以南200米处发掘了的一部分水沟，沟上口宽3.3米、底宽2.34米、沟东壁深2.1米、西壁深1.7米，断面呈上宽下窄的梯形。

的地下排水管网，每天将56万立方米生活和工业污水输送到污水处理厂。比如现代时期，1992年开工的东京地区的地下排水系统采用深邃方案，地下河深达60米。

伦敦和巴黎下水道建设的意义在于为现代城市提供了一个很好的范例：面对工业时代的经济特征，有针对性地构建了城市基础系统。这个系统不仅仅局限于防洪排涝，其主要功能在于可以有效地排污，并且能够适应城市规模与边界不断增长的需求。

伦敦下水道的建设是政府工作重心转移到城市建设上颇有成就的案例，是《公共卫生法》实施的一项重大成果，是旧城整治的一项重要工作。

在旧城整治中，英国政府做了另一项比较有典范意义的工作就是解决工人住房的问题。最能代表这项工作业绩的是奥克塔维亚·希尔所创建的一种工人住房的建造—管理模式。

奥克塔维亚·希尔是英国的慈善家和环境主义者，她以女性特有的敏锐和细腻，观察到伦敦缺乏大量低成本住房。我们知道，大批年轻人涌进城市后，遭遇的是政府处理人口暴增经验的缺乏，遭遇的是城市昂贵的生活成本，而他们对工资的需求远远大于他们对居住环境的需求。于是，大量的廉价、临时性住宅充斥大街小巷。这些住房没有完善的上下水设施，没有合理的日照通风，没有垃圾处理设施，没有公共活动场所，被称之为贫民窟。恩格斯是这样描述当时的场景的：“每一个大城市总有一个或几个挤满了工人阶级的贫民窟。城市的街道通常没有铺砌过的，肮脏的，坑坑洼洼的，到处是垃圾，没有排水沟，有的只是臭气熏天的死水沟[①]。”

①出自《英国工人阶级状况》“大城市”（1844.9-1845.3）。

奥克塔维亚·希尔修建的也是廉价住房，但这些住房以实用为准则，是经过精心组织和设计的。住房有效地组织了给排水系统，基本考虑了日照通风要求，并利用一些空地安排绿化和公共活动场所。奥克塔维亚·希尔将这些住房租给低收入家庭。相对于伦敦肮脏、拥挤的贫民区，希尔的住房无异于天堂。

希尔不仅建造住房，而且还亲自参与管理，她与租户关系良好。租户的卫生习惯、自助精神、社区意识和责任感等方面希尔都花了大力气。同时希尔还努力调动社会各界的力量，整治环境，开辟公共空间，改善市区条件。

希尔以私营的方式，通过人性化的管理，解决贫困者住房问题，是当时英国政府有关住房问题的政策法规和实际举措的完善和补足，曾得到广泛的赞扬。1881年希尔的工作被英国“慈善组织协会”[②]称为“奥克塔维亚·希尔制度”[③]，曾一度影响英国、欧洲大陆和美洲大陆。

②英国慈善组织协会成立于1869年（the Charity Organisation Society (COS)）。

③奥克塔维亚·希尔所创建的住房管理制度在1881年被“慈善组织协会”住房委员会誉为“奥克塔维亚·希尔制度”。希尔以私人经营的方式，把政府的政策落到了实处，而且通过人性化管理，帮助贫困者树立积极的人生态度，弥补了国家政策和政府管理的不足。

英国旧城改造是城市以政治、国事、宗教为中心向以经济生产、百姓生活为中心转折的重要标志，是人类第一次在大规模城市建设中没有把教堂和宫殿放在核心位置，此后的大多数城市都是遵循这条路走下去的。

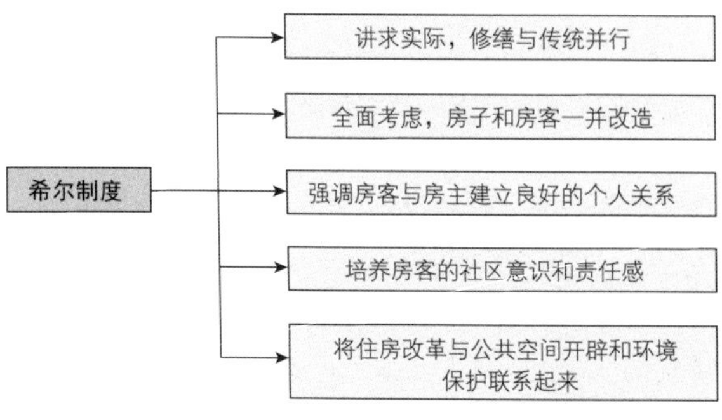

希尔制度
讲求实际，修缮与传统并行
全面考虑，房子和房客一并改造
强调房客与房主建立良好的个人关系
培养房客的社区意识和责任感
将住房改革与公共空间开辟和环境保护联系起来

图2-4 希尔制度

英国政府在认真审视农村人口源源不断的涌入城市，带来城市人口急剧膨胀的问题和认真审视城市人口膨胀导致住房短缺、贫民窟比比皆是的问题，还有认真审视“城市病”不仅发生在大城市，也出现在小城镇的问题之后，还做了一件很有意义的工作，就是掀起了建造公园运动。

由于伦敦是一个没有城墙的城市，城市规模与边界扩张相对自由。英国政府和皇家比较重视对城市边界的控制，通过保留或建设大面积绿地来削弱城市拥挤和混乱。以公园改善城市环境的最佳案例，首推海德公园。

海德公园曾经是英国最大的皇家公园。

海德公园在1006年以前还是威斯敏斯特教堂的一个大庄园，也就是说，他是一处宗教房地产。1509年亨利八世执政之后，将这座占地360多亩的威斯敏斯特大庄园改为狩猎场，并用作王室的公园，建有赛车道和赛马道。公园的皇家驿道两旁巨木参天，犹如绿色“隧道”。

1625年，随着城市不断向庄园逼近，查理一世执政后开放了威斯敏斯特大庄园，森林、河流、草原为市民共享。

真正让海德公园享誉全球的是伦敦国际博览会。这个时候，伦敦城市边界已经扩展到海德公园的边缘。

第一届世界博览会选择了英国伦敦，维多利亚女王选择了海德公园。

海德公园内建设了展示10多个参展国家的经济成就和文化传统的博览馆。博览会于1851年5月1日开展，历经5个多月，接纳观众达630万人次。博览会给英国带来了巨大的经济效益和社会效益。博览会之后，原在伦敦西郊的海德公园逐渐成为城市的中心区域。

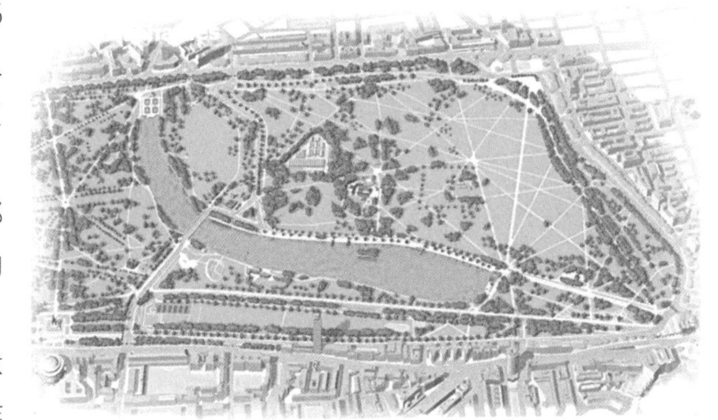

图 2-5 海德公园
图片来源于互联网

博览会的另一个伟大意义是让人们看到了公园的作用和益处，城市公园不仅没有削弱城市的经济发展，反而提升了城市的土地价值。博览会之后，欧美城市兴建公园运动蔚然成风。很多古老的城市开始挖掘、寻找具有公园建设条件的用地，许多新生城市开始谋划，建设新的公园。

我们知道，《公共卫生法》主要解决的是基本公共卫生问题。也就是说，政府还是处于被动应急的状态来处理城市问题，没有主动对城市建设提出公共要求。比如，政府对一个地块提出卫生要求，但对于地块之间却疏于管理，或无依据管理。《公共卫生法》修改来修改去只是解决了同一地块建筑混乱的问题，而没有解决相邻近地块建筑关系的问题。也就是说，住宅和工厂比邻建设现象依然存在，新建的场所依然拥挤，宏观上的公共卫生问题没有得到有效控制。

因此，城市的拥挤、混乱状况有所缓解，但没有得到根本的解决。从上面的论述中不难发现，我们没有提及伦敦的系统空间规划。伦敦虽然具有摆脱城墙束缚的优势，但在旧城整治中如果辅助以城市格局的谋划和空间系统规划，也许其成就会更具有典范的意义。

与英国旧城整治同期的巴黎大改造通过规划，首先解决了城市架构问题。

与伦敦旧城改造相比，巴黎大改造的时间计划、经营计划、目标都更为明确。1859年，拿破仑三世将巴黎旧城改造委托于时任塞纳–马恩省省长的乔治·尤金·奥斯曼。

奥斯曼制定的巴黎城市改建计划内容包括外迁中心区居民、改善中心区功能、拓展城市干道、疏导城市交通、美化城市环境、完善服务能力。重点解决城市的四大问题：交通、供排水、城市绿地和公共设施。

拥有大大小小的广场，是巴黎城的一大特色，这些广场过去都是为了炫耀政治、财富建造的。巴黎大改造赋予这些广场更多的交通功能，使之成为巴黎大交通的重要组成部分。无论是星形广场还是协和广场、共和广场，它们都在城市交通中起着重要作用。其次是将塞纳河两岸的道路打通，串联了沿岸重要地点和设施，并通过桥梁将两岸主要道路联系在一起。改造后的巴黎，以东西、南北两轴线为主干，依广场和新建道路，形成次干、支路网络。

在第一章中，我们讨论了巴黎地下水道建设的辉煌成就。在此基础上，巴黎可以无忧地利用塞纳河和乌尔克河供水，同时还引入瓦纳河水并开发地下水源，通过区分工业用水和生活用水建造供水网络系统。

在巴黎大改造中，建构了三级绿色网络系统。城市级公园以郊区为主，包括东西南北各一处公园和改造梭蒙公园、卢森堡公园。街区级公园包括肖蒙高地公园、蒙苏里公园及街区零星公园及所有空地、休闲散步场所。第三级为庭院绿化和带状林荫大道。

完善必要公共设施是巴黎大改造的又一重大成就。如雷阿勒市场、歌剧院、商业、法庭、屠宰场、学校、市政府、教堂、剧场、咖啡馆、医院、精神病院、老人院、托儿所、幼儿园、社区门诊、墓地等。

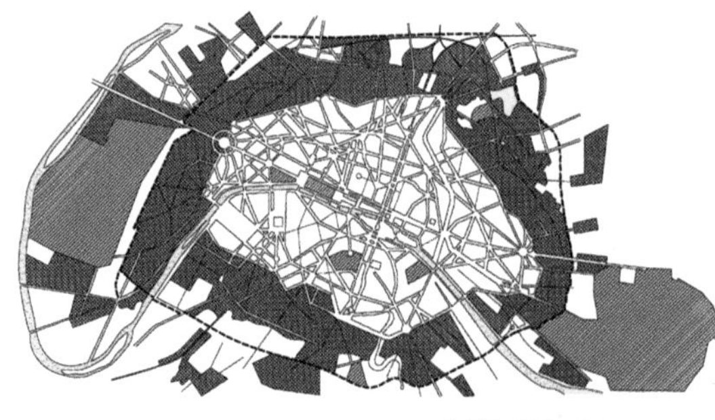

图 2-6 巴黎大改造
图片来源：根据沈玉麟《外国城市建设史》（中国建筑工业出版社）绘制

图 2-7 奥斯曼的住宅模式
六层，首层商业、顶层佣人住房，人均居住用地相同的条件下改善居住环境

巴黎大改造前后用了大约七年时间。由于思路清晰，工期紧凑，效果明显，使得巴黎大改造的声誉远远大于伦敦。

奥斯曼在巴黎大改造中还创造了一种新的住宅模式：高六层，首层为商业，顶层为佣人住房，这种模式为广泛的中产阶层认可。

奥斯曼时代的巴黎，城墙依然存在，巴黎大改造的空间受到较大约束，也正因为如此，他的改造范围也十分明晰。大改造时代约有60%巴黎城区重建或改造住宅，奥斯曼式住宅无疑对巴黎城区环境改善起到了重要作用，但也导致了大批工人、手工业者、小商贩和小业主离开城区，走向城外。奥斯曼将城市低收入住房问题留给了后来的城市管理者，这也是他能在短时间内取得重大成效的一个重要原因。

伦敦和巴黎旧城整治的成功激发了欧美大陆对旧城环境改造的信心，一股以环境建设为主题的新风徐徐掠过各大中小城市。以芝加哥为代表的"城市美化运动"将环境建设推上了巅峰。

与伦敦和巴黎不同的是，芝加哥是一座历史短暂的城市。

在瓦特发明蒸汽机的时候，芝加哥这个地区才迎来了第一批外来定居者；在伦敦饱受工业革命带来灾难的时候，芝加哥还是一个不足350名居民的小镇。1848年，就是英国《公共卫生法》通过的那一年，芝加哥建成了沟通密歇根湖和密西西比河的伊利诺伊密歇根运河，也就是这一年，芝加哥第一条铁路开始建设。水运和陆运的建设使芝加哥成为美国的重要交通枢纽。

芝加哥城市的历史几乎就是伦敦城市历史的"缩略版"。

芝加哥于1857年正式成立市政府。1870年之后的30年里，芝加哥人口从29.9万增加至170万，几乎翻了6番。

与伦敦城市历史颇为巧合的是芝加哥城市也曾经历过一次悲壮的火灾。火灾发生于1871年，据称这场火灾是因为奥利里太太家的一头牛踢翻了一盏油灯而引起的，所以也称"奥利里牛圈大火"。

"奥利里牛圈大火"导致芝加哥17000座房屋化为灰烬，十万城市居民无家可归，并引发了后来因对城市面貌和市政服务不满而激起的"干草暴动"。促使市政当局花大力气加强城市建设和基础设施建设。

借鉴伦敦旧城整治的经验，芝加哥也是从污水治理着手开始环境整治的。1885年，芝加哥建成了全美大城市第一个完备的污水排放系统，并为1900年河闸门系统建成后彻底改变城市的环境提供了基础，相比较同期建设的伦敦1865年完工的排水系统和法国奥斯曼时期排水系统，芝加哥排水系统另有特色。

有了排水系统的基础，有了芝加哥大火将城市贫民窟一扫而光的客观存在，有了人们对城市环境恶劣的反抗，有了6倍人口增长的条件，芝加哥"城市美化运动"展开得异常顺利。

与伦敦城市历史还有一个巧合是芝加哥城市美化运动也是源于世博会。为庆祝哥伦布发现美洲大陆400周年，世博会决定1893年在芝加哥举办哥伦布纪念世界博览会[①]。伯恩海姆是这次国际盛会的策划人。

伯恩海姆一改过去搭建临时建筑的做法，而是要以芝加哥这个城市作为博览会的大背景，将芝加哥建设成为所谓的"梦幻之城"。伯恩海姆以白色为基调，以巴洛克为母题改造了这座城市，并取得了巨大成功。

伯恩海姆另外一个非凡的成就是把水作为一个统一城市的多样化地区风格的元素。伯恩海姆借鉴欧洲城市布局，打破原有严格的方格网结构，通过密歇根大道将城市中心与密歇根湖文化中心联系起来，他建设湖滨及沿河风景休闲区并在两岸建设市政中心，建立公园道路，并与周围林地形成完整的系统。

1893年世博会如期举行，城市面貌焕然一新，密歇根大道、林肯大道、壮丽大道、第五大道建构了城市骨架，湖滨公园、森林公园，沿湖沿河景观魅力四射，众多高楼大厦林立。共有2750万游客目睹博览会和芝加哥风采，并将其对"城市美化运动"

①芝加哥哥伦布纪念博览会（World's Columbian Exposition），亦称芝加哥世界博览会，是于1893年在美国芝加哥举办的世界博览会，以纪念哥伦布发现新大陆400周年。

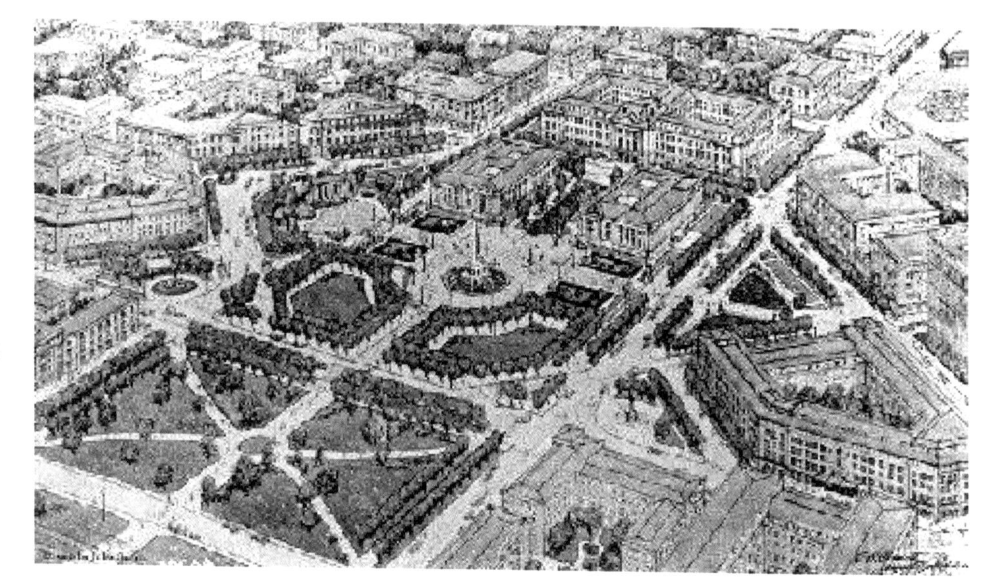

图 2-8 芝加哥城市美化运动

芝加哥城市美化运动将城市与自然山水联系为整体，土地资源丰厚，没有城墙的束缚，芝加哥城市美化运动远比巴黎、伦敦舒展

图片来源于互联网

的体会带回各个城市。

从18世纪末爆发的“城市病①”到19世纪末的“城市美化运动”，100年的时间里，人们经过探索、实践、再探索的循环努力，最终找出了一条旧城整治和改善环境的道路，让城市重新回到应有的状态。

在这段时间里，水的治理和公园的建设对城市环境的改善起着重要作用。

有关下水道建设的案例前面讨论了许多，现在，我们介绍一个颇有代表性的城市公园案例：纽约中央公园。

自伦敦海德公园之后就形成了一股建设“城市公园运动”的浪潮。其中，纽约中央公园的建设成效最为明显，影响力也是最大。

1857年，纽约市的决策者议定将一块田地作为公众使用的绿地，当时，这块用地距离纽约市区很远，地势起伏、岩石裸露、贫民棚户散布其中。

1858年，中央公园方案通过公开设计竞赛获得，获奖者是奥姆斯特德。他认为将来公园四周摩天大楼林立的时候，这里将是居民唯一可以见到自然风光的地方。

1873年建成的中央公园是一块完全人造的自然景观，有茂密的树林，可以泛舟水面的湖泊和葱郁的草坪，有庭院、溜冰场、回转木马、露天剧场、两座小动物园，有网球场、运动场、美术馆。

纽约中央公园是第一个在现代城市主动建设的公共开敞空间。这座面积有340公顷的公园，占了150个街区，有93公里的步行道和6000棵树木，仅长椅就有9000张。中央公园为忙碌紧张的纽约人提供一个悠闲的场所，明显改善了曼哈顿岛的环境，改善了城市机能的运行，开创了城市中心区人与自然交融的新示范。

①城市病是指由于城市人口、工业、交通运输过度集中而造成的种种弊病。它给生活在城市的人们带来了烦恼和不便，也对城市的运行产生了一些影响，所以被人们形象地称之为“城市病”。

图 2-9 纽约中央公园

现代城市建设用地与非建设用地出现交融，城市与自然不仅仅是唇齿相依而且是你中有我，我中有你

后来，“城市公园运动”在美国结下了丰硕的果实，旧金山、底特律、芝加哥、波士顿等很多城市相继建设了中央公园。

我们说过，政府职能的缺失，无疑是城市灾难。从城市出现至今，政府一直在城市建设与发展中起着重要作用。只有在工业革命早期，政府还沉湎于农耕社会体制的时候，城市进入了工业化时代，政府职能出现了短暂的缺失，城市也陷入了短暂的灾难。而后，随着政府职能的恢复，城市也从灾难的泥潭中顽强地走了出来。

通过对这段城市历史的回顾，我们看到，政府对城市的计划和规划起到了至关重要的作用。英国的《公共卫生法》为城市环境改善奠定了基础，但是，由于它的空间规划不那么明细，其成效也略逊于巴黎。法国的巴黎大改造，不仅空间规划清晰，而且，还有奥斯曼这样的领军人物，其对欧美城市的影响更为深远。但是，由于巴黎大改造局限于城墙之内，其遗留问题还是很多。

芝加哥城市美化运动汲取了伦敦和巴黎的经验，既有政府主导，也有伯恩海姆这样的领军人物。更重要的是他将芝加哥城市与自然环境作为整体考虑，因此，它对城市长远的影响远远大于伦敦与巴黎。比如，1955年，前伊利诺伊州参议员理查德·丁·戴利当选芝加哥市长，而且一当就是21年。在这21年里，芝加哥沿着伯恩海姆的构思一路向前，威尔斯大厦、汉考克中心、麦考密克会展中心、奥黑尔机场等城市标志性建筑拔地而起，城市呈连续发展状态，也将“城市美化运动”再度提升。

由此，我们认识到：现代城市的经济规模、人口规模与空间规模相适应是如此的重要。当经济规模和人口规模大于空间规模的时候，城市就需要改变构成结构或扩展城市边界，否则就会带来城市秩序的混乱甚至崩溃。当经济规模和人口规模小于空间规模的时候，城市就会对生态环境造成无意义的侵害。

农耕时代，我们很重视城市规模，我们没有出现严重问题。

工业革命对城市造成危害的本质是城市规模远远不足以接纳经济发展的需求。巴

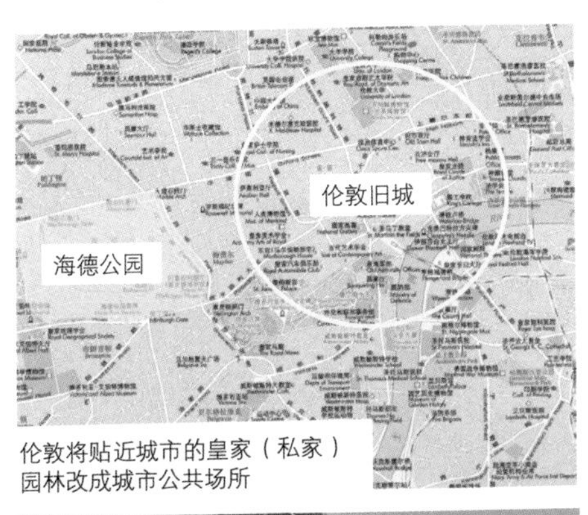

伦敦将贴近城市的皇家（私家）园林改成城市公共场所

巴黎在城墙内人口密度增加的前提下努力改善环境

芝加哥有意识将自然环境接近城市

纽约在城市中创造自然环境

图2-10 不同规模导致不同结果

黎大改造将环境整治规模局限于城墙之内，1932年巴黎城墙拆除后，巴黎就需要继续它的环境整治工作。芝加哥没有城墙的束缚，从“城市美化运动”一开始就将计划规模扩大至自然环境，并有计划地控制城市边界，防止城市对自然环境的过分侵蚀。所以芝加哥城市的发展就显得更为连贯，更为顺畅。

应该说，旧城整治和城市美化运动改善了工业革命对城市环境的破坏，让城市得以喘息，去认真思考工业社会的城市应该走向何方。

第二节　新兴城市的尝试与探索

从伦敦、巴黎和芝加哥的旧城整治和城市美化的案例中我们可以看到城市的进步：城市环境的进步、城市生活条件的进步。通过旧城整治和城市美化，不仅从感观上，改善了城市的面貌，而且在实用中，也提高了人们生产、生活的条件。同时通过环境改善也提升了城市的扩张能力和容量。

但是，旧城整治和城市美化毕竟只能被动地解决城市已经出现的问题，只能解决物质层面的问题，不能彻底解决城市工业化提出的新要求，不能满足人口规模膨胀的新要求，不能适应高效率社会对交通提出的新要求。

因此，城市环境得到初步改善之后，我们就需要系统地研究城市问题，需要考虑城市发展与社会发展相协调的问题，需要把握城市建设与市民生活相一致的问题，需要解决城市功能与布局相统一的问题。

城市美化运动之后，人们对现代城市有了全新的认识，并从建筑领域派生出城市规划队伍，建构城市规划领域。这个时期，人们讨论最多的是城市功能、城市结构、城市规模和社会经济发展。

城市规划队伍保障了城市的健康发展。第二次世界大战破坏了许多城市，也给许多城市带来新的生机。战后重建工作实现了很多城市规划的研究成果，城市发展处于良性状态。

有关这些问题，我们将在下一章与城市规划议题一并讨论。

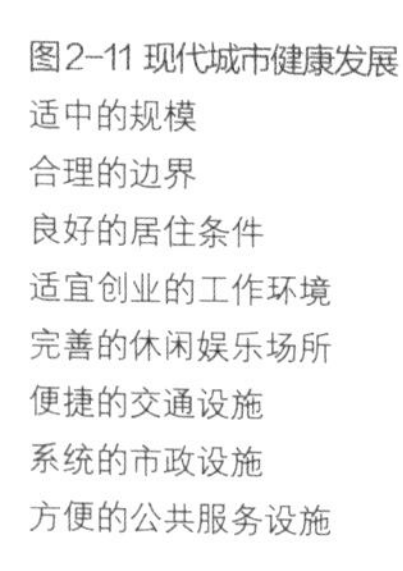

图2-11 现代城市健康发展
适中的规模
合理的边界
良好的居住条件
适宜创业的工作环境
完善的休闲娱乐场所
便捷的交通设施
系统的市政设施
方便的公共服务设施

在这一节，我们将重点放在人们对理想城市的追求上。

中国有句老话：“温饱思淫欲”。如果去掉这句话的贬义成分，他讲的还是蛮有道理的。“温饱思淫欲”表述了在基本需求得到满足之后，人们会追求更多需求的意思。

俗话说，一张白纸，好画最美丽的图画。当城市环境矛盾没有那么突出的时候，人们自然会想尝试一个完全新的城市是不是最理想的城市，尝试建设一个能够实现人们对城市所有梦想寄托的完全新的城市。

于是，堪培拉出现了，巴西利亚出现了，昌迪加尔出现了。

这些新城市出现的前提是全球交通格局的改变。

我们知道，1886年是汽车的元年，也就是说那一年汽车诞生了。1908年“T”型汽车出现了，20世纪30年代汽车成为大众化商品。

我们知道，1919年是民用航空的元年。1958年民用喷气飞机的出现，标志着民航进入全球大众化运输时代。

交通格局的改变，让人们可以随意地穿梭于世界各个角落。于是，那些尚未开发的处女地便成了人们尝试新城市的实验场。

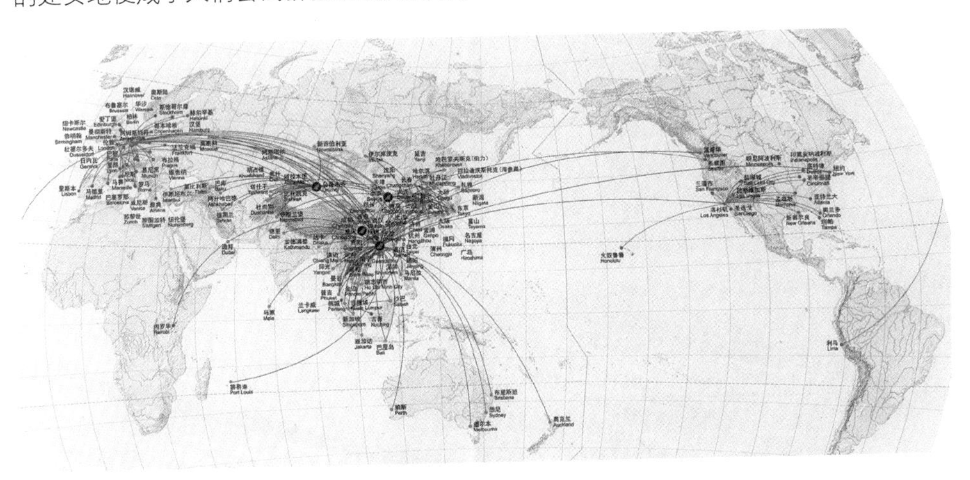

图 2-12 交通让城市有了更多的选择余地

全球航空业排行第三的中国南方航空公司航线图

20 世纪 30 年代后汽车让人们在陆地上跑得更远，1950 年代后飞机让人们在空中飞得更远

图片来源：《中国南方航空航机杂志——空中之家》

澳大利亚新首都的选址是政治斗争的产物。

1901年，澳大利亚6个殖民地联合成立澳大利亚联邦国家，并定都墨尔本，后悉尼崛起引发墨尔本与悉尼的首都之战。1911年，澳大利亚联邦政府决定将首都建于两城市之间的堪培拉。堪培拉距拥有420万人口的悉尼约300余公里，距拥有400万人口的墨尔本600余公里。

堪培拉位于澳大利亚山脉间的开阔谷地。首都建设于1913年奠基，历经14年，至1927年建成。同年，联邦政府由墨尔本迁于此地。

堪培拉1958年的城市设想规模为50万人，并预留了100万人空间，但到1977年堪培拉只有20万人，人均绿地达70平方米，2004年仅增至32.5万人。

堪培拉是一座经过精心组织策划的城市，政府的建筑物位于山冈之上，背依层峦叠嶂的群山，城市由多角几何图形和放射路网组合联系，并通过公共交通和四条高速公路形成“Y”字形布局。

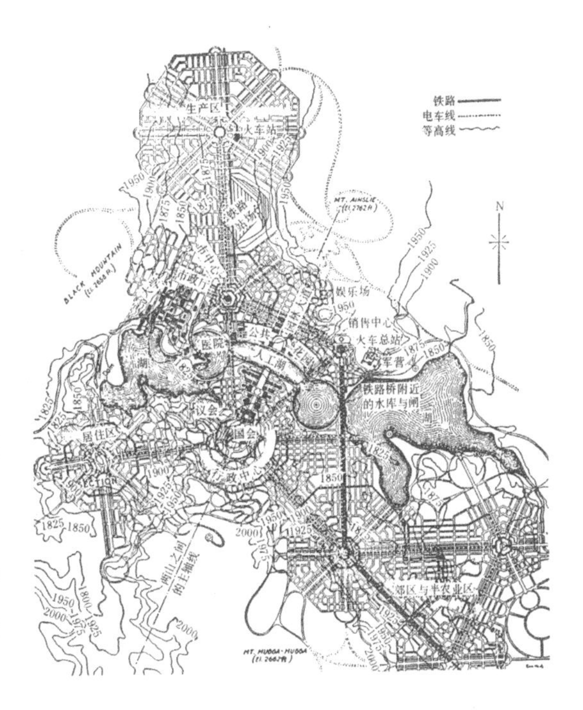

图 2-13 堪培拉的规模与边界

虽然城市是组团布局，但每个组团的严谨的几何平面限制城市的自由伸缩

图片来源：沈玉麟《外国城市建设史》（中国建筑工业出版社）

从1913年到2013年的100年时间里，堪培拉城市的空间格局没有变、规划规模没有变、设计环境没有变，赢得了众多赞誉。但是，100年过去了，堪培拉吸引的城市人口不足远期规划设计人口的30%，不足近期的65%。所以，没有赢得后来城市建设的效仿，它定格于20世纪人们对理想城市的设想。

与堪培拉相反，巴西利亚的人口远远超出了规划人口。

但巴西利亚有一点和堪培拉是一样的。那就是，在巴西利亚建设之前，巴西已经有了两个规模庞大的城市，一个是人口规模在1990年就达到1400万的里约热内卢，一个是人口规模达到2000万的圣保罗。里约热内卢GDP占全国14%左右，圣保罗城市人口规模在全世界排第八位，南半球排第一位。

巴西同样没有将两个城市作为建设首都的目标，而是在距两个城市均超过1000公里之外的中西部荒原上另建新首都。其原因与堪培拉有所不同，据说巴西利亚选址的目的是为了拉动巴西中西部发展，但结果是一样的。

巴西的首都原来在里约热内卢，1956年在时任巴西总统儒塞利诺·库比契克鄂极力主张下，选择了马拉尼尼翁河和维尔德河汇合处三角地带建设新首都。这座新首都在海拔1000米的西亚斯州旷野的高原上拔地而起。

巴西利亚始建于1957年，经时41个月，至1960年建成。

巴西利亚是一座按照飞机模样建造的城市。整个城市镶嵌在有80公里边长人工湖的半岛上，容纳首都主要场所的三权广场位于半岛的尖端，属"机头"部分，"机舱"是205米宽8公里长的大街，及各部委广场大厦，两翼为公寓区，公寓区和部分办公场所之间有商店、银行等各种设施。这架"飞机"能容纳人口约20万。

巴西利亚同样为巴西带来了骄傲。1987年联合国教科文组织确定巴西利亚为世界文化遗产，这也是世界上"最年轻"的人类文化遗产。

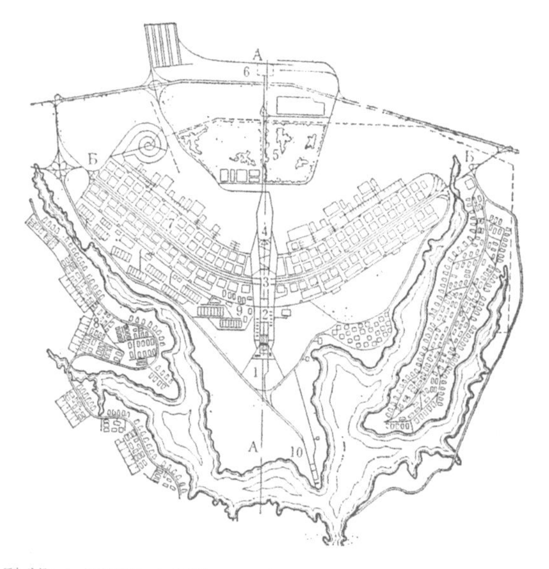

1—三权广场；2—行政厅地区；3—商业中心；4—广播电视台；5—森林公园；6—火车站；7—多层住宅区；8—独院式住宅区；9—使馆区；10—水上运动设施

图 2-14 巴西利亚规模与边界

严谨的几何平面拒绝了变化的可能性

图片来源：沈玉麟《外国城市建设史》（中国建筑工业出版社）

由于城市以飞机形状为蓝本建造，因此它的规模和形状是不能改变的。但是它终究是服务于拥有1.9亿人口国家的首都，就功能上而言它的规模是难以控制的。因此，巴西利亚在城市建设那一天起，就决定了，城市规模将不断地接受功能需求的挑战。

1960年巴西利亚的人口规模是50万，但是到了2004年，其人口已经超过了220万。

昌迪加尔也是从平地兴建起来的新城市，是新城建设的另一个案例。

1947年8月，巴基斯坦和印度分治，旁遮普邦一分为二。旁遮普邦东部归印度，西部属巴基斯坦，其首府城市拉合尔划入巴基斯坦版图，印度就需要新建一个旁遮普邦首府。

在尼赫鲁总理的大力支持和推动下，印度政府决定在首都新德里以北240公里处，划出一块114.59平方公里的土地，用于兴建新首府。这块位于罗巴尔行政区的用地，有一个小村子，叫昌迪加尔。“昌迪”意为“力量之神”，“加尔”意为“碉堡”。“力量之神的碉堡”的寓意比较符合印度人的思维，于是，新首府就叫昌迪加尔了。

1951年法国建筑师勒·柯布西耶受聘规划新首府，并负责首府行政中心建筑的设计工作。勒·柯布西耶用拟人的手法进行新首府的规划。

他把首府的行政中心当作城市的“大脑”布置在全城最高处；作为“神经中枢”的博物馆、图书馆临近大脑；象征城市的“心脏”的商业中心设在主干道的交叉点；大学区代表“右手”位于西北侧；工业区代表“左手”位于东南侧。此外，他把供水、供电、通信系统看成“血管神经系统”；道路系统看成“骨架”；建筑组群看成“肌肉”，绿地系统看成“肺脏”。

可喜的是勒·柯布西耶只是在城市布局中玩弄了这个概念，而在真正的城市设计中，还是严谨地遵守规划的基本法则。

昌迪加尔城市道路横平竖直，按照不同功能分为7个等级，形成棋盘状道路系统。绿地系统内设计了人行道和自行车道等慢行道交通系统。

依道路网形成的街区面积约为100公顷，居住人口为5000~20000人不等。街区依邻里单位概念规划，模仿东方城市街道布局集市商业。邻里单位之间设绿化隔离带，绿带中布置小学、幼儿园和各种活动场地。

议会大厦、邦首长官邸、高级法院等行政中心主体建筑面向着广场布置。广场高低起伏，设置水池，以增加空气湿度、丰富景观。车行道和人行道衔接广场不同的高程。机动车停车场和次要入口均设在建筑背面或侧面。在建筑方位上考虑了夏季的主导风向和穿堂风。

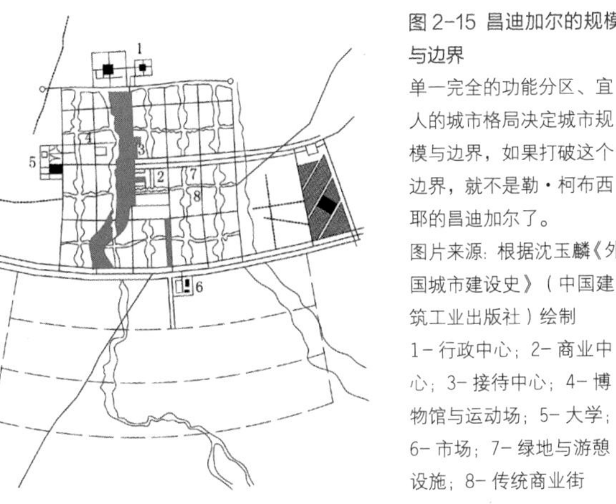

图 2-15 昌迪加尔的规模与边界

单一完全的功能分区、宜人的城市格局决定城市规模与边界，如果打破这个边界，就不是勒·柯布西耶的昌迪加尔了。

图片来源：根据沈玉麟《外国城市建设史》（中国建筑工业出版社）绘制

1- 行政中心；2- 商业中心；3- 接待中心；4- 博物馆与运动场；5- 大学；6- 市场；7- 绿地与游憩设施；8- 传统商业街

去掉勒·柯布西耶那些拟人的游戏，昌迪加尔还是一个很好的规划。设计功能明确，布局规整，比较注意建筑和人体尺度的关系。规划不足的部分在城市建成使用后的几十年中，作了一些微调。

昌迪加尔规划人口为50万，1981年的实际人口数字是45万。

巴西利亚和堪培拉是在工业革命之后，人们依据自己的理想，在空旷的原野上无拘无束地建造起的城市。至今我们为两座城市的优美环境与很多方面叫好。但我们也遗憾地看到，人们给堪培拉预留发展100万人口的空间经过100年的发展，才达到32万，刚刚接近规划的1/3。而巴西利亚，规划预计的是50万人，而40年之后就翻番4倍达到220万人。最大的问题是这两个用特定几何平面规划的城市，如果调整规模，势必完全摧毁原有城市规划的核心内容。

这种一开始就锁定城市规模的做法，可以将城市的平面创造成各种各样的、优美的几何图案，如巴西利亚的飞机造型。但也正是这种城市的几何平面极大的束缚了城市发展。

巴西利亚和堪培拉的经验告诉我们，城市规模的实际增减往往会受到诸多因素的影响，不是人们的主观意识可以控制的。那种用几何平面框定城市规模的做法，在农耕社会尚可实现，但是，在现代社会，往往只能得到悲剧式结果。

昌迪加尔也是人们依据自己的理想，在空旷的原野上无拘无束地建造起的城市。勒·柯布西耶虽然也用了拟人的手法进行了城市布局，但难能可贵的是他点到为止，没有过分地追求形式的东西。城市依然是网格式空间结构，伸缩余地比较大，可以适应不同阶段的城市规模。

现实中，昌迪加尔的规划人口规模与实际人口规模也比较接近。

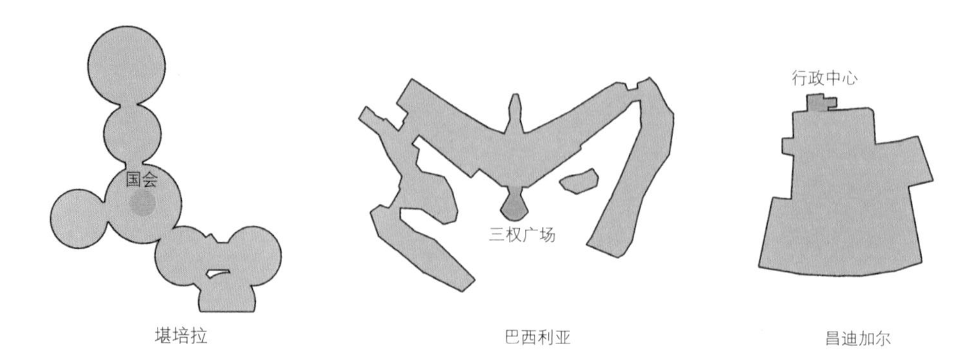

图 2-16 严谨几何平面限制的城市规模与边界

纵观现代社会，在一个广袤的原野上完完整整建设一个新城的案例并不多，同时，用几何平面规划建设新城市的成功率也极为罕见。当然，无论新城也好，旧城也罢，其平面结构与人口规模限定越具体，其适应现实的能力就越弱。

堪培拉、巴西利亚和昌迪加尔都是新建城市，但目的和手法不同，结果也有所差别。堪培拉因政治原因建新城，规划规模偏大。巴西利亚为带动区域发展建新城，规划规模预计不足。昌迪加尔在原区域间建新城，只是换了一个地方，有原来城市的参照，规划规模接近现实需求。

从堪培拉、巴西利亚和昌迪加尔的案例中可以看到，我们对城市的理解还没有达到现实需要的水平。依托老城市逐步扩张，依托老城市建设新区，仍是未来一段时间城市化的主要道路。

我们还看到，过于严谨的几何平面并不适于现代城市的需求。城市发展需要一个有弹性的空间结构。

第三节　城市规模与边界的再平衡

工业革命以来，像堪培拉、巴西利亚或昌迪加尔那样，耗费巨资，用数年或数十年去建一座新城的实例并不多。除了先前实践没有取得令世人瞩目的成绩外，还有一个重要因素就是缺乏社会需求。

当今世界，城市化进程可分化为两种情况。第一种情况多为城市化率不高的发展中国家，农村人口继续不间断地涌向城市，城市规模增长方向和幅度处于难以控制和难以预测的阶段；第二种情况多为城市化率超过80%的发达国家，城市总人口相对稳定，城市规模相对稳定。

我们以印度和英国为例。

印度国土面积约317万平方公里，拥有人口12.1亿。

16世纪，来自中亚帖木儿的后裔巴布尔在印度领土上建立的莫卧儿帝国是当时世界上最富庶的国家，这个时期也是大批欧洲人涌进印度的时候。因利益冲突，莫卧儿帝国于1757年正式向外来的英国东印度公司开战，就是著名的普拉西战役。莫卧儿帝国在战争中完败，英国东印度公司取得了对印度的实际统治权。后印度政府成立，印度进入英国直接统治的时代。1877年，英国的维多利亚女王加冕为印度帝国的皇帝。英国曾经将大量的工业产品和资本转移到印度，1890年，英国在印度铺筑了约17000英里铁路。1911年，印度的铁路网达33000英里。可惜，这些资本投入的后期成效不大。

1947年，印度与巴基斯坦分治并实现独立，印度仍然留在英联邦内。1950年印度宣布成立印度共和国，仍为英联邦成员国。

印度是一个农业大国，也是一个人口大国，但城市化率极低。1960年印度的城市化率为17.9％，比英国1700年的城市化率还要低。1970印度的城市化率为19.8%，1980年为23.1%，1990年为25.5%，2000年为27.7%。平均每10年的城市化率仅仅提升3%左右。

根据2001年的人口普查数字，印度人口主要分布于恒河平原。只有27.78%的人在城镇生活，其余的72.22%印度人则分布在55万个村庄中。统计数字显示，印度共有27个百万人以上的城市，其中人口规模最大的城市有孟买、德里、加尔各答及清奈。

2010年印度城市化率为30.1%，相当于英国1800年的水平。也就是说，仍有七成的印度国民居住在乡村。可以预见未来的印度将有一个大幅度提升城市化率的时期，也就是说，未来的印度会迎来大量农村人口涌向城市的可能。虽然，印度每年有90万人死于受污染的水和受污染的空气，虽然印度2011年的识字率仅为74.04%，但这些都难以阻挡城市化率的提升。

我们在前面的讨论中，比较多地提到英国。

英国是君主立宪制[①]国家，是一个由英格兰、苏格兰、威尔士和北爱尔兰组成的联合王国，称大不列颠及北爱尔兰联合王国，简称联合王国或不列颠。1536年英格兰与威尔士合并，1707年苏格兰并入，1801年爱尔兰的加入构成现在的联合王国。

英国国土面积为24.36万平方公里，人口约6000万。

和印度相反，英国是一个城市化率极高的国家，如我们在第一章讲的，英国是世界上第一个实现城市化的国家。1700年英国城市化率为18.7%，1750年，城市化率达22.6%，1801年城市化率达到33.8%，1851年城市化率就为54%，1861年为62.3%。而且，在1750年~1850年的100年间，英国人口从750万人增至2100万人。也就是说，1750年英国的城市人口约为170万，而到了1850年的城市人口则发展为1134万人，人口实际增长964万。

1921年的英国城市化率为77.2%，1998年为89%，2010年英国城市化率达90.1%。

到目前为止，英国只有不足10%的人口未进入城市。而且，这10%的人口是农林牧渔等行业主力军，他们很难离开原野大地。也就是说，英国能够再流入城市的人口并不多，或者说，英国城市规模基本稳定。

我们说英国城市规模基本稳定，并不是说它一成不变。英国城市至少潜在两个变化的动因。一个动因是国家城市总人口不变，但城市之间的流动还是存在的。特别是像美国底特律那种情况的发生，个别城市规模还会有起伏。另一个动因是国外，比如印度，可能向这个国家移民。随着全球一体化的进程，这种可能不是不存在的。

现在，我们重点讨论发达国家城市发展的趋势，明白了这种趋势，就很容易掌握

①君主立宪制又称立宪君主制，是相对于君主独裁制的一种国家体制。君主立宪是在保留君主制的前提下，通过立宪，树立人民主权、限制君主权力、实现事实上的共和政体。君主立宪制限制了古代的帝王独裁，变成了“王在议会，王在法下”的主流观点。

发展中国家未来城市的发展可能。

城市化的进程本质上是城市"扩张"的过程。城市扩张过程的表象是城市边界碎片化。城市扩张并不是洪水猛兽，不需要谈虎色变，它是人类社会发展必然会经历的一个阶段。

城市之所以能吸纳人口与财富，是因为它具有更多创业和就业的机会，是因为它能创造更多的财富，是因为它能提供更舒适的生活环境。

城市本身的魅力会不断地吸引、聚集越来越多的人口，从而导致城市规模不断地扩张。城市扩张到一定程度，就会外溢。所谓外溢，就是城市对周边地区的影响，使这些地区越来越像城市，甚至刺激相邻地区生长出新的城市。

因此，城市具备两个基本功能，聚集功能和扩散功能。城市规模的发展就是一个聚集、扩散、再聚集、再扩散的循环反复过程。

因此，城市规模的扩张往往都是通过旧城扩展与新区建设共同完成的。

换句话说，城市不仅不是农耕社会那种用"城"围合的"市"，而且也不再是一个边界清晰、独立于周边环境的"市"，现代城市是多组不同功能区块的组合体。

在城市"聚"与"散"的过程中，新区建设、旧城扩展的界线会越来越模糊，两者趋同，互相渗透掺杂的情况越来越多。而且，城市社会越发达，旧城与新城之间，大城与小城之间，城市与城市之间的社会、经济联系就会越来越频繁，城市与乡村的边界，也会越来越模糊。非城即乡的概念逐渐消失，城市清晰、完整的边界逐渐消失，取而代之的是功能区块的组合。我们把这个过程叫做城市"碎片化"过程。

所以，我们说，在城市聚集、扩散的过程中，"城市—工业"、"乡村—农业"的城乡分工结构也在被打破。

早期城市扩散，是城市以其特有的经济实力和生活条件，对城市周边地区产生强烈的影响，使其表现出要与城区一体化的迫切希望，只要条件成熟，所有的城乡结合部都会义无反顾地投向城市的怀抱。

随着信息经济、知识经济的发展，服务业取代制造业成为城市的主导产业。居住郊区化、工业郊区化、服务业郊区化、办公室郊区化日趋明显，人员、物资、资金、

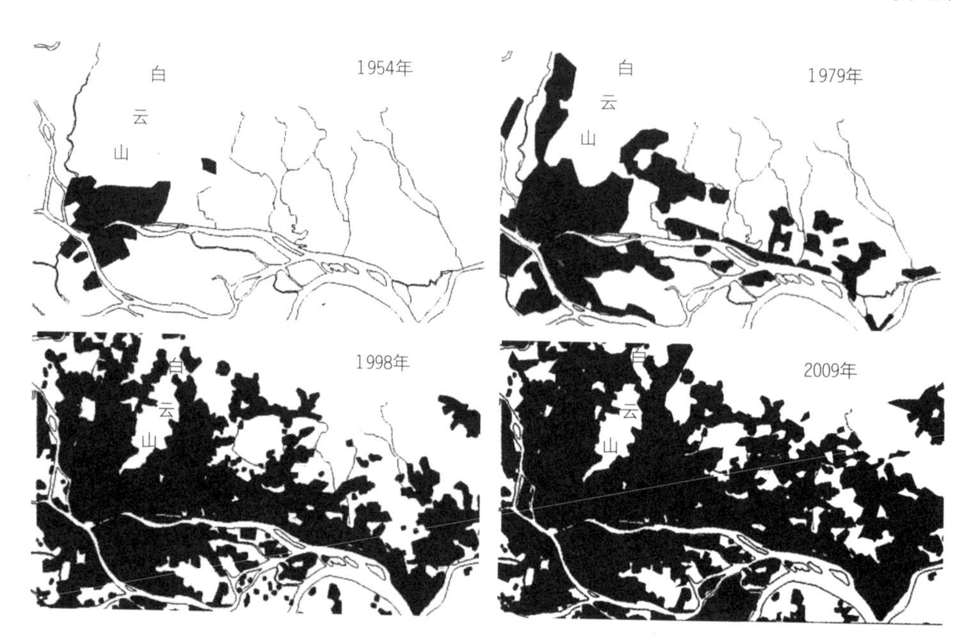

图 2-17 城乡空间碎片化
广州市城乡一体演进过程

信息等各种“流”无障碍地穿梭于城乡各个角落。交通、通信等基础设施的完善，又使这些“流”的损耗达到最低，效率达到最高。

城市聚集、扩散、再聚集、再扩散的循环过程的最后归宿是城市边界碎片化，是城乡空间一体化。物质空间上的城乡之间没有了边界，设施上物随人移，有的只是经济上的关联，只是相对的集中。但城乡之间的隐形边界依然存在，这个隐形边界控制城市合理的规模、科学的空间格局，维护着生态安全系统。

城乡边界的模糊并不意味着都市聚集的削弱，相反，它加强了同一区域城市之间的关联，并逐渐形成了都市群①。

①都市群不是行政区的概念。都市群是指一个大城市群拥有较高的城市化水平，至少有两个人口百万以上的大都市作为发展极，或至少拥有一个人口在200万以上的大都市区，沿着一条或多条交通走廊，连同周边有着与社会、经济密切联系的城市和区域，相互连接形成的巨型城市化区域。

所谓都市群，不是一个行政区的概念。它是指以多个巨无霸城市作为发展极，通过多条交通走廊，将有社会和经济关联的城市和区域衔接成有机体，形成巨型城市化区域。也就是说，都市群是有一体化倾向的、有社会经济联系的相邻地域的组合，也是一种空间组织形式。

城乡互动，城市间互动是都市群形成和发展的直接动力。互动造就了核心城市之间及与其周边城乡产生高度关联的经济结构和唇齿相依的共荣关系。

当然，都市群形成的条件之一是周边地区非农化水平的提升，或者说城市化水平的提升。这种提升的最佳状态是在环境改变最小、原有生态不被破坏的情况下“农转非”。

目前，世界上公认的都市群有五个：纽约都市群、东京都市群、巴黎都市群、伦敦都市群和芝加哥都市群。

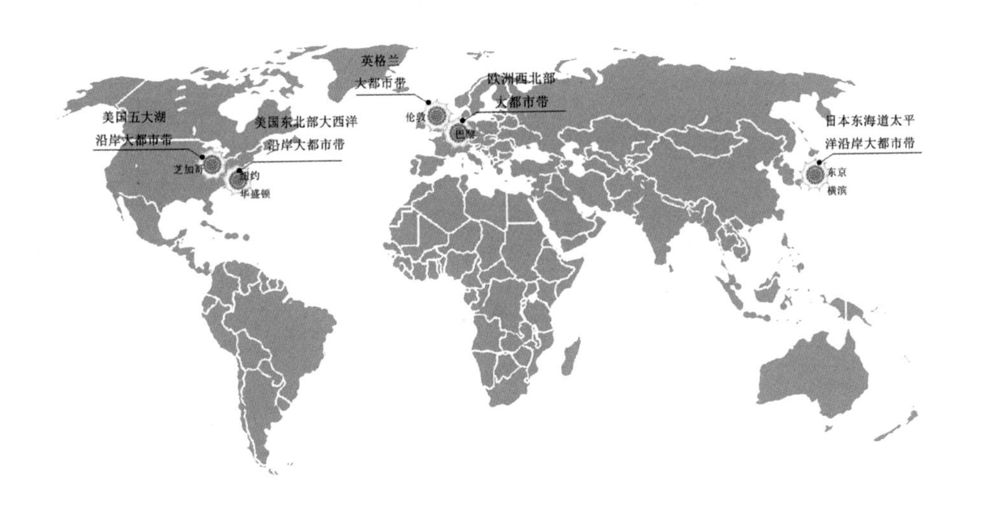

图 2-18 世界五大都市群

纽约都市群的主体城市个性突出。

纽约都市群，有时也被叫做美国东北部海岸都市群，它关联40余个城市，覆盖区域约13.8万平方公里，人口约6500万。这个都市群用地是美国总面积的1.5%，却聚集了美国20%的人口。

纽约都市群的主体城市是波士顿、纽约、费城、华盛顿。

农耕时代，这个区域的城市相互独立。工业革命后，区域交通环境有所改善。到了20世纪50年代，城乡界限逐步瓦解，城市间关联日趋加强。20世纪50年代后，波士顿、纽约、费城和华盛顿四大都市交错发展、相互渗透，最后构成有着比较明确职能和分工的、跨越数州的都市群。

纽约以金融和商贸取胜，有着最发达的商业和生产服务业，为大都市群提供最佳

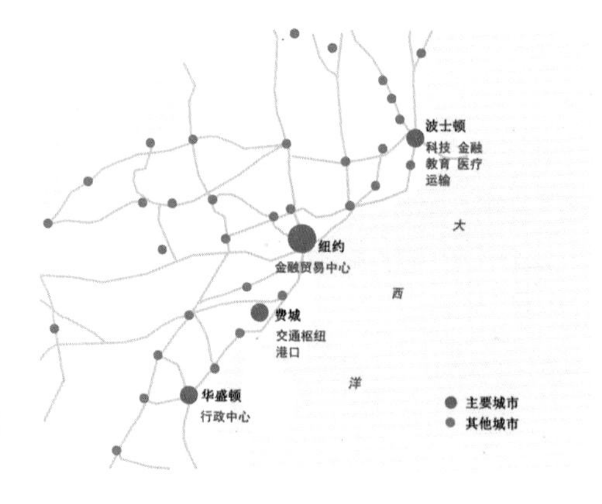

图 2-19 纽约都市群分工合作

的服务。波士顿以高科技制造业取胜，是电子、生物、宇航和国防企业中心。费城以港口取胜，是都市群的交通枢纽。华盛顿以政治中心取胜，高技术服务业独有特色，同时世界银行、国际货币基金组织和美洲开发银行总部等全球性金融机构均位于华盛顿。

从纽约都市群的港口分工合作，也可以品味出都市群城市之间的关联：纽约港重点发展集装箱运输；费城从事近海运输；巴尔的摩港转运矿石、煤炭；波士顿港转运地方产品兼渔港。

东京都市群的轨道交通与规划较为完善。

东京都市群覆盖日本东海岸太平洋沿岸城市，日本11个100万人口规模以上的城市中有10个城市在这个区域。都市群总面积约10万平方公里，人口近7000万。也就是说，这个占日本总面积26.5％的都市群，居住着日本的61％人口。其中，核心城市是东京、大阪和名古屋。

另外，还有一个小东京都市群的概念，即以东京市区为中心，半径80公里的范围，覆盖东京都、埼玉县、千叶县、神奈川县行政辖区，面积约1.34万平方公里，居住人口3400万人。这个占日本国土3.5%的小东京都市圈，聚集了日本27%的人口。日本1/3的GDP是这片只有3.5%国土贡献的。

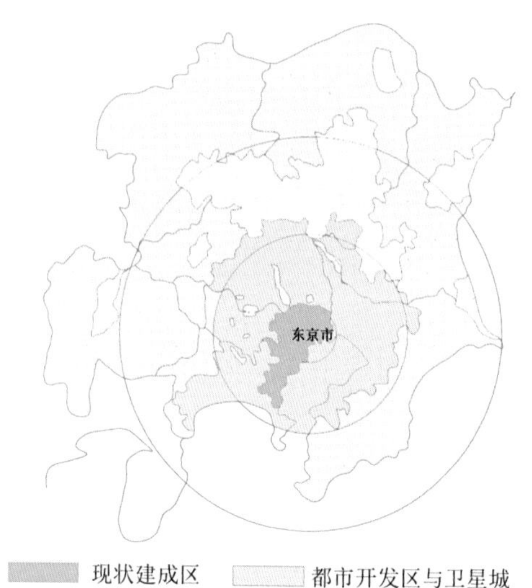

图 2-20 东京都市群规划

大小东京都市群的特点是交通。这里有世界上最密集的轨道交通网。轨道交通每天运送86%的上班、上学人群，在高峰时段，甚至达到91%。

与纽约都市群相比，东京都市群的主动规划更具特色。1958年第一个大东京都市圈建设规划出台了，随后是1963年的第二个大东京都市圈建设规划，接着是1976年出台的第三次大东京都市圈建设规划，然后是1986年的第四次大东京都市圈建设规划。基本上，每十年左右都会有一个规划，目前已经编到第五个规划了。

政府统筹是巴黎都市群一个特色。

和东京都市群一样，巴黎都市群也有大小之分。大巴黎都市群沿塞纳河、莱茵河延伸覆盖法国的巴黎，荷兰的阿姆斯特丹、鹿特丹，比利时的安特卫普、布鲁塞尔和德国的科隆。

小巴黎都市群以巴黎为核心，由巴黎市和埃松、上塞纳、塞纳-马恩、塞纳-圣德尼、瓦尔德马恩、瓦尔德兹和伊夫林7个省组成。面积1.2万平方公里，占全国的2.2%，人口1100多万，占全国的19%。

法国政府从20世纪50年代开始，就不间断地谋划大巴黎地区的发展。1955年进行了行政区划调整，设立巴黎大区计划区。1956年出台《巴黎地区国土开发计划》[①]。1960年出台《巴黎地区区域开发与空间组织计划》[②]。

1961年地区规划整顿委员会统一领导巴黎地区的城市规划和建设，是政府统筹大巴黎发展的标志。巴黎大区城市规划与开发研究所开始研究巴黎大区的建设规划方案。1965年出台《城市规划和地区整治战略规划》[③]，计划沿塞纳河建8座新城，区域人口规模扩大了三倍。

1975年巴黎都市群获得了自治地位。1982年法律规定：巴黎市和巴黎大区是相互独立的。巴黎都市群规划的重点是协调交通、居民点、工业区等的布局。1990年政府颁布《巴黎大区和巴黎市的白皮书》，1994年政府又出台《巴黎大区总体规划》[④]，1996年出台《巴黎大区可持续发展计划》，1999年出台《2000至2006年国家——大区计划议定书和大区规划》[⑤]。

政府的一系列指导文件和行政干预促进巴黎都市群发展的有序性。

伦敦都市群覆盖伦敦、伯明翰、谢菲尔德、曼彻斯特、利物浦等城市，面积达4.5万平方公里，占英国全国面积18%，人口达3650万，占全国总人口58.9%。芝加哥都市群覆盖美国的芝加哥、底特律和加拿大的多伦多等城市。

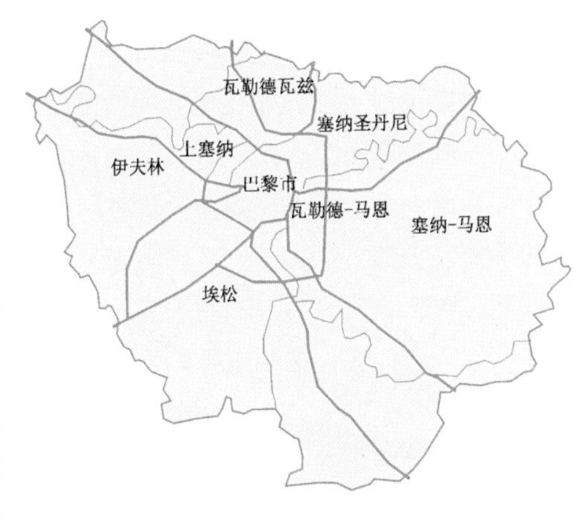

图2-21 巴黎都市群

纵观城市历史：在农耕时代，城市傲立于广袤的原野，俯瞰星罗棋布的乡村，守卫着一方水土。后来，城市日趋增多，城市之间联系日渐密切。工业革命改变了城乡关系，城市取代乡村主导国家经济。旧城整治与美化让城市适应工业化时代的需求，随之而来的是现代城市的发展。当今，都市群大有傲视小小环球的趋向，都市群统领世界经济的景象已日渐明显。

对于有城墙的传统城市而言，破城发展的成本很高。城墙、护城河和绕城道路拆除成本和重建成本的存在无疑是传统城市规模扩展的巨大门槛。因此，一两千年下来，一个城市的规模扩展频率多为个位数。当工业革命遭遇传统城市的时候，破城发展之前的阵痛与彷徨是不可避免的。

破城之后，城市规模的放大和城市边界的扩展，几乎无需承担什么成本，如果一定说有的话，无非就是遇河建桥，逢山开路而已。低成本的城市扩张导致城市对生态环境的威胁日趋严重，人们对环境恶化的忧虑由城区内转向了城区外。因此，城市规模与边界的问题并没有随着城墙的拆除而消失。相反，如何建构合理的城市格局，如何控制城市边界，如何保持国土生态安全已经成为当下极为重要的城市话题。

无论如何，现代社会城乡空间边界的碎片化是大趋势，犬牙交错、彼此渗透、相互依托的边界构建了城乡的新型结构关系。在多数情况下，这种碎片化的城乡空间边界秩序需要城市政府依托对土地性质的管控实现。

尽管每个国家经济发展水平各有不同，城市化阶段因之不同，但城乡空间结构关系的转变或多或少都已显现。

①《巴黎地区国土开发计划》提出了降低巴黎中心区密度，提高郊区密度，促进地区均衡发展的新观点。

②《巴黎地区区域开发与空间组织计划》主旨仍是通过限定城市建设区范围来遏止郊区蔓延，追求地区整体均衡发展。

③《城市规划和地区整治战略规划》提出沿城市主要发展轴和城市交通轴建设卫星城市的设想。

④《巴黎大区总体规划》是目前巴黎大区建设发展的指导性法律文件。

⑤《2000至2006年国家——大区计划议定书和大区规划》宗旨在于强调巴黎市和巴黎大区的建设和整治，保持整个区域的经济、社会、文化和环境均衡发展。

第四节　中国特有的城市发展轨迹

中国现代城市的发展晚于欧美国家，其历程也与欧美国家略有差别。中国现代城市早期发展有一种被逼无奈的感觉，发展速度不是很快，工业革命后欧美城市遇到的问题在中国又没有那么突出。1949年，中国步入了新的时期，城市也发生了重大变革，其突出特点是要变消费城市为生产城市。1980年后的30余年里，中国城市化率飙升，城市规模飙升，城市经济总量飙升。而且，都市群的基本模样已经出现，呈现与世界城市发展总趋势同步的态势。

中国从农耕社会转向工业社会是艰难的。1840年，中国大门被西方列强用炮火打开之后，清朝政府对工业文明怀有极大的排斥情绪。虽然中国工业化与西方一样始于民间，但由于政府的消极态度，其步履更为蹒跚，直至辛亥革命前后，中国现代城市才真正开始进入第一个发展阶段。比如，从1910年到1925年的15年时间里，816家大小工厂在上海面世。这个时候中国城市尚未摆脱华夷之别的观念，因此中国工业的起步更为明确地始于城墙之外。

带动中国城市步入现代化的不仅仅是工业，从某种意义来讲，商贸发展的作用可能比工业的带动更大。那个时候，海外商品的影响是巨大的，特别是日用商品几乎深入中国百姓家庭的每一个角落。这些舶来品留给人们的印象如此强烈，以至于直到几十年后人们仍然记忆犹新。从“文化大革命”中还广为流传于民间的各种称谓我们就可以略见一斑。比如，我们把水泥叫做洋灰，把铁钉叫做洋钉，把马提灯叫做洋灯，把自行车叫做洋车，把手压井叫做洋井，把火柴叫做洋火，把肥皂叫做洋皂，把纸烟叫做洋烟等。

上海工商业的兴起是中国步入现代城市的标志。上海的远东大都市地位的确定，源于晚清国际贸易的起步，发展于民国时期的跨越，是上海在规模和人口发展最快的一段历史时期。1910年，上海的人口为130万人，1927年，达到260万人，其中外省移民占到了上海总人口的72%~83%，租界的人口密度达到了每平方公里3万人。日后人们津津乐道的十里洋场、上海滩等传奇故事，就发生在这一时期之内。

商贸的发展、人口的激增，导致地价的上涨。1935年上海公共租界每亩土地的价格比1911年翻了一番。1930年前后上海的商业繁华地区单块地价基本上比前十年翻了7番左右。南京路、四川路、河南路、静安寺路的地价大致都是如此。地价的上涨从一个侧面佐证了上海的繁荣。

宏观来看中国现代城市的格局，除了与西方列强看中的地点，新建或扩建的城市之外，还与铁路建设有着千丝万缕的联系。西方列强导演的新生城市主要分布在沿海，有香港、澳门、厦门、上海、天津、南通、青岛等。铁路建设曾导演出唐山、郑州、开封、石家庄、大连、旅顺、鞍山、长春、哈尔滨、齐齐哈尔、北戴河、丹东等城市的兴起。

后来，孙中山在他的《建国方略　实业计划》①一书中提出的三大港②和铁路网的设想和构思，基本都与上述城市的复兴有关，也与今朝形式相吻合。比如，孙中山先生提出的北方大港、东方大港和南方大港空间格局战略既与当时的城市发展趋势相一致，也与当今中国形成的城市格局相吻合。比如，孙中山先生提出修建二十万里铁路的宏大计划，当年就在逐步实施，并且与当今铁路网格局基本吻合。

1893年，天津至山海关铁路的贯通及1912年京奉铁路的全线通车，引发东北与华

①《实业计划》是孙中山为建设一个完整的资产阶级共和国而勾画的蓝图，最初是用英文写成的，后编为《建国方略之二：物质建设》。

②《实业计划》由六大计划共33个部分组成。文中提出：修建10万英里的铁路，以五大铁路系统把中国的沿海、内地和边疆连接起来；在中国北部、中部及南部沿海各修建一个世界水平的大海港。

北城市群的崛起。

1904年，连接济南与青岛的胶济铁路开通促进济南的大发展。

1906年京汉铁路的通车，1909年汴洛铁路的通车，1912年陇海铁路的通车，激活了开封和郑州及沿铁路线的城镇。为开封和郑州成为国内农副产品的重要集散地奠定了扎实的基础。开封与郑州的老城和新区同步迅速发展，城市规模大幅度提高。

中国成功地由传统城市转变为现代城市的另一个标志是城市管理体系的建立。我们以广州为例说明。

广州是最早起身进入现代城市的。辛亥革命以后，工业、商业、交通和银行业等具有明显现代社会标志的行业取得长足的发展。现代经济结构框架基本建成，城市管理步入现代轨道。

让广州人特别感到自豪的是：1921年广州市政厅的成立。这是中国第一个城市政府。市政厅由财政、公用、公安、卫生、教育和工务六个局组成，这是明显的现代城市管理的配置。其中，公用和公安两局还是广州首创的。

1929年广州市政府公布了《广州市政府施政计划书》[①]，1930年颁布了《广州工务之实施计划》[②]是对广州未来建设的全面解读。其中包括城市建设计划，道桥建设计划、内河堤岸建设计划、渠道与濠涌建设计划、公共建筑建设计划、娱乐场所及公园建设计划等。

在上述两个文件的基础上，广州于1932年公布了《广州城市规划设计概要草案》[③]，这是广州第一份城市规划方案。规划方案明确了广州市城市总体布局，提出了当时非常时髦的概念：功能分区。规划方案将广州市划分为工业、住宅、商业、混合等4个功能区，并较系统地规划了城市基础设施，提出了明确的建设计划。应该说，民国时期广州的道路、机场、港口、铁路等交通设施规划明晰，建设速度较快，基本确定了广州现代城市的骨架。

①1927年林云陔掌理广州市政，1928年草拟了《广州市政府施政计划书》。

②1929年广州工务局长程天固制定了《广州市工务之实施计划》，倪俊明说这是民国以来内容最丰富、周全的一部城市规划，里面提出大规模扩充园林绿化，并一下子增辟了白云山公园、河南公园、西关公园等五个公园。

③1928年，广州市城市设计委员会成立。1932年，市政府公布了广州市第一个由政府组织编制的规划方案——《广州市城市设计概要草案》。

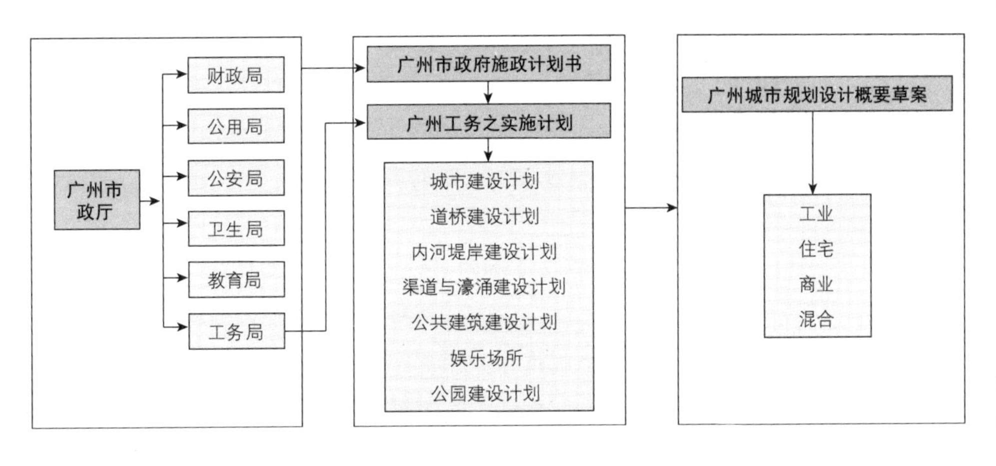

图2-22 20世纪30年代广州现代城市管理体系

1949年中华人民共和国成立，标志着中国城市进入了一个全新的历史时期。这个新时期的最大特色是新政府提出要将消费城市变成生产性城市。我们知道，现代社会起步于工业革命，工业城市将西方城市引入现代化。但中国城市走了一个迂回路线，直至新中国成立，才大张旗鼓地提出工业城市的概念，实业强国的梦想才得以实现。也许，这是中国特有的历史进程决定的。

无论如何，生产性城市的概念改变了中国城市的发展方向，生产性城市的概念将大量的工业引进城市的核心区，一时间，中国大小城市的大街小巷布满大大小小各式各样的工厂。同时，在中国大地上因工业特征而闻名全国的城市不断涌现，比如有钢都之称的辽宁省鞍山市、有煤都之称的辽宁省抚顺市、有盐都之称的四川省自贡市、有陶都之称的江苏省宜兴市，以汽车生产基地闻名的吉林省长春市、以石油生产基地闻名的黑龙江省大庆市。

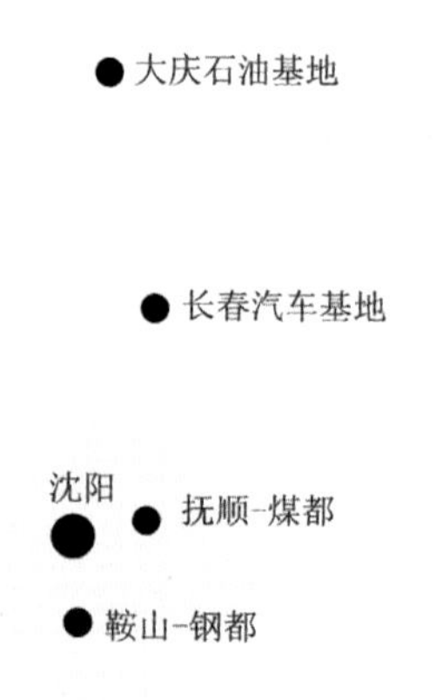

图2-23 工业兴市蔚然成风
东北重工业区

工业兴市、工业兴国的理想在全国蔚然成风。

鞍山炼钢的历史悠久，1916年就建成了第一座炼铁高炉，1918年成立“鞍山制铁所”。1940年的鞍山的市区面积已达150.8平方公里，人口约20万人。1949年鞍山直辖于东北行政委员会，1953年中央直接管辖鞍山，1954年才改由辽宁省管辖。

鞍山之所以被称为中国的钢都，是因为它拥有鞍山钢铁公司，这是全国著名的钢铁联合企业。新中国的第一炉钢、第一根无缝钢管均诞生于鞍山。由此，鞍山工业形成了以钢铁为主，产业链齐全的产业体系。2006年铁、钢年产量双超1500万吨，钢材产量超1400万吨，实现增加值275亿元。

鞍山曾经有一位家喻户晓的人物，叫做孟泰。孟泰曾经组织过一个攻关课题，探索从炼铁、炼钢到铸钢的一条龙厂际协作联合技术问题，终于自制成功大型轧辊，被誉为“为鞍钢谱写的一曲自力更生的凯歌”。孟泰的研究课题填补了我国冶金史上的空白。

作为我们国家老煤都的抚顺，在为国家贡献优质煤的方面，其名声远远大于它的实际能力。

抚顺于1901年就开始开采煤炭了。1938年抚顺年产原煤900万吨，后因煤炭资源濒临枯竭，1949年的年产量仅为90万吨。自背上煤都的美名之后，抚顺几经努力，在1952年将煤年产量提升到1000万吨。最终，抚顺以向中华人民共和国煤炭贡献煤炭10亿吨的光辉业绩告别历史舞台，转向石化、煤层气等相关产业。

“文革”期间，河北开滦以年产原煤2000万吨的态势取代了抚顺。20世纪80年代，山西大同以年产原煤3000万吨的业绩取代了开滦。20世纪90年代因大同煤矿过度开采，在达到年产原煤8600万吨的记录后逐步萎缩。现在，鄂尔多斯市正以新兴“煤都”的身份稳步成长。

尽管辉煌不再，但国家对鞍山、抚顺等城市的定位和历史地位的肯定都表现出对经典重工业城市的重视。

在“文化大革命”期间，有一个很流行的话题叫做“三线”建设①。不管“三线”

①三线建设，指的是自1964年开始，中国政府在中国中西部地区的13个省、自治区进行的一场以战备为指导思想的大规模国防、科技、工业和交通基本建设。

建设的起因是什么，它带来的一个很特殊的成果是将工业引入到中国的腹地。中国中西部工业的兴起引导了中西部城市的快速发展。

“文化大革命”之后，以“经济建设为中心”的战略思想保证国民经济的快速增长。据统计，中国自1978年后的30年里，国内生产总值年均增长9.8%，是同期世界经济年均增长率的3倍多。

图 2-24 煤都的变迁

在经济增长的同时，中国城市也得到长足发展，逐渐步入良性轨道。中国城市化水平也在这个时期得到了快速的提升。1978年，中国的城市化水平仅为17.9%，相当于美国1860年的水平；到了2011年，中国的城市化水平增长到51.3%，相当于美国1920年的水平。也就是说，中国以城市化水平年均提高1个百分点的速度发展了30余年，这在世界城市化进程上是史无前例的。

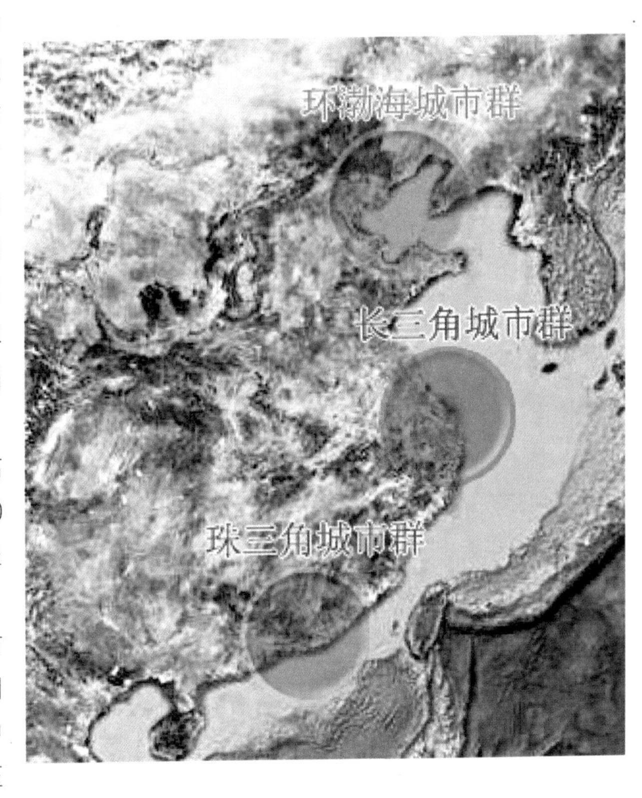

图 2-25 中国三大都市群

经济的高速增长和城市化水平的快速提升，给中国城市带来众多压力，也为中国城市复兴创造了条件。压力与条件并存，造就了长三角都市群、珠三角都市群和京津冀都市群的崛起。

传统意义的长江三角洲指环太湖区域，包括上海市、江苏省南部、浙江省北部以及邻近海域，属江南文化亚区。三角洲覆盖土地面积约99600平方公里，占全国土地的1%。据2004年统计数据，三角洲的居住人口为7500万人，是全国人口的5.8%。其国内生产总值、财政收入、外贸出口分别占全国的18.7%、22%和18.4%。

1992年，上海、南通、无锡、宁波、舟山、苏州、扬州、杭州、绍兴、南京、常州、湖州、嘉兴、镇江等14个城市的经委发起、组织，成立了“长江三角洲十四城市协作办主任联席会”。每年召开一次会议。1997年14个城市政府和泰州市政府组成新的经济协调组织：长江三角洲城市经济协调会，并定期举行市长联席会议。协调会的成立，标志着长江三角洲都市群进入正式轨道。2003年，长江三角洲城市化水平达到56.2%。

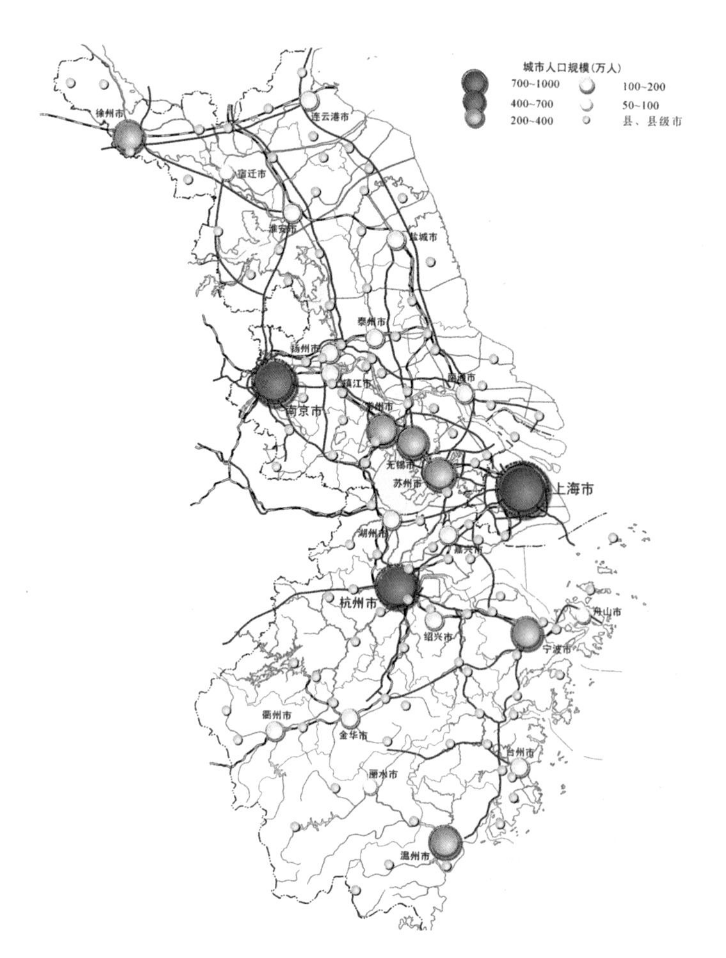

图2-26 长江三角洲都市群
图片来源：《长江三角洲地区区域规划（2009-2020）》

2008年，国务院关于进一步发展长三角的指导意见，确定长三角扩大到两省一市，即上海市、江苏省和浙江省，是长三角都市群的扩展期。其经济总量相当于全国GDP的20%。

2010年，《长江三角洲地区区域规划》经国务院批准，确定了长三角的范围为21.07万平方公里，覆盖面积延伸到安徽。同时，国务院还确定了长三角的功能定位："亚太地区重要的国际门户、全球重要的现代服务业和先进制造业中心、具有较强竞争力的世界城市群"。这个时候的长三角的城镇化水平为67%，也是全国最大的经济圈。

珠江三角洲都市群包括广州、深圳、佛山、珠海、东莞、中山、惠州、江门、肇庆九城市，面积约4万平方公里 总人口约4200万。这是1994年成立珠江三角洲经济区时所确定的范围。早在2008年，珠三角都市群的GDP总值就已达到29745.58亿元

2009年国务院批准了《珠江三角洲地区改革发展规划纲要（2008-2020）》；2012年珠江三角洲都市群人均地区生产总值达到80000元；2020年人均地区生产总值达到135000元。

京津冀都市群覆盖范围约18万平方公里。

三大都市群的发展也是不平衡的，长江三角洲都市群走在最前列。2000年，三大都市群地方财政收入约占全国各地方财政收入总量的40%，其中长三角就占到21%。长三角、珠三角与京津冀地区GDP总值分别占全国GDP总值的17.2%，8.4%、9.2%。长三角都市群与珠三角都市群每万平方公里土地上有1.5个地级以上的城市。

三大都市群的崛起预示着中国城市正在交错发展。一方面，中国需要城市化速度加快，需要赶上世界发达地区80%以上的城市化水平。另一方面，三大都市群雏形的建立，接近了世界发达地区城市发展态势，需要寻求最新的城市规划理念和城市发展模式，因为中国都市群与世界都市群相比是有差距的。

比如，拿几个都市群的核心城市来讲，纽约、东京和伦敦的GDP分别占全国的24%、26%和22%，而上海、广州、北京的GDP占全国GDP的份额分别是4.6%、1.8%、2.5%。

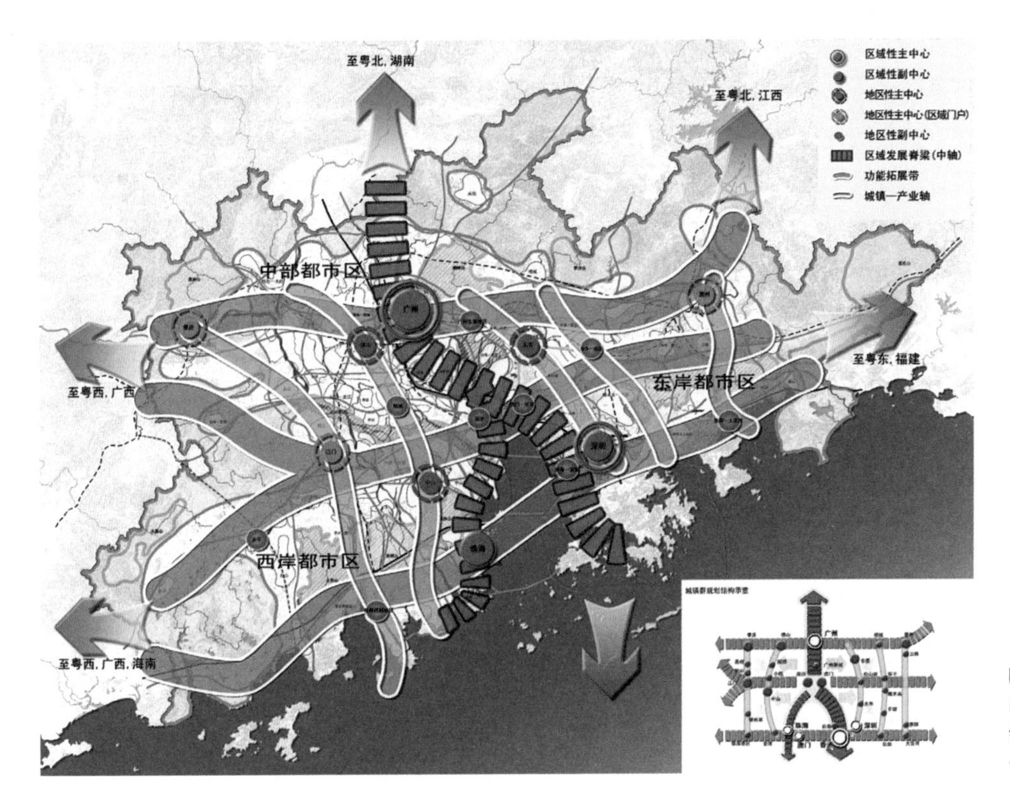

图 2-27 珠三角都市群
图片来源：《珠江三角洲城镇群协调发展规划（2004-2020）》

比如，从第三产业比重来看，上海2002年的第三产业占GDP的比重为50.7％，而纽约、伦敦、东京等大城市均在80％。从GDP的比重来看，日本东京大都市群GDP占全国70%，而中国三大都市群GDP仅占全国35.8%。从万元GDP能耗的角度来看，中国三大都市群是日本的11.5倍，德国、法国的7.7倍，英国的4.3倍。

无论如何，号称“世界规划第一人”的彼得·霍尔爵士曾经这样预言：“50年以后长江三角洲可以成为世界第一流大都市群”。

我们用了两章的篇幅讨论城市的发展历程，其中开篇和结尾均以讨论中国城市为主。这是因为在城市发展的历程中，中国城市曾经有过很长时间的休克。

苏醒后的中国城市，未待整休，就起身去追赶发达地区的城市，去追赶我们失去的现代化。一时间，无论是大城市，还是中小城市，无论是经济条件好的城市还是差的城市，无论是工业城市，还是商业城市，无论是新兴城市，还是历史悠久的古老城市，都几乎无一例外地掀起了大发展的浪潮。男男女女、老老少少，扶老携幼一路狂奔，难免会丢三落四，难免会参差不齐，难免会衣冠不整，难免会错漏百出。但是，我们引用邓小平的一句话：“发展才是硬道理。”

无论如何，中国城市需要大踏步地发展，这种发展必然会出现可快则快，需慢则慢的局面。也许，从中我们更能领会邓小平讲的另一句话：“让一部分人先富起来。”

中国城市现在面临的最大考验恐怕还是城市化率的问题。发达国家的城市化率基本都在90%左右，也就是说，他们的城市规模基本稳定。但是，中国城市化率仅达50%，尚有30%以上的农村人口不知去向何方，对于大城市和中小城市来讲都是一个考验。换句话说，中国城市的规模尚处于极不稳定的状态。

一方面，城市和乡村的边界将会，或者说正在处于向碎片化方向发展；另一方面，我们的城市规模具有极大的不确定性；还有，就是我们城市单位面积的GDP产出极低，中国三大都市群的单位面积GDP产出只相当于国际都市群的1/10或1/20。如何在有效提升城市单位面积GDP的产出，合理控制城市规模的基础上，引导城市快速、健康发展，对中国行政管理机构来讲，不能说不是一个极大的考验。更为重大的考验是城市碎片化发展趋势给我们的行政管理带来了巨大的麻烦。

城市需要边界，但碎片化的城市不可能由一个边界所能围合。我们已经不可能再用一个单一的、隐形的城墙将城市禁锢在一个空间里。城市需要舒展它的身肢，城市需要在碎片化的过程中与乡村交融，与自然交融，城市也需要在碎片化的过程中有一个宽松的发展环境。

也许，将国民经济、社会发展、土地利用、城市规划及其他方面的内容建构于一张图上，可以从又一个侧面为我们破解中国城市难题提供技术支撑。

第三章

城乡规划体系的重构

前面我们讨论了城市发展的历程。这一章我们将重点讨论与城市密切相关的城市规划体系。我们知道，在现代城市出现之前，城市规划还不是一个专门的学科，真正的城市规划体系还未建立。

尽管我们有《考工记》，尽管我们有《建筑十书》，这些书籍广泛地涉及城市规划问题，而且后来此类书籍并不乏见；尽管我们的历史中曾经拥有过宇文恺、米开朗琪罗之类的大家，他们规划建设过气势磅礴、宏伟壮丽的城市，尽管墨子等老一辈理论家还有风水大师们在不同场合下议论过城市，但不能说明城市规划体系的存在。因为，那个时候规划师还散落在艺术界、建筑界、宗教界和政界，城市规划队伍还隐藏在建筑师的队伍中，城市规划理论与建筑理论还交混在一起，尚未完全剥离。

现代城市规划体系是伴随现代城市出现、发展、稳定，伴随着人们对城市的感知认识而逐渐建立起来的。到目前为止，现代城市规划体系追随现代城市的发展历程，追随现代城市遇到的问题和创造的辉煌成就，经历了三个不同的发展阶段。这三个阶段是早期的狂想阶段、中期的实用阶段和后期的理性阶段，

现代规划师一触及城市规划历史，就要从田园城市开始。似乎现代城市规划起源于田园城市。其实，从严格的意义上来讲，田园城市还真的不能算成什么城市规划。

不过，既然众口一致地谈论田园城市，我们也不能冒天下之大不韪，硬生生地无视田园城市。所以，我们把现代城市刚刚出现就对其未来提出构想的，冠上规划狂想阶段之美誉。

前面，我们用了大量篇幅描述了工业革命引发城市的诸多问题。当时的城市状况确实令人担忧，当时的城市问题确实迫在眉睫，当时的政府确实焦头烂额。不过，政府是没有退路的，于是他们忙于转型，忙于应对各种现实问题，忙于为城市管理而出台各种法律条文、规章制度。最终，将城市问题置于可控状态。

而此时的所谓规划者在干什么呢？他们泡在沙龙，喝着咖啡，优雅地进行各种各样的思索，提出各式各样未来城市的模型与方案。而这些思索、模型与方案确实无补于当时出现的城市问题。

自芝加哥城市美化运动，规划师似乎开始对本城市进行认真思考了。他们开始了解城市，开始知道城市出现了那些问题，开始认真解决城市出现的问题。规划界叫得最响的《雅典宪章》，是这个时期的代表作。我们称其为实用阶段。

随着城市的发展，规划师终于认识到，城市离开规划师是万万不能的，但规划师

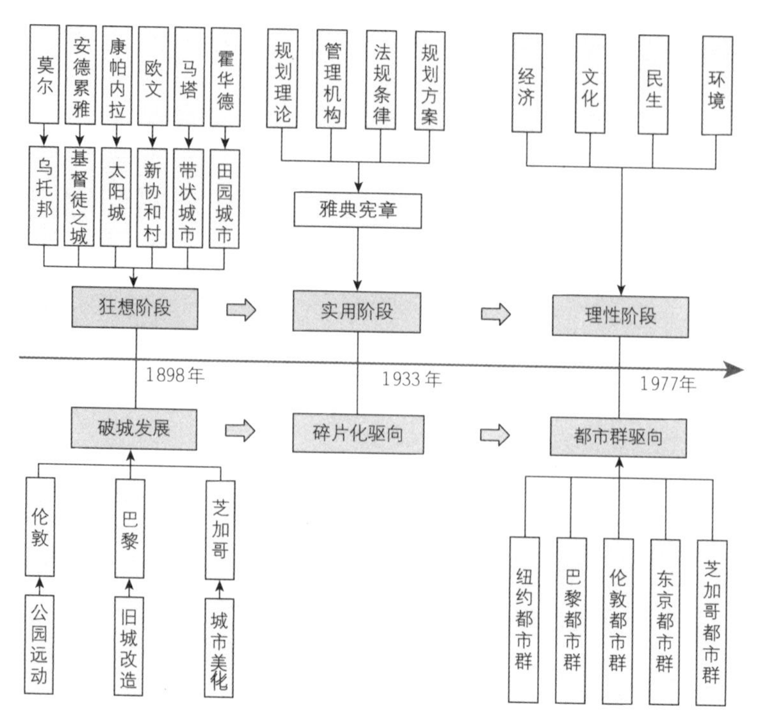

图3-1 现代城市规划发展三阶段

不是万能的。真正决定城市命运的不是规划师，而是社会、经济，而是土地、环境。规划师只有与这些领域携起手来，才能对城市大有作为。我们把其称之为理性阶段。

中国城市规划体系基于其极为特殊的历史背景，它的发展阶段与城市的发展阶段基本上是契合的。

1949年之前，舶来的东西太多，东西方文明碰撞的太激烈。城市规划基本以探索为主，故而称之为探索阶段。

1949年之后，城市规划经历了起起伏伏、上上下下、反反复复地震荡后，最终迎来了规划界的第二个春天。尽管我们不是很确定第一个春天在哪里，但第二个春天确实让城市规划步入正轨。这个时期的城市规划在城市发展中起到的作用是重大的。我们称之为完善阶段。

就目前情况来看，中国城市头上有三座大山：发展、土地和环境。经济不能不发展，土地不能不紧缩，环境不能再恶化是城市规划不得不思考的问题。与这些领域交错互治是当前城市规划领域的头等大事。我们称之为磨合阶段。

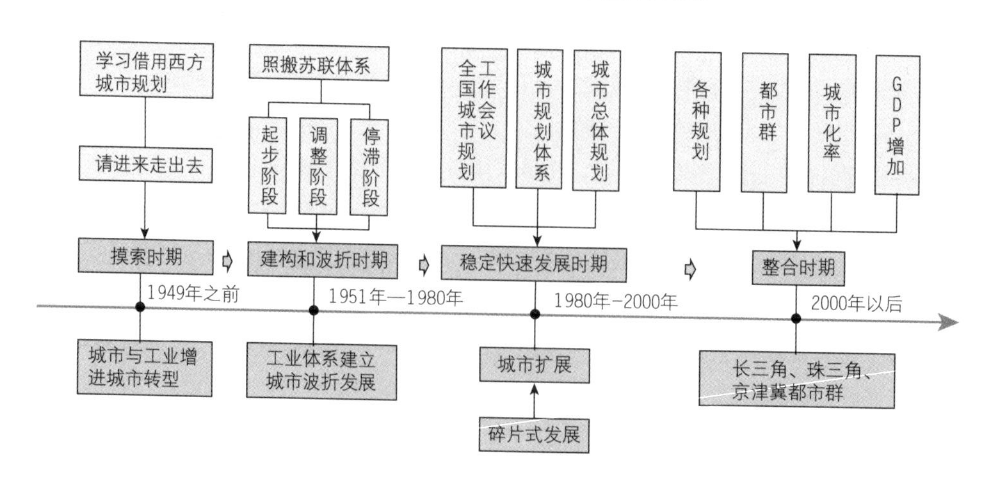

图3-2 中国城市规划发展四阶段

第一节　走向开放的城市规划体系

工业革命带给城市诸多灾难，政界和社会名流都在思考如何破解“城市病”的难题。但政府与名流的动作各有不同，政府疲于应付，名流疲于畅想。他们就像一个轨道上的两条铁轨，相距不远，但看不到交叉。

当时名流对未来城市的畅想中的一部分，后来成了规划界的经典。其代表作就是霍华德的田园城市。

当然，除了霍华德的“田园城市”外，其他还有莫尔的“乌托邦”理念，傅立叶的“理想园”，欧文建立的“新协和村”，安得累雅的“基督教之城”，康帕内拉的“太阳城”和马塔提出的“带形城市”等。关于霍华德的“田园城市”，大部分人早已烂熟于心，这里我们只做一个很简单的回顾。

我们知道，杰出的英国人文主义者莫尔通过其1516年出版的《乌托邦》巨著，奠定了其空想社会主义鼻祖的地位。莫尔构思不合理的社会制度与形态改变后的理想社会，即莫尔的理想国。莫尔描述了理想国中的建筑、社区、形态。法国人傅立叶将莫尔的乌托邦具体化，他搞出了一个叫“法朗吉”的东西，还精确地提出每个“法朗吉”的居住人口为1620人，幻想着那里是居民住着集体宿舍，并以劳动生产为快乐。疯狂的英国工业家欧文变卖家产，带领信徒来到美国，建设“新协和村”，试图实践莫尔和傅里叶的梦想。美国人俠耶丝效仿欧文，于1848年在纽约也搞了一个“奥乃达社区”，做过类似的尝试。当然，这些实践都以失败结束，且没有影响。

图 3-3 欧文的新协和村
图片来源：参考沈玉麟《外国城市建设史》（中国建筑工业出版社）绘制

霍华德继承了空想社会主义的衣钵，提出了社会改良方案。就城市空间而言，霍德华提出了一个非常美好的理想：要用城乡一体社会结构取代城乡二元结构；建构融城市生活与乡村生活为一体的“田园城市”；吸引城市与乡村的居民前来生活；通过高速公路、铁路组建城镇群。霍华德在1898年出版的小册子《明日：一条通向真正改革的和平之路》中，认真地归纳总结了他的理念。1902年这本书再版时，更名为《明日之田园城市》。由此，定义了田园城市的基本概念与内容。客观地说，霍华德田园城市的理念确实与当今城市发展趋向很接近，比如我们在讨论都市群时，讲过城乡边界模糊，城乡趋于一体，城市结群成队等是现代城市发展的潮流。

从另一个角度讲，霍华德的田园城市与现代都市群又是两个完全不同的概念。现代都市群是一个高度集约的区域，无论是人口还是经济，无论是社会服务还是信息资讯都是世界上最密集、最集中的区域。但是，田园城市则相反，它是建构在占有大量土地基础上的。霍华德认为单个城市人口应该在32000人左右为宜，而且这个城市占地要400公顷，外围还要有2000公顷的农业生产用地。也就是说，霍华德田园城市的理想中，2400公顷的土地上只居住32000人。

2400公顷的土地上居住32000人的理想不仅在现代社会不可能实现，即使在霍华德时代，也是不可能的。我们知道，霍华德是针对工业城市的人口膨胀、环境恶化等问题提出田园城市理想的。但霍华德的理想是不可能解决工业城市的人口膨胀、环境恶化等问题的，因为，我们没有土地。

我们且不论霍华德在规划领域的功过是非。有一点是肯定的：霍华德的理想对缓解当时的“城市病”并没有起到什么作用。我们认为，这个时期的规划领域尚处于狂想阶段。

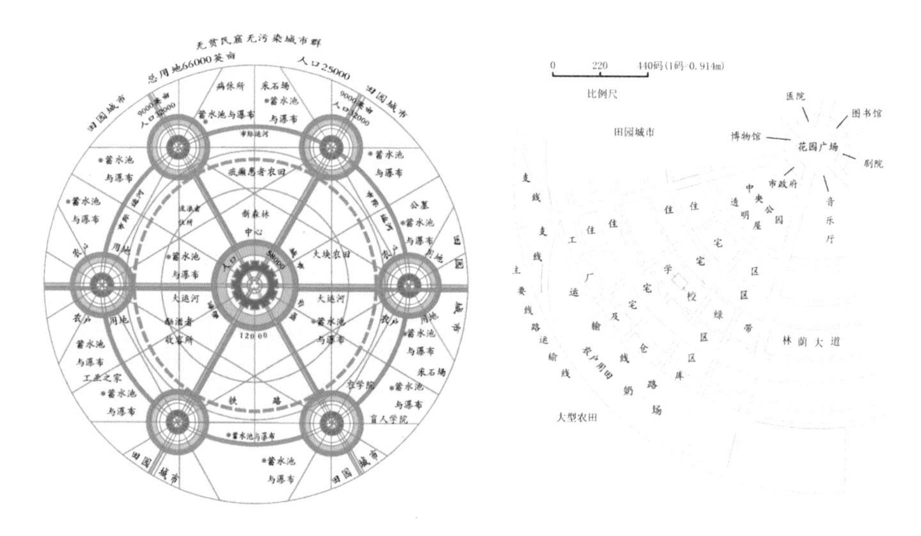

图3-4 霍华德的田园城市
图片来源：参考沈玉麟《外国城市建设史》（中国建筑工业出版社）绘制

真正化解工业革命给城市带来的灾难，让城市渡过危机的是伦敦的城市公园运动、巴黎的旧城改造经验和芝加哥的城市美化运动。

从帮助传统城市转型的角度来看，发起于英国的城市公园运动改变了农耕时代的城市空间结构，增加了公共绿地空间，完善了现代城市的功能空间配置。我们在前面讨论过，农耕时代的城市就是城市，原野就是原野。城市中除了家庭庭院没有树木，原野中除了村庄没有建筑。即便是工业革命引发的城市扩张，也没有改变城市没有公共绿化的状况。直到海德公园之后的公园运动，公共绿化才走进城市，城市才改变没有树木的历史。城市中公共绿地的出现解决了城市规模不断扩大的环境问题，是城乡空间咬合、城乡一体化的前提。

从帮助传统城市转型的角度来看，巴黎旧城改造提供了很好的经验，那就是城市建设需要有计划、有步骤、有目标、有专人负责地进行。巴黎旧城改造是政府转型成功后创造的佳作。1859年，拿破仑三世改造巴黎旧城时，是将巴黎委托给时任塞纳-马恩省的省长。换句话说，乔治·尤金·奥斯曼是行政长官，而不是一个规划师。他说明尽管规划师还在城市建设的幕后，但政府已经全过程地介入某些重点城市的建设，而不仅仅是发几个文件，制几项法规。这是现代城市管理中政府的基本职能：政府既要制定政策、法规和规章，也要介入城市基础设施建设、公共设施建设、民生工程建设和重大经济工程建设。

从帮助传统城市转型的角度来看，芝加哥城市美化运动确定了现代城市建设的基本模式，那就是政府与规划师的高度合作。伯恩海姆的身份和奥斯曼的身份完全不同，伯恩海姆是规划师，奥斯曼是行政长官。由伯恩海姆主持芝加哥美化城市大局，说明规划师已经走到了台前，政府退回到幕后，也说明现代城市管理体系基本建成，并且处于良性阶段。芝加哥美化城市运动之后，规划师确实为城市的有序发展做出了重大贡献。所以，我们才把这个阶段称之为规划领域发展的实用阶段。

当然，在城市美化运动前后，政府为规划师走向前台也做了一些工作。比如，1888年，日本制订了第一个城市规划法规："东京市区改正条例"；1901年，荷兰的《住宅法》要求1万人人口以上，或者在过去5年中人口增加20%以上的城镇必须编制城市"扩展规划"；1919年，日本制订了"城市规划法"和"城市建筑物法"；1923年，芝加哥制订了《区划条例》。

但是，规划师真正发挥作用的则是在城市美化运动之后。

1912年规划师佩里提出了一个规划术语："邻里单位"。佩里把"邻里单位"看做是城市的细胞，他认为面积在65公顷左右比较合适，因为他认为这是城市社会和行政结构的基本单元。此后的小汽车迅速发展，城市出现郊区化倾向，佩里的"邻里单位"理论也越来越得到重视。1929年，佩里出版了《纽约区域规划与它的环境》一书，书中提出了邻里单位的6个要素：规模、边界、开敞空间、公共设施区位、地方商店和内部街道系统。佩里的邻里单位不应该被城市干道分割，应该有小学、商店和医院等服务设施配套，慢行系统不能与快行系统交叉，社区应加强可识别性，以强化社区的认同感和归属感。1929年的雷德朋规划忠实地反映了佩里邻里单位的思想。

风行一时的邻里单位理论没有走到最后，其根本原因就在于规划师过于自作多情。中国人自古就懂得"羔羊虽美，众口难调"的道理。过于严谨的、一厢情愿的、完全依赖于推理出来的规划设计，只能适于小众口味，很难满足大众的需求。1960年之后，邻里单位的模式逐渐退出历史舞台，但是，邻里单位的理念却一直影响至今。

1933年，国际现代建筑协会大会[①]第四次大会在雅典召开，会议的中心议题是城市规划，会后发布了举世瞩目的、影响深远的《雅典宪章》。

《雅典宪章》以现代城市规划大纲的面目出现，它强调以柯布西耶为代表的"功能城市"思想，明确了居住、工作、游憩与交通是城市主要功能的概念，高度概括了规划领域在实用阶段的理论和成就。

其实，早在1920年的国际现代建筑协会大会第一次会议上就有了城市功能的思想，大会提出了"城市化的实质是一种功能秩序"的命题。

《雅典宪章》的功绩在于详细解析了功能城市的命题。

《雅典宪章》认为应该将功能分区作为城市规划重要内容贯穿于设计始终的思想，是对过去追求理想城市平面构图的否定，奠定了科学规划城市的基本思维方式与方法。因为，理想城市过多地搀和了规划师的美好愿望，而不是城市发展和繁复生活的需求。

①国际现代派建筑师的国际组织，缩写为CIAM。1928年在瑞士成立。发起人包括勒·柯布西耶、W.格罗皮乌斯、A.阿尔托等。最初会员只有24人，后来发展到100多人。1959年停止活动。

图 3-5 佩里的邻里单位

图片来源：参考沈玉麟《外国城市建设史》（中国建筑工业出版社）绘制

邻里单元理论包括6个要点：

1. 根据学校确定邻里的规模
2. 过境交通大道布置在四周形成边界
3. 邻里公共空间
4. 邻里中央位置布置公共设施
5. 交通枢纽地带集中布置邻里商业服务
6. 不与外部衔接的内部道路系统

《雅典宪章》强调居住、工作、游憩的功能分区；强调各功能区的合理区位关系、合理面积配置和合理综合平衡；强调分区后的最佳经济联系，即交通组织。《雅典宪章》还强调以人为本，以人的需要为出发点从事规划事业；强调规划师的经济意识，了解批量生产，工业化、机械化等生产规律；倡导保护具有历史意义的建筑与地区。

从芝加哥城市美化运动到《雅典宪章》的过程，是城市规划师逐步走进现实城市的过程，也是规划师能够在城市发展中扮演着越来越重要角色的过程。

《雅典宪章》之后，功能主义统治了城市规划领域，但是，规划师对城市规划探索的脚步并没有停止。

1935年，美国著名建筑师莱特发表《广亩城市：一个新的社会规划》一文。

莱特是一位反对过度集聚、反对大城市，倡导土地与资本平民化、平均化的斗士。莱特的广亩城市是指以10~20公里范围为一个居住单元，完全分散的、低密度的城市形态，或者说是一种没有城市的城市。广亩城市试图通过现代交通技术疏散城市，试图创造有地域特色的人工环境，试图将分散的城市融入自然生态中。广亩城市最大的问题是大幅度提升了基础设施的成本，降低了公共设施的效率。城市大规模地扩张，即便是对于美国这样土地资源丰厚的国家也是难以承受的。

1943年，著名建筑师沙利宁在他的《城市：它的发展、衰败与未来》一书中倡导了一种新理论：有机疏散。

图 3-6《雅典宪章》

有机疏散理论的本质是将《雅典宪章》的大功能分区化解为小功能分区。也就是说，将城市分解若干单元，每个单元都有合理的功能组团，单元之间依据关系疏密确定空间区位。沙利宁是一位先实践后理论的先生，他在1918年规划大赫尔辛基时就有有机疏散的主张。他在主城外围规划建设一系列的半独立的城镇，分散疏解主城的功能，化解主城拥挤、混杂的状况。

历经40余年的探讨，国际建筑协会又发表了另外一篇重要宣言：《马丘比丘宪章》。1977年，在秘鲁的利马玛雅文化遗址召开的规划师大会讨论了《雅典宪章》，认为世界如此复杂，城市功能分区不能涵盖所有活动，不能解决城市根本问题。《马丘比丘宪章》认为不能为了追求清晰的功能分区而牺牲城市的有机构成和活力；认为城市交通政策的总体方针应使私人交通从属于公共运输系统；认为规划是动态的过程，规划应重视编制的同时，也重视规划的实施；认为一切能够说明城市个性与特性的文物都应加以保护，保护应与新的建设相结合，使得文物具有经济意义和生命力；认为规划必须因地制宜、考虑不同时空背景，有针对性地提出解决方案，不得盲目借鉴；认为全过程的公众参与是规划应有之义，城市是市民的城市。《马丘比丘宪章》是对《雅

图 3-7《马丘比丘宪章》的发布地点

典宪章》补充与发展。

当规划师冲到城市建设第一线的时候，政府就可以完全摆脱城市规划技术问题的纠缠，全心全意地履行自己的职责，认真思考如何更好地、更有效地进行城市管理。

完善行政管理机构，健全有效运行机制是这一时期政府的突出业绩。

我们以美国为例：

美国明确规划部门的职责是组织编制综合规划、组织编制区划法规、制定土地细分管理的条款。规划部门负责管理街道和道路、卫生、教育、娱乐设施、市政公用设施、警察局和消防设施，以及管理建设和工程行为。

美国的大部分城市规划委员会[①]都是法定机构。规划委员会负责组织协调区划法规的编制，其成员多为各行业杰出人物和各界代表。规划委员会审查和批准所有公共部门管辖范围内的规划。委员会还要及时提供市民的意见和想法，对规划内容和决定提供多方面的协调，并对规划机构进行监督。

①美国的城市规划委员会是绝大部分城市的法定机构，大量的规划通过该机构得到执行。规划委员会通常由一组经城市的行政长官提名并由立法机构批准的个人所组成。他们一般是社区内房地产商、银行家、商会等方面的领导人物，或者是律师、建筑师、医生、劳工代表、社会工作者等的代表。

除此之外，美国还设有对具体申请案提供区划条例解释的区划管理机构和上诉委员会。区划管理机构负责执行区划法规，并在授权的情况下可对区划条例作适当的修正。

美国有明确的立法机构。立法机构是城市决策者，决定是否将规划转变为政治决定并付诸行动。立法机构还决定是否成立规划委员会，决定规划委员会的成员构成，决定规划委员会的资金。

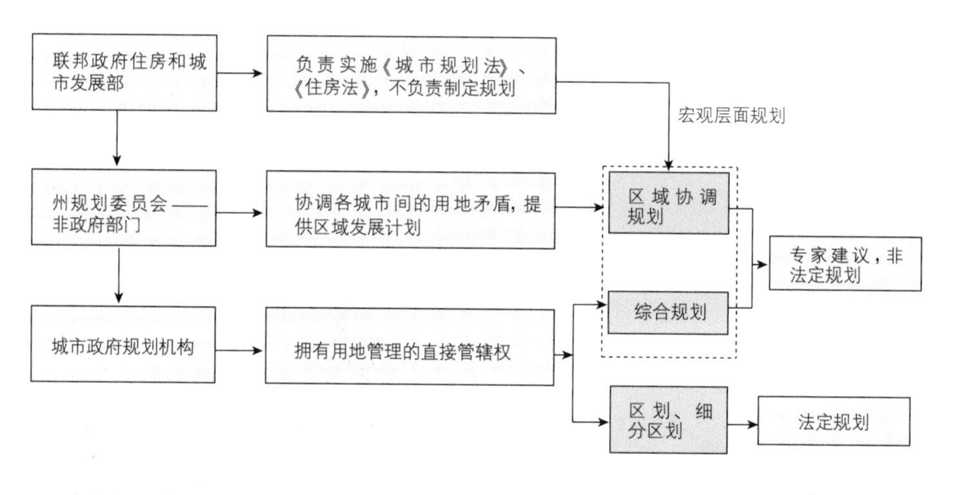

图 3-8 美国城市规划管理架构

图片来源：朱江，探索精明增长理论在我国城市规划的应用之路，《现代城市研究》

城市规划领域的实用阶段是规划界和政府的蜜月期，大量的城市规划和城市管理制度在此期间纷纷出炉。

1944年英国编制了“大伦敦规划”。1946年，英国出台了《新城法》，赋予新城优惠的土地价格和贷款，赋予地方政府的自决权。1947年出台《未来城市规划指导原则》和《城乡规划法》，确定了14个新城建设方案。

1956年日本颁布了“首都圈整备法”、“新居住城镇开发法”和“首都圈工业配置控制法”。1962年颁布了《新产业城开发法》1964年划定《特殊地域工业开发法》。日本分别于1962年、1969年和1977年制定和修订了国土规划，并于1958年、1968年、1976年和1986年以国土规划为前提制定首都圈规划。

1957年芝加哥对自己的区划条令做了大幅度的调整。

1962年荷兰颁布了《住宅法》、《物质形态规划法》，1965年颁布了《空间规划法》。

这些法律定义了规划编制内容，并要求城市政府组织编制“土地利用规划”。目前，“土地利用规划”是法定的控制规划。

1963年法国编制了巴黎大区规划指导方案。

大量的规划和法规在20世纪中期出炉　　表3-1

国家	规划法规
英国	大伦敦规划（1944）
	《新城法》（1946）
	《未来城市规划指导原则》（1947）
	《城乡规划法》（1947）
	《城镇发展法》（1952）
	《居住法》（1959）
日本	首都圈整备法（1956）
	新居住城镇开发法（1956）
	首都圈工业配置控制法（1956）
	《新产业城开发法》（1962）
	《特殊地域工业开发法》（1964）
	国土规划（1962.1969.1977）
	首都圈规划（1958.1968.1976.1986）
美国	区划调整（1957）
	《住宅、城市开发法》（1965）
荷兰	《住宅法》(1962)
	《物质形态规划法》（1962）
	《空间规划法》（1965）
法国	巴黎大区规划指导方案（1963）

1997年，美国马里兰州州长格伦登尼首次提出“精明增长”的概念，将规划领域引入理性阶段。

精明增长的核心思想是：城市应该兼顾社会、经济、环境的综合效益，平衡、可持续地发展。因此要对城市建设用地的扩张进行控制，要兼顾老城区、新城区投资的机会均等，要采取可持续的、健康的发展模式。

控制城市外围拓展，重视老城区更新改造是精明增长理论的具体抓手。开发已建设土地，注重规模效益，倡导集聚基础设施，鼓励“紧凑模式”，强调土地混合使用等都在要求规划师走出空间领域，更多地研究社会、经济、环境问题。此外，精明增长还强调市民参与意识、社区意识和投资机会均等意识。

美国俄勒冈州“城市增长界限”的划定，是实践精明增长的成功案例。这个案例规定城镇建设应在增长界限范围内完成，界线范围外以发展农业、林业、旅游业为主。案例的另一个特点是规划与相关的法规、税收、行政许可并存。

尽管，精明增长出之于政府行政长官，但却得到规划领域的普遍认同。美国规划师协会曾努力推动精明增长规划立法工作。2000年，美国有8个州颁布了《精明增长法》和《增长管理法》。

精明增长理论的出现，告诉我们城市不再仅仅是空间的事情，也不再是规划领域一家的事情，一个有用的城市规划必须综合多领域的成果。尽管《马丘比丘宪章》也有类似的理论，但两者还是有区别的。

精明增长理论与《马丘比丘宪章》一样，强调地域文化意识，强调规划综合性，强调社会、经济、文化与城市协调，强调可持续发展，强调规划动态更新，强调规划调控作用，强调公众参与意义。它们之间的不同在于《马丘比丘宪章》认为物质形态规划已无法解决城市和区域发展所带来的问题。而精明增长理论则是用物质形态规划手段综合各领域规划，实现经济规划、社会规划、空间规划、土地规划等等一系列规划的统一。

概 念 内 涵

2000年，美国规划协会联合60家公共团体组成“美国精明增长联盟”(Smart Growth America)。

Smart Growth 模式着力改变原有的盲目蔓延的增长模式，寻求一种能够同时满足经济、社会发展和环境保护的增长。

精明增长是一种高效、集约、紧凑的城市发展模式

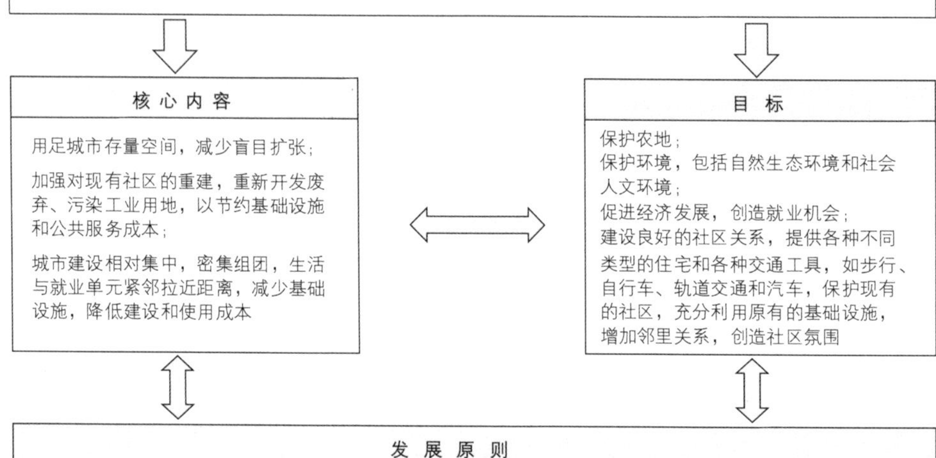

发 展 原 则

①土地的混合使用
②紧凑住宅设计
③创造多住宅选择方案，满足各种收入水平住房需求
④建立步行社区
⑤培养具有空间感的吸引力社区
⑥保护自然环境、农场、自然景观河对生态平衡重要区域
⑦强化现有社区开发
⑧构建多选择交通方式
⑨使开发决策公平并节约成本
⑩鼓励社区、利益关系人参与决策

图3-9 精明增长理论

目前，世界经济重组和全球经济一体化是大趋势，众多经济学者从不同角度论证了这种全球变化。比如，希默用“新国际劳动分工”来解释世界范围内新的经济转移，施瓦格度用“全球地方化”来描述资本控制能力和商品链。

世界经济重组和全球经济一体化导致区域一体化的发展，并形成区域联合管治的趋势。正如沃利斯所说的，美国的区域联合，战略规划、经济网络拓展、公共政策调整等管治改革等措施都是为了在全球竞争体系中占据更高的地位。阿尔布雷克特，希利和昆兹曼也看到了欧洲为了提升区域竞争力，应对地方财政，区域环境、资源可持续发展等问题，加强了区域规划和区域管治。布伦纳、阿苏勒、巴洛、卡尔索普、富

尔顿、纽曼等学者将其归纳为“大都市区域主义”或“新区域主义”。

对区域的重视引发了新一轮的城市集聚、扩散和重组。为此，霍尔、萨森、弗里德曼、斯科特等学者提出了“世界城市”、“全球城市区域”等概念。其中，弗里德曼最先提出“世界城市体系”假说，他把城市划分为世界级城市、跨国级城市、国家级城市、区域级城市以及地方级城市。霍尔则用“多中心的圈层式”结构描述城市之间空间关系，反映其功能与经济联系。我们在上一章将重组后同一区域关联密切的众多城市归结为：都市群。

都市群规划，也就是应对区域管制需求的区域规划，更强调社会、环境和经济发展目标的综合平衡，强调空间规划与社会经济发展目标的整合，强调空间规划的层级。

图 3-10 区域与都市群

区域与区域规划的兴起对城市规划来讲，是另一个严重挑战。城市规划不仅需要综合平衡空间、土地、社会、经济、环境等一系列发展目标，还要对接上下层次规划。如何用简单、明了、清晰的思路和手法去应对复杂，多领域、多层次的矛盾与问题，是城市规划师和城市管理者不可回避的问题。也许，借鉴精明增长在俄勒冈州的实践，通过物质形态规划手段综合各领域、各层次规划目标与内容不失是一个方向。

我们尝试以空间为载体，综合社会、经济、土地、交通、环境规划的基本内容和关键节点，以利于政府有效实施与操作。我们将在后面的章节中详细解析和探讨如何“综合”，以及有关“综合”的技术性问题。

回顾城市规划的发展历程，我们不难发现这是规划师和政府由分离走向统一的过程，也是城市规划由形式美化走向综合统筹的过程。在这个过程中，规划界通过不断地自我否定，逐渐走向成熟。

最早的城市规划师把焦点基本上都集中在形式美化方面，以至于他们的工作都被称为城市美化运动。后来，规划师意识到对于城市来讲，城市的功能远比城市的形式重要，于是就出现了邻里单位、雅典宪章、马丘比丘宪章等历史性的转折点。现在，城市规划师更多考虑的是经济、社会、土地、环境对城市的影响，以及在这些影响下的城市何去何从。

我们之所以要尝试以空间为载体，综合各领域规划，特别是要探讨“综合”的方式方法，其原因也在于此。

第二节　中国城市规划的体系建构

在讨论“综合”的方式方法之前，我们需要回顾一下中国城市规划领域的发展历程。因为，中国的现代城市规划体系是舶来品，中国城市发展路线有别于西方国家。

中国历史发展轨迹比较特殊，集权思想比较浓烈，在城市建设与管理方面基本上以政府为主导，没有出现西方世界政府职能缺失现象。而且，素以混沌思维①、模糊思维②、板块思维③为特征的中国人往往能化解很多城市矛盾。比如，在辛亥革命之前，广州一直由南海和番禺两个县分区域管理。当时人们并没有觉得不妥，广州市政府成立之后，结束了两个县政府分别各管一部分城区的历史，也并没有给广州带来太多的惊喜。应该说，中国人的这种独特模糊整合本领，的确弥补了政府在行政管理方面的很多不足。

①混沌思维是一种模糊认识事物，打破固有秩序，不考虑过多因素影响的思维模式，它与逻辑思维相对立。

②模糊思维是处理模糊的和（或）较精确的、不断变化和错综复杂联系中的各个因素时，以不确定发展趋势与现实状态来整体把握客观事物而进行的全息式、多维无定式思考的方式。

③板块思维中的“板”是约束条件，“块”是过程单元。

另外，中国近现代工业发展比较晚，且步伐缓慢，工业对城市影响不大。没有出现工业革命带给欧美城市沉重灾难的现象。比如，广州是中国工业化较早的城市之一。开埠之后，英国在黄埔地区建立码头和修船厂，后来，国内外的一些企业家相继在这里又建了一些工厂，逐渐成为广州的一处港口工业区。广州城市的空间格局也演变为杠铃模式：城市主体由黄埔港口工业区和旧城商贸区构成，经珠江水运连成整体。

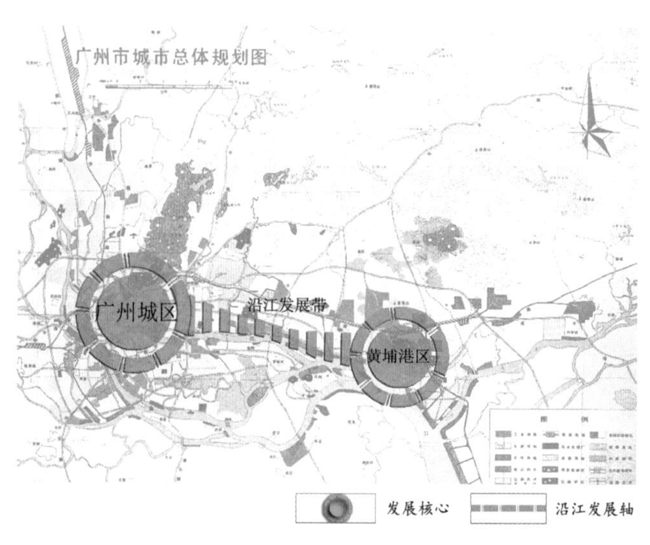

图 3-11 广州杠铃式空间格局

辛亥革命之后，工业化进程加快的同时，城市改造与建设速度也在加快。借助于西方城市的经验与教训，中国城市才开始探索现代城市规划与管理规律。

我们知道，农耕时代的中国城市，除了涉及等级制度有严格规定必须执行外，其他就很少有必须执行的规定了。比如，我们在第一章讲的《考工记》中规定，“国都方九里，公国方七里，侯、伯方五里，子、男方三里”，这是等级问题，所以就要严格执行，不执行就要杀头。《考工记》还说了“匠人营国……左祖右社，面朝后市”，这些没有涉及等级制度，只是对理想国的一种概念性描述，你就没有必要执行了。现存的古城遗迹中，也找不到这样理想国的模式。现实古城中，多为皇宫靠后，市场靠前且分东西两市。还有，我们在第一章讲到的风水问题，讲的左青龙右白虎，前朱雀后玄武，讲的聚气藏风，都是一种概念。至于如何理解，就靠你的悟性了。

西方世界是以一种思辨方式研究城市的。当西方的工业城市模式进入中国之后，也带来了他们研究城市的逻辑思维方法。这种方法直接冲击着我们对城市的传统考量模式。因此，在这个阶段，中国规划领域的主要业绩在于探索现代城市规划思维模式。所以，我们姑且称这个时期为：探索阶段。

1900年面世的青岛市规划总图，应该是在中国出现最早的城市规划蓝图之一。可惜，它不是出自于中国人之手，而且还是在德国租借期内编制的。因此，它不能代表中国城市规划的意向水平。但是，不能不说，当年青岛市规划的严谨合理布局，以及后期实施时的严格管理、统一的建筑风格和完整的城市风貌，的确对中国城市规划领域产生一定影响。应该说，青岛的城市规划和实施为中国城市规划领域注入一股清新的风气。

青岛城市规划最难能可贵之处在于它的一贯性。德国占据青岛市的十五年里，基本完成了城市格局的建设，港口、码头、铁路、车站、公共建筑、商业区、住宅区、道路网、海岸风景线等等，所有城市应该具有的要素都在这个时期建设的七七八八。后来的几十年的发展基本上是依据这个城市空间框架展开的，即便到了现在，我们仍能看到它的影子。

按照青岛的城市规划，海港港口布置在西海岸的胶州湾内，天然避风、航道深且不淤积、通航条件好，连接铁路方便，而且也不影响城市沿海景观，使之成为规划选址的佳例。

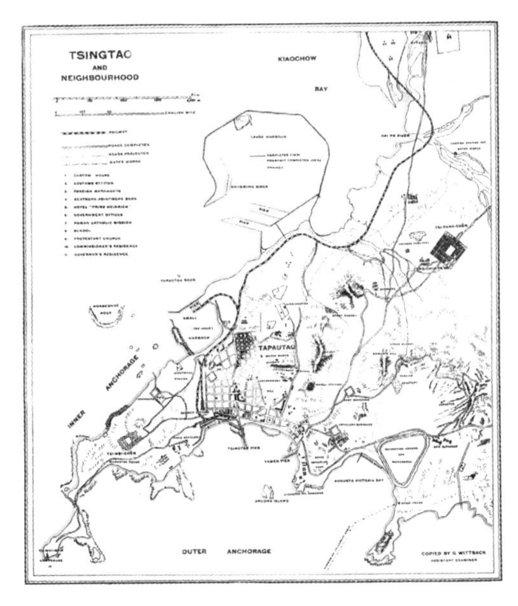

图3-12 青岛规划总图（1901年）
图片来源：青岛市城市建设档案馆

长期被洋文化浸泡的广州比较容易接受西方的逻辑思维模式，也是比较早的在探索现代城市方面取得成就的城市。前面我们讲过，广州旧城是以商贸为主的。1911年之前，旧城有所扩展，但仍以衙门、机构、文化、宗教、商业、居住为主，只是增加了秉承十三行功能的沙面租界。工业起步于城市下游的黄埔，后来逐渐扩展到隔江对岸的海珠。

辛亥革命之后，作为南方革命中心，广州非但较少受到战火的洗礼，反而成为经济发展和城市建设的福地。特别是陈济棠割据广东时期，广州工业化速度加快，城市规模大步扩展。1921年，随着广州市政厅的成立，作为独立的城市建设管理部门，工务局也率先于全国成立了。工务局的成立，预示着中国城市管理进入到新阶段，为市政的改善、城市规划的编制和建筑的管理奠定了基础，也形成了城市管理工作程序。《广州城市规划设计概要草案》、《广州工务之实施计划》等一系列规划文件、文本、蓝图、方案、计划陆续出台，建构了现代城市规划体系。特别值得一提的是1932年广州公布《广州城市规划设计概要草案》，这个草案的编制思想、方法及内容与1933年的《雅典宪章》十分契合，说明中国城市规划领域实现了华丽的转身，基本适应了现代城市的要求。

1947年的《广州市土地分区使用办法（再修正案）》，提出普通住宅、田园住宅、商业、工业、风景、农业六大分区是对现代城市规划理论的补充和完善，也是中国城市规划领域向前迈的一大步。

北京，作为历史都城，是这个时期两种文化冲撞最激烈的城市。北京比较成熟的规划文件是1938年建设总署组织编制的《北京都市计划大纲》。计划大纲基本上是按照现代规划模式和方法编制的。大纲确定城市现状人口为150万人，规划人口为250万人；确定城市北京市性质是政治中心、军事中心、观光游览和商业都市；确定功能分区为：中心城区规划为商业、住宅和政府机关用地，西郊规划为住宅、军事、交通产业等用地，东南郊外规划为工业用地。1946年，工务局修订了《北京都市计划大纲》，明确了北京的首都地位，并提出了更为细致完善的规划。进一步明确了西郊发展生活用地、东南发展工业用地的城市空间格局。

1947年，工务局发布了《北平市都市计划之研究》，提出了实施规划的具体计划和目标。它从基础及公共设施建设，古都风貌保护建设，文化教育建设和新区发展建设四个方面提出了将北京建成自给自足城市的方向。

1949年之前，北京城市的大模样已经有所显现。比如，北京城市东部，使馆区已初显端倪，围绕使馆区的公共服务设施也有像模像样的规模，如六国饭店、北京饭店、协和医院等；北京城市南部，火车站的建设，带动了商业、金融业的发展，前门廊坊头条、大栅栏、西交民巷、棋盘街都成了车水马龙、炙手可热、热闹非凡的商业繁华地带；北京城市的北部，燕京大学、清华大学拔地而起，南堂、北堂、西堂、协和医学院等教堂、教会学校和医院也都建成并投入使用；另外，新华门、景山大街、西安门、北海大桥的打通，改善了东西长安街的通行能力，也改善了城市交通环境；还有，就是北京所具有的北方首都的城市风貌已基本形成了：气势磅礴的建筑风格、开阔宽敞的街道空间、巍峨壮丽的皇家园林无不在展示其风采。

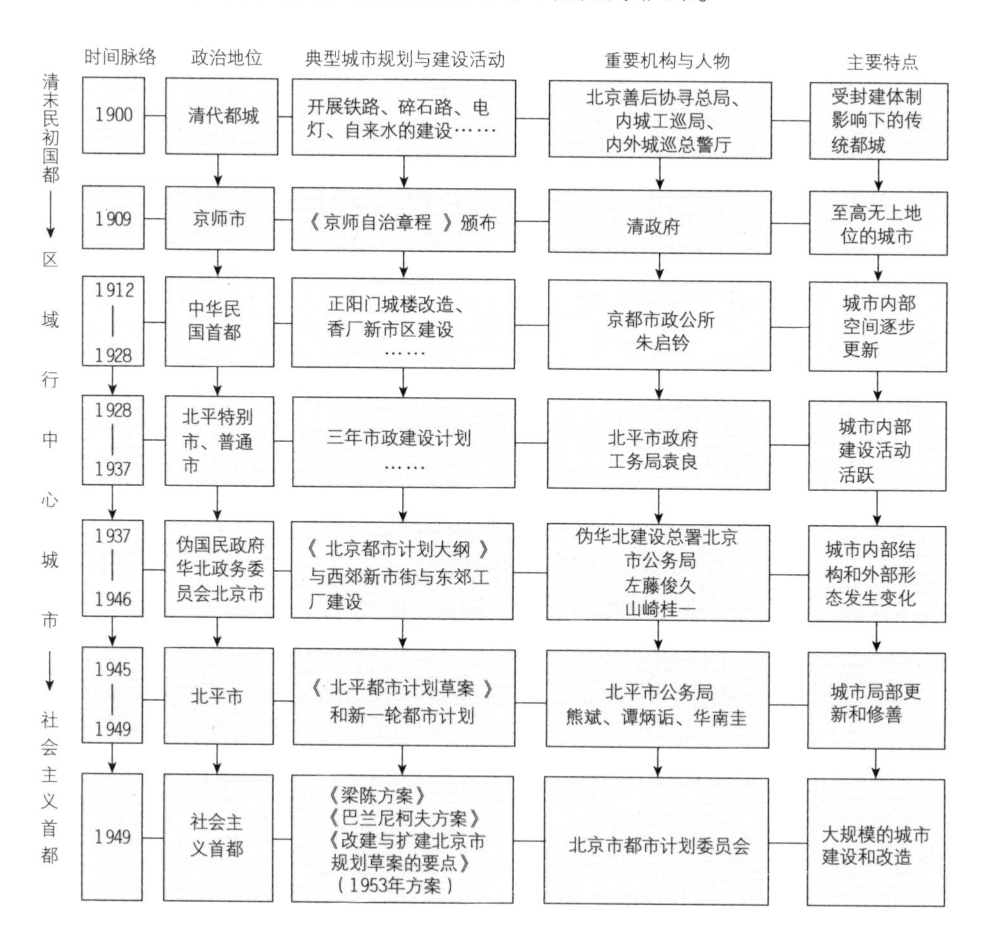

图3-13 1900-1949年北京的城市规划与建设活动
图片来源：王亚男《1900-1949年北京的城市规划与建设研究》

还有一个现象是值得关注的，在1949年之前，中国没有有关城市规划的条文，没有统一的规划编制办法与标准，没有统一的规划部署，每个城市都在自编、自导、自演自己的城市规划，但令人惊讶的是城市之间的传承非常得体。我们不得不再次感叹中国传统文化的魅力。

1949年之后的中国城市规划有了一个急速转弯，那就是我们在前面提到的消费城市和生产城市的转换。

1949年3月5日，毛泽东主席在中共七届二中全会上就提出来："从我们接管城市这一天起，我们的眼睛就要向着这个城市的生产事业的恢复发展"。①他老人家说："只有将城市中的生产恢复起来和发展起来，将消费城市变为生产城市，人民的政权才能巩固起来"②。随后，人民日报于1949年3月17日发表了社论，发出了"变消费城市为生产城市"的号召③。

①摘自《毛泽东在中国共产党第七届中央委员会第二次全体会议上的报告》。

②来源于《毛泽东选集》第4卷，第1428页。人民出版社1991年6月第2版。

③来源于1949年3月17日《人民日报》社论。

客观地说，"生产城市"概念的提出，有利于中国城市功能的平衡发展。我们说过，中国城市进入现代化初期，商贸一度占据着重要位置。生产城市概念的提出，有利于工业与商贸之间的平衡。

1952年，国务院秘书长周荣鑫先生主持城市建设座谈会，畅谈城市当前形势和未来的远景。后来，国家部委和城市政府都相继成立城市规划与工业建设委员会，从行政管理上初步完善了城市规划架构。

我们认为中央政府与地方政府成立城市规划与工业建设委员会是中国规划领域走向完善的标志。故，我们谓之：完善阶段。

这个阶段是国民经济恢复和"一五"时期。这期间广州市制定了第1~7个城市总体规划方案；第1~4个方案制定于1954年，以"将消费城市变为生产城市"为指导思想，城市以旧城区为中心向外（主要是向东和向南）发展；第5~7个方案制定于1955年，以保持和逐步改造为方针，城市人口和用地规模都受到压缩。1~7个方案对广州城市空间和住房空间的变动没有多大影响。

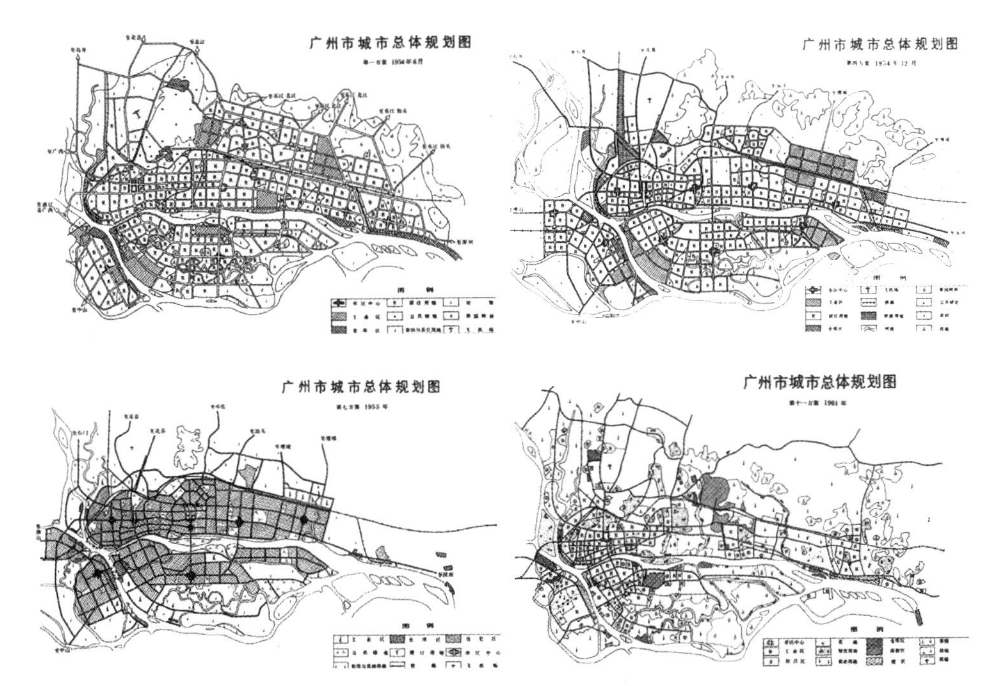

图3-14 1954年广州市城市总体规划（第一方案）（左图）
图片来源：广州城市建设档案馆

图3-15 1954年广州市城市总体规划（第四方案）（右图）
图片来源：广州城市建设档案馆

图3-16 1955年广州市城市总体规划（第七方案）（左图）
图片来源：广州城市建设档案馆

图3-17 1961年广州市城市总体规划（第十一方案）（右图）
图片来源：广州城市建设档案馆

当然，生产城市的概念化解为具体操作时还存在很多问题。比如，大炼钢铁运动严重影响了城市与乡村的健康发展；再比如，从中央到地方一度出现的重建设轻规划的思潮曾经深深地伤害了城市，一度流行的“规划，规划，纸上画画，墙上挂挂”顺口溜，深深刺痛了城市规划师们的心；还有就是我们曾经有国有企业和大集体企业两种经济模式，街道办的工厂曾经充斥大街小巷每个角落，严重影响了城市生活和规划秩序。

广州市也不例外，从“二五”开始，城市大办工业，大批工厂向城市外围用地发展，街道工业遍地开花，城市内部大量住房和绿地被占用，建成区规模不断扩大。之后进入快速发展后的调整时期，1964年的“设计革命”全面压缩了规划标准，城市规划名存实亡。这期间广州市制定了第8~11个城市总体规划方案，以第11个方案的组团式规划布局较有创新。该方案确定城市向东、向南发展，增加工业和港区的发展用地，规划结构为“三团”、“两线”，分别是旧城区组团（包括海珠、芳村区）、石牌和员村地区组团、黄埔地区组团，以及广花、广从两条道路沿线。但该方案由于经济实力不够等原因而没有得到落实，石牌员村组团和黄埔组团的住宅建设滞后，城市住房空间仍以旧城区为主。

人民日報

如何變消費城市為生產城市？

社會服務

救出千萬個黃鳳來！

婦女們起來自求解放

人民日報

把消費城市變成生產城市

图3-18 生产城市的功与过
图片来源：中央档案馆

此后，广州市在“文化大革命”时期制订了第12、13个城市总体规划方案，但在“先生产、后生活”的指导思想下，这些方案在规划布局和实施中都无大进展，城市外围建设项目布局分散，工业点孤立分布，工人居住区与厂区就近建设，生活设施严重滞后。

生产城市带来的种种问题，随着无产阶级“文化大革命”的结束，随着中国计划经济向市场经济的转换，都逐渐化解。

无产阶级文化大革命刚刚结束时，经常可以听到一个词：百废待兴。

但是，百废又是如何再兴起呢？这个时候很多的目光都转向了规划。也许规划最容易构建一幅美好的蓝图，也许规划最容易激励人们的斗志。此刻，从窘迫中爬起来的规划师信心百倍地投入到他们的事业中。

1980年10月，全国城市规划工作会议[1]在北京召开。国务院副总理谷牧先生的出席彰显了国家对城市规划的重视。这次会议规模不大，只有300人参加了会议。但参会

①经国务院批准，1980年10月15日，国家建委在北京召开了全国城市规划工作会议。

人员的含金量很高。参会人员包括：部分城市的副市长，各地建设部门的负责人、城市规划部门的负责人，国务院有关部门的负责人和专家学者。

失宠多年的城市规划师们一致认为：城市规划的第二个春天到来了。

全国城市规划工作会议有一个很伟大的成果，就是讨论制订了《城市规划法(草案)》[①]。但是，遗憾的是这部伟大的法律文件直到1989年12月26日第七届全国人大第十一次常委会才获得通过，到1990年4月1日才开始施行。

①《城市规划法》共6章46条。1989年12月26日第七届全国人大第十一次常委会通过，自1990年4月1日起施行。该法已被《中华人民共和国城乡规划法》（实施日期：2008年1月1日）废止。

1980 年全国城市规划工作会议内容要点　　表 3-2

序号	重点解决的十大问题	主要内容
1	城市规划的地位和作用	城市规划是一定时期内城市发展的蓝图，是建设城市和管理城市的依据
2	城市发展的指导方针	控制大城市规模，合理发展中等城市，积极发展小城市，是我国城市发展的基本方针
3	根据城市特点确定城市性质	各个城市都应当从实际出发，科学地确定城市的性质和发展方向
4	建立我国的城市规划法制	国家有必要制定专门的法律，来保护城市规划稳定地、连续地、有效实施
5	加强城市规划的编制审批和管理工作	全国各城市，包括新建城镇，都要认真编制和修订城市总体规划和详细规划。要加强城市规划的管理，保证规划的实施
6	搞好居住区规划，加快住宅建设	住宅设计，既要标准化，又要多样化;既要做到经济适用，又要注意美观。要搞好市政公用和生产服务设施的配套建设，做到与住宅同时投入使用。
7	城市各项建设应根据城市规划统一安排	凡是在城市新建或扩建的项目，必须经过所在城市规划部门的统一安排，按照城市规划的要求，分年列入相应的建设计划，逐步实施
8	关于综合开发和征收土地使用费问题	实行综合开发和征收城镇土地使用费的政策，是用经济办法管理城市建设的一项重要改革
9	大力加强队伍建设和人才培养	必须切实加强队伍建设和人才培养、大力开展城市规划科学研究工作
10	加强对城市规划工作的领导	城市市长的主要职责，是把城市规划、建设和管理好

无论如何，从1980年到1990年是中国城市规划的鼎盛时期，全国各地都在争先恐后地编制城市总体规划。比如，广州市的城市总体规划是在1984年获得国务院批准通过的。当年，广州市政府召开了数千人的大会，宣讲城市规划，动员部署涉及城市规划的工作。

广州市第14个城市总体规划方案(国务院1984年批准)是新中国成立以来广州市比较全面、系统和完善的总体规划，随着工作中心转移和经济体制改革，该方案由原来强调城市的“生产性”转变为强调城市的“中心性”，把“方便市民生活、治理城市环境”作为规划指导思想之一，在规划布局上打破了传统的蔓延式扩展的格局，采用带状组团方式，明确城市主要沿珠江北岸向东至黄埔发展，沿江形成三个组团，分别是：第一组团外为旧城区，是城市的政治、经济、文化和对外交流中心；第二组团是天河区（包括五山、石牌和员村），区内设置文教、体育和科研单位；第三组团为黄埔区，结合广州开发区的建设大力发展工业、仓储业和深水港结合的综合工业园区。该规划经过近10年的实施，成立天河、芳村和白云三个新区，扩大了城市住房空间，降低了旧城区的居住密度，天河区成为城市发展新中心，成为20世纪80、90年代住房建设的主要区域。在该方案的指导下，广州市的城市住房空间整体向东发展，五山文教区和黄埔的广州开发区逐步形成，并形成特殊的住房区。

随后，1991～1993年广州市对城市总体规划进行了两次修订，最后确定“新三大组团”（即以越秀和天河为双中心的中心区组团，以大沙地为中心的黄埔组团和以机场附近为中心的白云组团）和“十四个小组团”的城市格局，明确提出城市向北发展，城市发展框架进一步扩展。该方案促使城市住房空间向北发展、东部住房空间逐步完善，白云区的景泰街、三元里街、矿泉街、松洲街等靠近中心区的地方的住房发展在20世纪90年代迅速蓬勃起来。

1996年广州市编制了第16个城市总体规划方案，建设部至2000年才完成了审查工作，但由于2000年6月广州市行政区划进行较大调整，此轮方案没有完成报批。行政区划的调整引起广州城市功能结构和土地资源配置方式的变化，在此背景下，广州开国内大城市之先河，邀请国内五家规划设计单位开展战略规划咨询工作，于2000年12月完成《广州城市建设总体战略概念规划纲要》，提出建设广州形成“以山、城、田、海的自然格局为基础，沿珠江水系发展的多中心组团式网络型城市结构”，确立了“南拓、北优、东进、西联”的空间发展战略。

在这个时期，各个城市也在不约而同地探讨不同层次的规划编制办法。1998年5月15日，深圳市人大常委会颁布《深圳市城市规划条例》①。对于中国规划界来讲，此条例中出现了一个非常新鲜的名词：法定图则。

①1998年5月15日深圳市第二届人民代表大会常务委员会第二十二次会议通过。

“法定图则”是来规定土地利用性质、开发强度、配套设施、道路交通和城市设计等内容的。法定图则的概念来自香港。按照香港的规划体系，城市规划分三个层次：发展策略、次区域发展策略指引和详细土地用途图则。深圳的法定图则就是香港的详细土地用途图则。

2005年建设部颁布的《城市规划编制办法》②，为中国城市规划领域填补上了最后一块空白。在《办法》里，建设部用控制性详细规划取代了深圳的法定图则。其实，法定图则也好，控制性详细规划也好，其本质都是要求城市规划要精细化管理，要量化管理。城市规划的落地，依赖于城市总体规划与控制性详细规划的联动，依赖于控制性详细规划指标法定化。

②《城市规划编制办法》于2005年10月28日 经建设部第76次常务会议讨论通过，自2006年4月1日起施行。

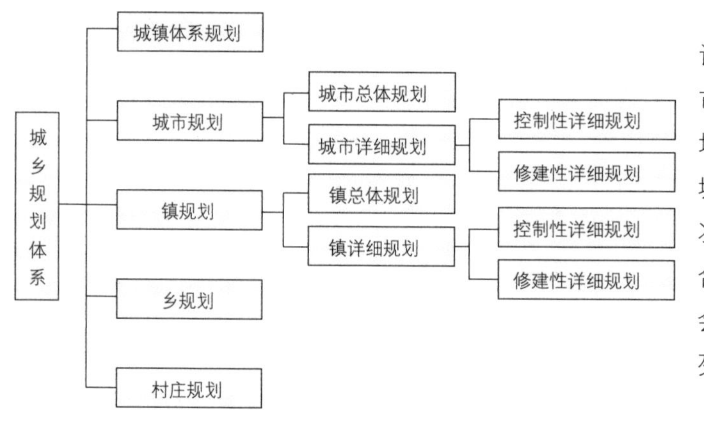

图3-19 中国城市规划体系

我们在上一节讨论过，当今世界主宰城市的是经济、社会、土地、环境等诸多要素，城市规划要对接上下层次规划，城市规划要综合平衡空间、土地、社会、经济、环境等一系列发展目标。

城市规划在建构完善自身的体系之后，是否能够与其他领域规划有效对接呢？这是现今每个规划师都面临的问题，也是城市决策者和管理者都必须回答的问题。我们知道，就在规划师醉心于编制城市规划的时候，中国的很多领域也在忙着自己的规划。比如：社会、经济、土地、环保、文化、教育、体育、卫生、商业、农业、林业、水利等领域都在编制自己的规划。可谓规划层出不穷，矛盾不绝于耳。

所以，我们说中国城市规划体系完善之后，马上就会进入磨合阶段。

这个磨合阶段是指城市规划与其他规划的磨合。我们说过，要尝试以空间为载体，综合社会、经济、土地、交通、环境规划的基本内容和关键节点，就是要探讨磨合的方式方法。如果用上一节的语言讲，就是探讨“综合”的方式方法。磨合强调过程，综合强调结果，殊途同归。

在讨论城市发展历程的时候，我们看到1990年之后，京津冀都市群、长三角都市群和珠三角都市群已经崛起。因此，磨合的意义不仅是城市本身各个领域的磨合，还有城市之间的磨合。

在这里，我们只能感叹一声：中国城市规划，任重道远。

第四章

影响新秩序的土地管理

城市空间的谋划依赖于对土地的谋划。

在中国，广为流传一则成语：皮之不存，毛将焉附[1]。成语出自于魏文侯外出巡游时发生的故事。当年魏文侯一副好心情野外踏青，路上见一位身背柴火，反穿羊皮袄的农夫。所谓反穿，就是将羊皮袄的毛向里，皮朝外的一种穿法。这种穿法在现在不足为奇，但在当年，足以惊倒一片人。好奇的魏文侯不禁问道："你为啥要反穿皮袄？"，农夫答："我很喜欢这件羊皮袄的毛。在背东西的时候，怕把毛磨掉，所以就会反穿羊皮袄。"魏文侯听后很感叹地说，难道你就不怕把皮磨掉吗？如果羊皮袄的皮没了，你羊皮袄的毛又依附到哪里呢？

①《新序·杂事》："皮之不存，毛将焉附？"（作者：刘向）原文魏文侯出游，见路人反裘而负刍。文侯曰："胡为反裘而负刍？"对曰："臣爱其毛。"文侯曰："若不知其里尽而毛无所恃耶？"

这个故事言浅意长，它道出了许多表象关系的本质。城乡土地与空间关系亦为如此，土地是皮，空间是毛。没有土地，就没有空间。因此，议论城乡空间而不讨论城乡土地问题是不可能的。

我们说过，要尝试以空间为载体，综合城市、社会、经济、土地、交通、环境规划。我们说过，要用物质形态规划手段综合城市规划、经济规划、社会规划、空间规划、土地规划。

这个作为载体的空间，这个作为规划手段的物质形态，所依赖的只能是土地。我们要统筹社会、经济、土地、环保、文化、教育、体育、卫生、商业、农业、林业、水利规划，就是要把它们落实到土地上去。

提起土地，我们会肃然起敬，因为它经常会关系到国与家切身而又重大的利益问题。用现代的眼光来看，无论是国土，还是家土，都具有不可侵犯性，都需要国家的政策和制度提供保障。为了平衡这些利益，为了保障国与家的基本利益，我们需要制定一些土地制度。所谓的土地制度指的就是因土地的归属和利用问题而产生的土地关系。

土地制度是土地管理模式的核心。我们所说的土地管理模式是指因不同土地产权、市场而演绎的不同管理制度、方式与方法。因此，我们可以毫不犹豫的说，土地制度是制约和引导城市空间发展的重要因素。

从城市规划角度来看，所有土地可分为建设用地和非建设用地。事实上，各个国家土地制度的聚焦点和主要内容也都落在了城市扩张所需要动用的非城市建设用地。

管理这些土地的基本方式是编制一张蓝图，明确每一块土地的功能和性质，另外还要配套相关的法规文件，以补充图形文件无法表达的管理内容。

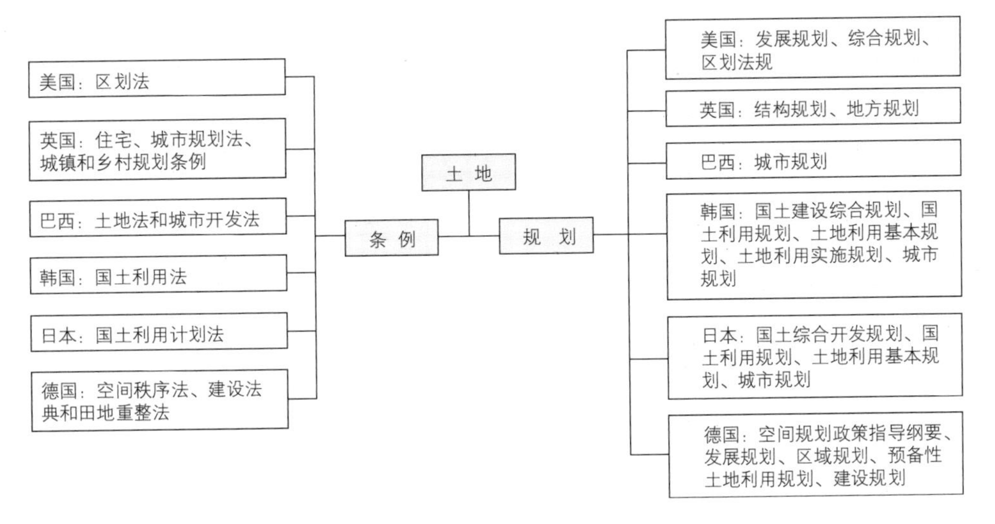

图 4-1 土地管理模式

这些管理土地的蓝图，在一些国家叫土地规划，在一些国家叫城市规划，因规划编制体系不同，因翻译不同而不同。其实叫什么并不重要，关键是这张蓝图要将城市发展目标和国家土地政策融为一体。

中国土地管理原理与众多国家无大分别。但是在中国土地管理发展的过程中，有两个非常有标志性的阶段。

其中一个标志性阶段是土地所有制的改变。即，中华人民共和国成立后实行土地社会主义公有制。当然，这个社会主义公有制，包括了全民所有制和劳动群众集体所有制。这两个所有制通常又成为城、乡的分水岭，因而，中国土地管理与世界其他国家的差别还是蛮大的。

另一个标志性阶段是土地管理模式的改变。即，由农田规划管理走向全域控制性指标管理，并建立了最为严格的土地管理制度。这套制度的特点是中央集权、网格管理、层级落实、封闭运行。这种土地管理制度对耕地保护和提高土地效益无疑起到了重要作用，但是，它也对中国规划体系的建构提出了挑战。

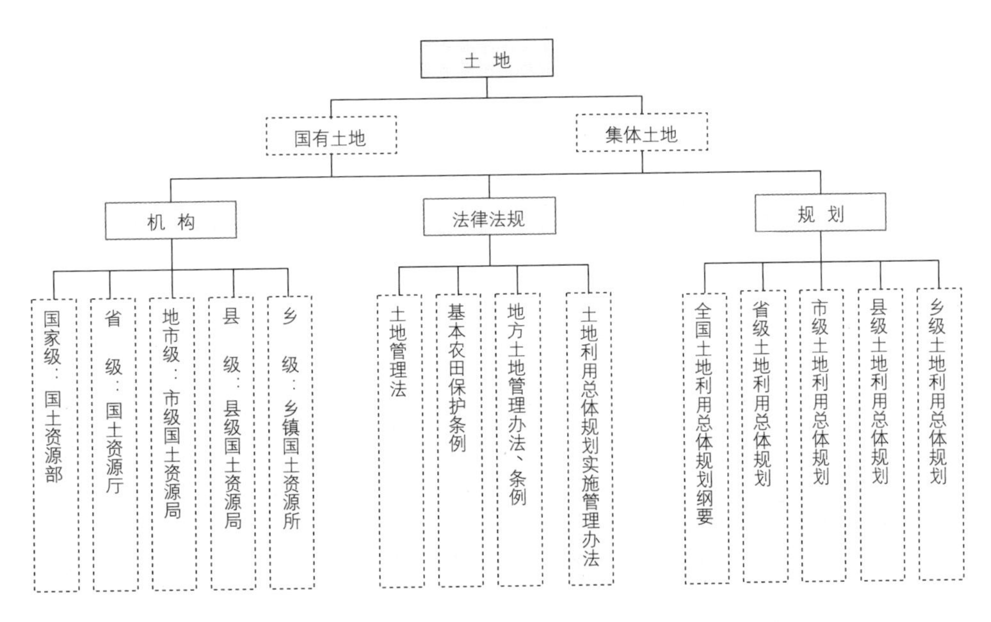

图4-2 中国土地管理制度

第一节　土地管理与规划的交织

土地制度包括土地所有制度和土地管理制度。有人说，土地管理制度源于土地所有制度。其实，土地所有制只有私有制和国有制两种制度，很简单。反而，土地管理制度非常复杂，千姿百态，虽有普遍规律，但却没有统一章法。

土地管理制度产生的背景比较复杂，它与国家的历史，政体及其他关系国家利益的大政策有着千丝万缕的联系，也与国家土地资源的丰富与贫乏、土地产出效率的多与少，国土规模的大与小，以及人口密度的高与低有很大关系。每个国家会根据政体、历史传统等不同形成不同的规章制度和土地管理模式。也就是说，美国有海洋法系的套路、欧洲有大陆法系的做法、日韩有亚洲的风范、南美有拉丁的风格、东南亚有南亚岛国的规则。

通常来讲，资源越丰富，土地产出效益越多，人口密度越低的国家，土地政策就会越宽松，越合理，越有秩序。比如，俄罗斯、加拿大、中国、美国、巴西是世界上的土地大国[①]。其中，美国的土地单位GDP产出最高；人均GDP产出最高的是加拿大，美国次之。加拿大人均GDP超过美国的一个重要因素应该是其人均国土面积大。人均GDP产出较高的美国、加拿大都有一个完善严谨的国土制度。相比较而言，GDP产出较低的巴西，其国土政策就相对而言不那么严谨。中国在这几个国家里，人口密度最密，其国土政策也就越严。

①俄罗斯国土面积1709.8万平方公里；加拿大国土面积998.5万平方公里；中国土面积960.0万平方公里；美国国土面积983.2万平方公里；巴西国土面积851.5万平方公里（《国际统计年鉴2013》）。

因而，对国土政策的考评，不能仅仅依赖一两个指标。

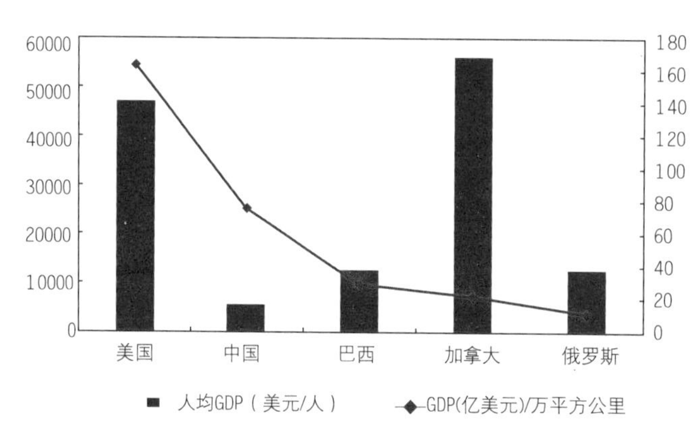

图4-3　国土大国地均GDP & 人均GDP

目前，就土地所有制而言，像美国、法国、比利时、意大利、西班牙、葡萄牙、德国、奥地利、瑞士、日本、韩国、南美和东南亚等大部分国家都采用的是土地私有制度[②]。所谓土地私有制，并不是说国家的全部国土都在私人的手中，而是指大部分的国土为私人所有，或者说进入市场的土地基本为私人所有。

②美国58%的国土为私人所有（孙利，2007），日本67.4%的国土属于个人和法人所有（王鹏虎，1995），韩国79.1%的国土属于个人和法人所有（韩国土地管理考察报告，1996），巴西70%的国土属于个人和法人所有（郭文华，2006）。

比如，美国私有土地、联邦政府土地、州政府土地和城市政府土地分别占国土面积的58%、31%、10%和1%。美国是一个“分权、分税”的国家[③]，也就是说，在美国联邦政府、州政府和城市政府在“权”与“税”方面是平等的，是公开的，是清晰的，土地制度模式的设计立足点在于平等。

③赵晓．世界各国土地产权制度及其启示[OL]．2010．

其他土地私有制国家的私有土地比例会高一点，通常会在50%～80%之间。比如，日本67.4%的国土属于个人和法人所有，韩国79.1%的国土属于个人和法人所有，巴西70%的国土属于个人和法人所有。

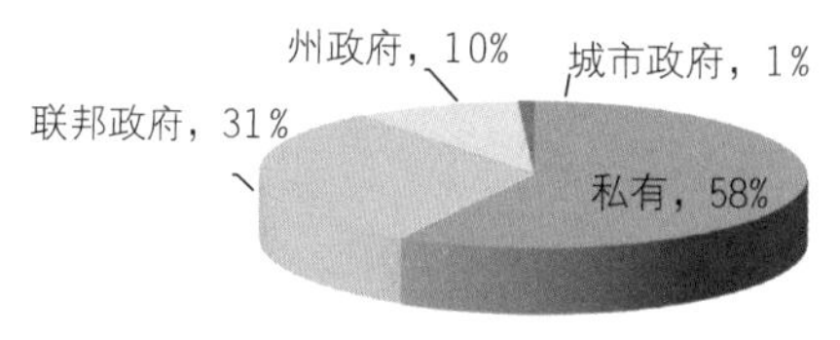

图4-4 美国土地构成比例

那么，那些没有在民间的土地，政府拿去做什么了呢？

在土地私有制国家中，美国各级政府所拥有土地的比例是比较高的。美国政府手上的土地大致可分为两类。一类是以生态保护为主的各种各样的自然资源用地。比如，国家公园、国家纪念物、历史古迹、自然保护区、州立公园、水资源保护区、水库附近地区、特殊景观地区等。这类用地占政府用地的绝大部分。也就是美国42%国土中的大部分是用于保护生态及其他自然资源的。42%美国国土是什么概念？它相当于384万平方公里，384万平方公里比6个法国大，等于90个荷兰或者10个日本。总而言之，这是一块非常庞大国土面积。

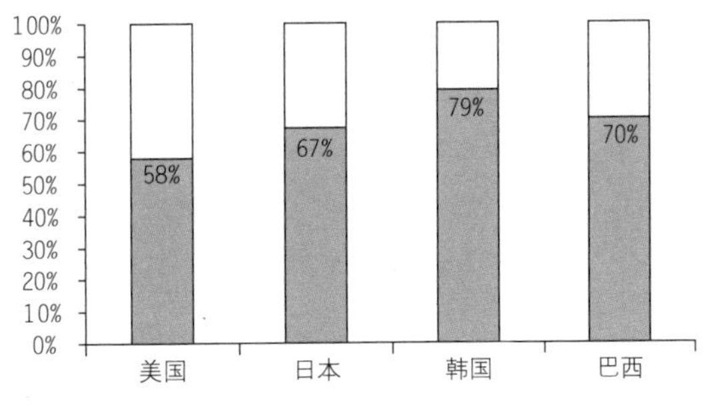

图 4-5 私有制国家私有土地比例

美国政府对384平方公里的土地管得很死，几乎很少调整。没有人敢打政府用地的主意，也没有人能够打政府用地的主意。他们也没有以园养园，以馆养馆，以区养区，以库养库之类的插曲。公园就是公园，纪念馆就是纪念馆，保护区就是保护区，水库就是水库。因此，也没有什么绿线、蓝线或紫线之类繁复缛节的规划。384万平方公里足够保护好水资源，建构生活安全体系；足够保护好森林资源，建构生态安全格局；足够保护好历史资源，建构文化历史保护框架。

当然，384万平方公里的土地并不是100%地用在资源保护上，其中有一小部分要用于联邦、州和市政府机关用地，各级政府外派单位用地和军事用地[①]。

不管是资源保护也好，政府或军事用地也好，这384万平方公里原则上是不进入土地市场的。也就是说，美国有可能进入市场进行交易的土地也就在530万平方公里左右。

对于有可能进入土地市场的530万平方公里的土地，所有人的权利是完全平等的。市场买卖也好，租赁也好，都是通过市场交易的：签订协议、缴足税金、注册登记，完成这三步手续就完成了交易。如果有了纠纷，也不能到政府上访，要通过法院来裁决。因为，政府没有权利过问土地纠纷问题，更不要说调解、仲裁土地纠纷问题。

虽然，美国的联邦、州、郡、市议会都拥有本级土地管理的立法权。但是，当政府需要土地交易时，不管是买卖还是租赁，要履行的程序与民间交易程序没有任何不同。如有纠纷，一样也要去法院。只有两种情况下，政府可以凌驾于民间之上：一种是政府为了保护公众健康、安全、伦理以及福利而无偿对所有人的财产施以限制乃至剥夺的行为。这是政府征用私人土地的特殊形式，被称之为：警察权。警察权准许政府规划私人土地，而不需要支付补偿。另一种是政府为了公共使用而有偿征用土地。联邦宪法规定政府有偿征用土地的三要素是：法律程序、公平补偿、公共使用[②]。以上只是不涉及更改土地性质、功能等一般性土地交易的公平性和法律问题，这些不是土地管理的核心，也不是我们所关心的问题。

我们所关心的是土地私有制国家如何管理城市扩增所需要的土地。这些土地基本上都在私人手上，同时这些土地都有着潜存的升值空间，政府是否有权对其管理，或者说能管什么，这是一个法律敏感性很强的问题。因为我们知道，城市扩增所需要土地管理的焦点主要集中在对土地权归属人的尊重和对政府代表的城市利益的尊重，或者说两个尊重的博弈。

目前，美国的做法是由城市政府通过“区划法”[③]直接管理辖区内各种土地的使

①赵晓.世界各国土地产权制度及其启示[OL].2010.

②赵晓.世界各国土地产权制度及其启示[OL].2010.

③区划法是地方政府控制土地使用的地方法规和进行规划管理的技术手段。区划法的产生先于规划体系的形成，强调其法律效率，其发展过程是不断寻求“规划”与“法律”的相结合的过程。

用。历史上，区划的法律地位也曾受到严厉的质疑，后来经过著名的“安博拉诉讼案”得以解决。

事情的梗概大致如下：1926年，安博拉地产公司对俄亥俄州的欧几里得村政府提起诉讼，认为区划没有走法律程序。故而，按照政府意图编制的区划所确立的土地用途不合法，属违宪行为。安博拉公司强调，美国联邦宪法有规定：“非经正当法律程序，不得剥夺任何人的生命、自由和财产”[①]。这场官司一路打下去，直到联邦最高法院。

①见美国宪法修正案第5条。

区划在规范土地用途的同时，是否剥夺了土地权属人的权利。联邦最高法院认为：对土地利用进行分区具有合法的公共目的性，其合法性可类比对个人产权使用的“妨害行为限制”。

所谓妨害行为，是指不合理地妨害了他人自由享受个人财产甚至生命的行为。联邦最高法院的判决表达了这样几层意思：区划加强了土地利用的合理性，最大化地提高了土地的使用效率，降低了“妨害行为”发生的频率，减少了邻里纠纷。美国“遵循先例”[②]的法律意识，这场官司奠定了区划的法律基础。

②1937年，联邦政府制定了首个全国住房法案，正式实施公共住房计划。该法案授权地方政府成立公共住房委员会负责低收入家庭的公共住房建设，提供较低的房租，由联邦政府拨款并规定入住者的标准。

1934年，联邦政府颁布“全国住房法案”，强化了对城市发展的关注，州政府也有类似动作，城市政府则大力发展区划，使之成为美国土地利用规划的主流。后来，区划补充了环境因素，提出水污染、空气污染问题。

应该说，美国20世纪的城市、郊区的空间环境和形态与区划的实施有很大关系。

就土地私有制国家如何管理城市扩增所需要土地的问题，美国给了一个标准答案：区划。

那么，什么是美国标准的区划。通常来讲，在美国，区划由蓝图和条例两部分构成。蓝图是指划定地域边界的区划地图，条例是指描述了规划规则的条款，包括土地的分类、用地的标准和开发建设的限制性指标。也就是说，当美国城市拓展时涉及土地时，其权属人不可以随心所欲地使用土地，而是要依据有关规划图纸和条例开发建设。

在美国的众多城市中，芝加哥是一座敢为天下先的、很有代表性的城市。作为城市美化运动的起源地，芝加哥曾经是欧美城市效仿的榜样。在探索区划的法定形式和对城市成长的意义方面，芝加哥也不甘落后于他国，仍然保持一马当先的风格。1923年，芝加哥就开始实施区划法。那个时候芝加哥区划法的形式就是一张图纸加一本通则。这本通则就是我们说的条例，它的主要内容包括土地的基本分区与叠加分区、专项指标、特别规则和实施管理。1942年，芝加哥的区划条例已经比较完善了。2004年，芝加哥区划条例达130条，平均每个条文约800字左右，全部条例超过10万字。

当今芝加哥，已经不是“奥利里牛圈大火”和“干草暴动”[③]时代的那个小不点城市了。现在的芝加哥，是占地606平方公里，拥有300万人口的全美第三大城市。芝加哥区划由7个基本分区组成。

③1871年芝加哥发生了著名的“奥利里牛圈大火”事件，据说因奥利里太太家一头牛踢翻油灯引发的火灾，将全城17000座木质房屋夷为平地，十万居民无家可归，此后杂乱无章的城市设施恢复导致城市面貌恶化，市政服务功能低下，底层居民居住和生活条件恶劣。这一切曾酿成1888年“干草暴动”等恶性社会公共事件，迫使市政当局为城市规划和建设提速。

7个基本分区包括居住等3个基本用途分区和城市中心区等4个特殊分区。同时，每个基本分区被细分成若干次分区。然后，在每一个次分区中，区划会依据密度、容积率和建筑高度等不同要求，划分出不同小分区。

芝加哥区划还有一个叠加分区的概念。芝加哥现有12个叠加分区，叠加分区内的地块与建筑不仅要遵守其所在基本分区的规则，还要遵守其在叠加分区内的规则。当基本分区的规则与叠加分区的规则发生冲突时，首先要遵守叠加分区的规则。

在分区的基础上芝加哥区划条例制定了专项指标和特别规则，其中特别规则的制定意图是使区划条例更加灵活、更加积极、更好地适应新的社会、经济、技术变化。这些区划技术主要包括：优质步行街计划、建筑面积奖励、规划单元开发等内容。此外，芝加哥市现行区划条例还对区划的实施管理进行了详细的规定，其主要内容包括区划的制订、修改的程序以及强制实施的规定，用途许可过程中的审查和批准程序、对部分抵触建筑物和用途的规定以及城市各部门与区划相关的职责和权力等。芝加哥区划可在芝加哥市区划局的官方网站查询。我们曾经讨论过中国的控制性详细规划，我们说中国的控规脱胎于深圳的法定图则，深圳的法定图则深受香港的详细土地用途图则影响。而香港的详细土地用途图则与芝加哥的区划有异曲同工的效应。

当然，我们将这几种规划相提并论，不是要谈它们的传承关系，而是要讲一个重要观点：这些规划都是用来控制土地的，土地的管理必然要与规划交织，共同引导城市的发展和建设。

精明增长理论出现之后，美国区划的城市发展边界就更加明晰了。

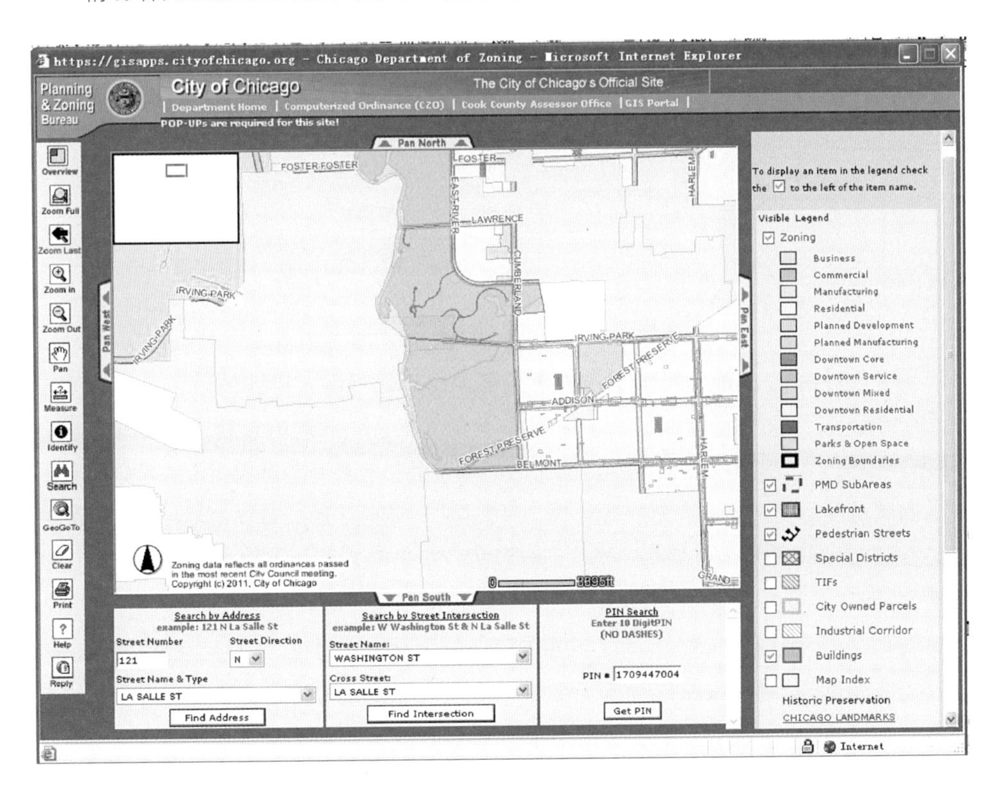

图 4-6 芝加哥网上交互式区划地区

资料来源：https://gisapps.cityofchicago.org-Chicago Departmengt of Zoning

加拿大属海洋法系，土地管理制度与英美接近。所不同的是加拿大土地所有权名义上属于英国国王，但实际上还是属于联邦、省和私人所有。另外，加拿大土地管理的职能主要集中在省政府。加拿大省政府制定了众多管理土地的法律规章，如《转让与优先权法》、《边界法》、《建筑留置权法》、《开发收费法》、《房地产管理法》、《强征法》、《征收法》、《土地登记改良法》、《土地所有权法》、《土地转让税法》，《限制法》、《国家住房法》、《规划法》、《公共土地法》等。

对于我们关心的如何管理城市扩增所需要土地的问题，加拿大遵从的依旧是：规划权。规划权赋予政府通过规划对私人开发土地的权利进行必要的限制。也就是说，加拿大政府依据法律授权和规划管理城市扩增所需要的土地。同时，加拿大政府还有监督规划实施的权利。

此外，加拿大政府为了公益的需求，可以向私人购买其部分或全部产权，在征用私人土地时，如遇到阻碍，政府还拥有强征权。

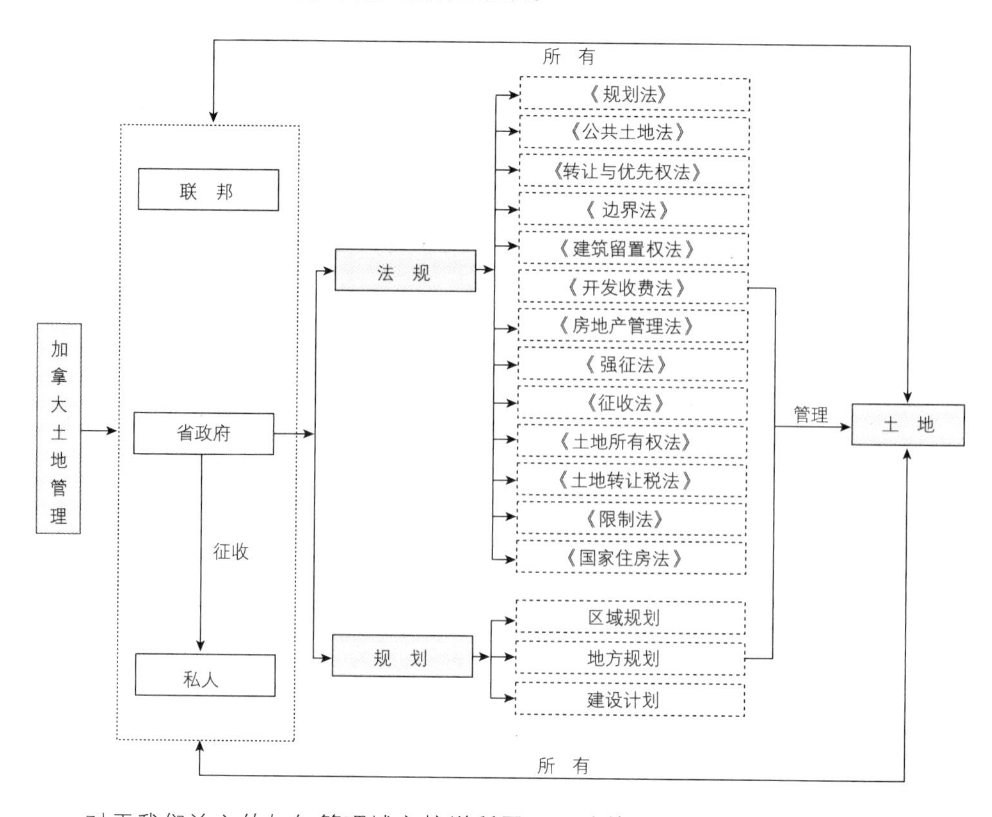

图 4-7 加拿大土地管理

对于我们关心的如何管理城市扩增所需要土地的问题，巴西体现了主动实施规划[①]的特征。巴西的《土地法》和《城市开发法》表现出政府的铁腕土地管理态势。1964年颁布的《土地法》，明确了全国土改和垦殖委员会具有负责农村土地再分配和土地监督管理的职责。1986年颁布的《城市开发法》，明确了政府有权根据社会利益的需要，强迫土地权属人建设某些工程。而且还规定，若在期限内不实施的，政府有权进行有偿征收。

①郭文华.巴西的土地问题与土地审批[J].国土资源情报，2006，(7).

同时，巴西政府还规定，为了城市的整体规划和统一建设，如果土地权属人出售地产，必须优先出售给政府。而政府购买的土地，可以出售给符合政府规划意图的购买者。政府强有力地介入市场和干预土地加快了城市规划的实施。

欧洲大陆法系国家，管理城市扩增所需要土地的办法同样也是依循法律和规划并举的原则。

这些国家的私有土地是国家土地的主体。因此，私有土地的价值总和也是国家土地资产价值的主体，私有土地以市场机制配置为主，但需受政府调节。

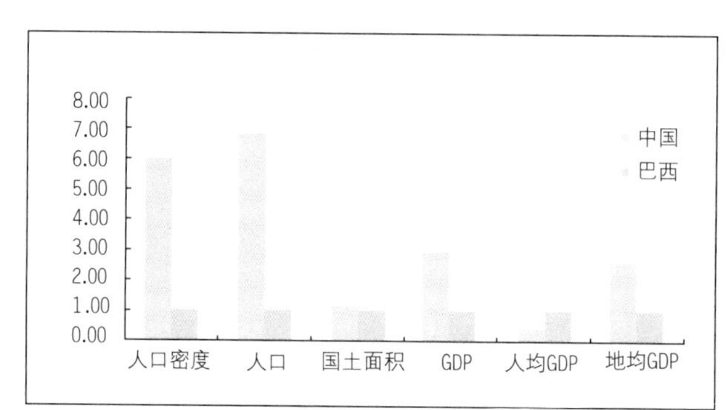

图 4-8 巴西、中国经济社会数据比较分析图

以德国为例。1987年，德国颁布了《建设法典》，并配套了《空间秩序法》、《联邦自然保护法》、《田地重整法》、《建设法典措施法》、

《地产交易计价原则》、《建设用地的法律规定》、《规划图例的法律规定》等土地和规划法律。关键是德国编制了全国空间秩序规划[①]、州域规划和建设指导规划、城市建设规划，这些规划明确了土地的用途和具体的建设要求。

①吴唯佳.德国城市规划核心法的发展、框架与组织.

荷兰的土地政策是市政府控制空间发展的有效手段[②]，为了实现预期目标，市政府可利用各种手段，包括土地利用必须按照土地规划执行，所有的开发活动都要申请开发许可等。在空间开发过程中，市政府的目标明确、全面。执行力度以严谨、严格、严厉著称。

②赫尔曼·德沃尔夫著，贺璟寰译.荷兰土地政策解析[J].国际城市规划，2011(3)9-14.

欧洲大陆法系国家包括法国、德国、比利时、意大利、奥地利、荷兰等。其土地管理模式大同小异，对国家经济发展提供了强有力的支撑。它们虽然地均GDP差异较大，但人均GDP均在每人3.5万美元至每人4.5万美元左右，是我国沿海发达地区的4倍左右。

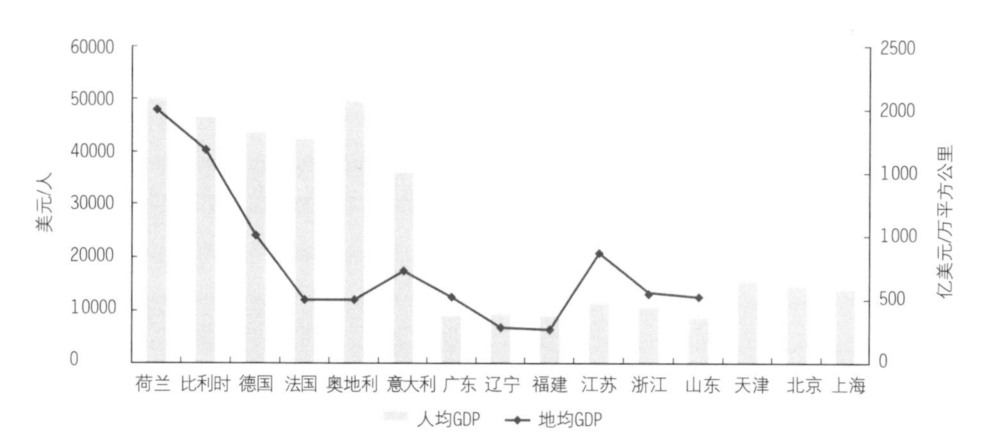

图4-9 欧洲各国与我国沿海省份比较

与欧洲大陆情况相近的亚洲国家是日本和韩国。虽然我们经常说日韩国土狭小，人口稠密。而实际上，日本人口密度低于荷兰、比利时，也远远低于我国沿海诸省。

日本、韩国是明确将城市建设用地规划和非城市建设用地规划并重对待的国家。与德国略有不同的是，日韩两国政府通过各种规划和“农转用”制度严格控制土地的开发和使用。比如，日本在形成国土综合开发规划、国土利用规划、土地利用基本规划和城市规划完整的空间规划体系的基础上，通过制定土地利用基本规划，将行政辖区面积分为城市地区、农业地区、森林地区、自然公园地区、自然保护地区等5种地域[③]，并对调整土地利用进行相关规定。我国的土地利用总体规划与日本的土地利用基本规划比较接近。

③唐顺彦、杨忠学.英国与日本的土地管制制定对照比较[J].世界农业，2001,(5).

在划定五大区域的基础上，日本制定的农村土地利用规划，并实施严格的规划管理，有效控制土地开发。其主要目的是保护耕地，保护优良农地，保护林地。这和我国保护基本农田比较相似，比如，日本通过农村土地利用规划对农村土地转为建设用地加以限制，提倡建设风景区和以自然景观为主的娱乐场所，通过政策弥补农用地的损失等。在实施土地保护管理过程中，日本的农地购买转用政策有集权倾向，规定凡进行以农地转用为建设用地的土地买卖，必须得到都道府县知事或农林水产大臣的许可[④]。

④唐顺彦、杨忠学.英国与日本的土地管制制定对照比较[J].世界农业，2001,(5).

在城市土地利用规划方面，日本与欧美国家没有什么显著不同，无非是通过划定城市规划区，决定功能区和用途区，确定开发许可，合理利用城市土地等。因而，日本面对城市扩增所需要土地问题时，需要权衡农村土地利用规划和城市土地利用规划两大规划。

韩国与日本情况基本类似，在制定实施土地利用规划和限制农转用两个方面进行土地管理。韩国的《国土利用管理法》明确规定了国土利用规划的法律地位和作用，土地的开发应该严格按照规划实施。同时为有效保护农地，韩国制定的农地转为非农地的政策也有集权倾向，规定必须先取得中央政府主管部门长官签发的农地转用许可证后方可转用土地[①]，并规定了宅基地上限要求。

①中国土地管理赴韩国考察团．韩国土地管理考察报告[D]．中国土地，1996，(6)．

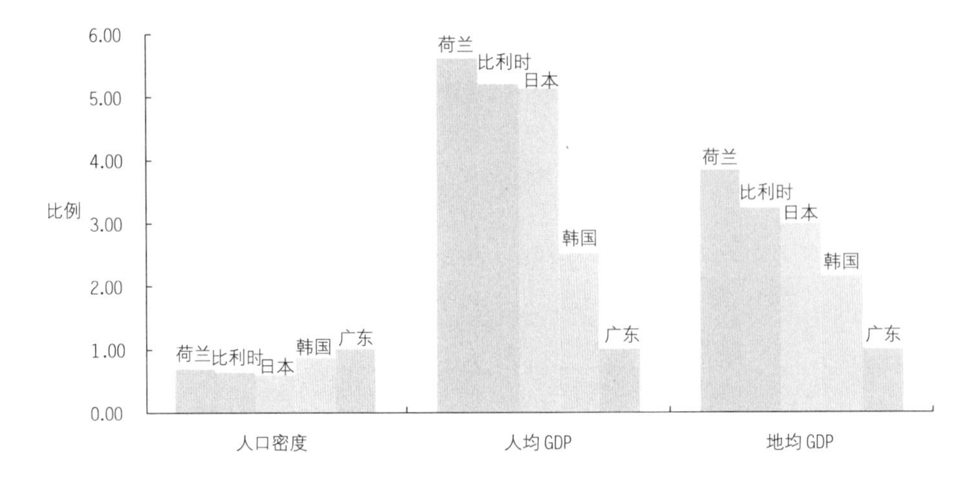

图 4-10 日本、韩国、荷兰、比利时、中国广东地区经济社会数据比较

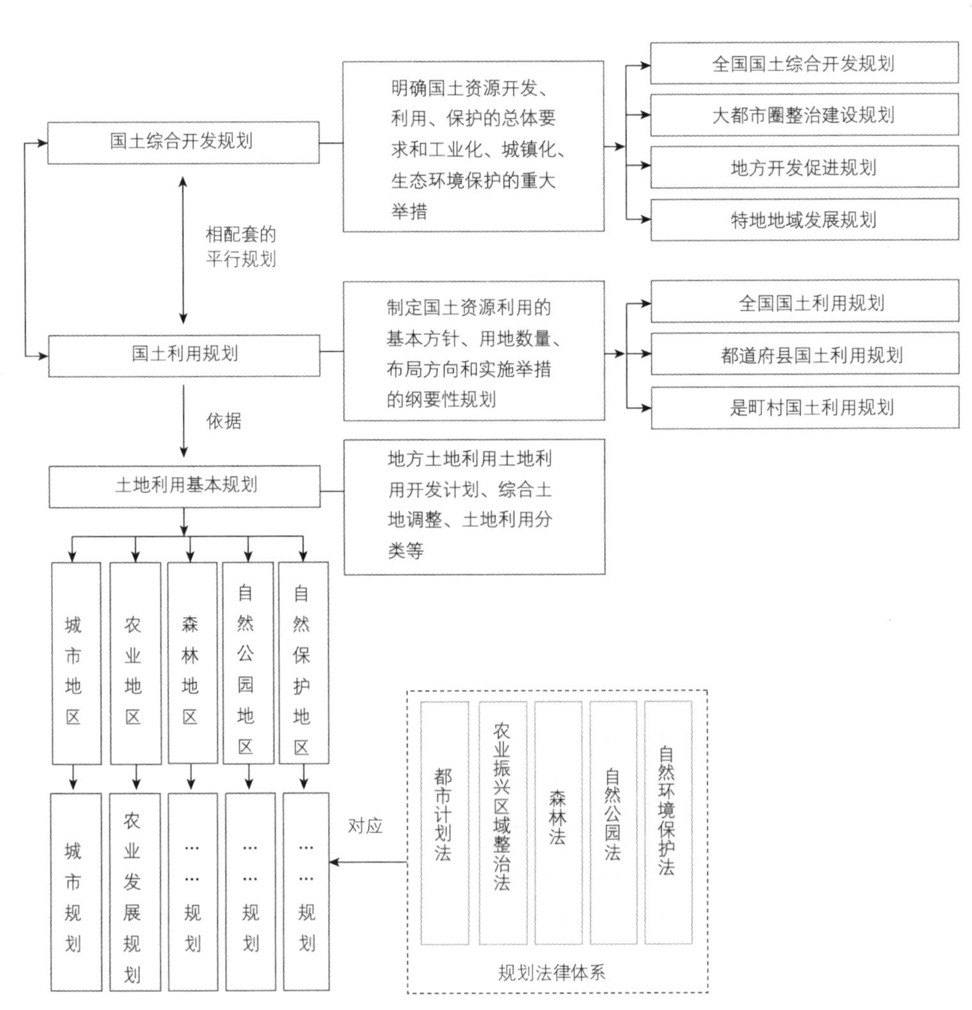

图 4-11 日本国土规划体系图

新加坡是一个城市国家，人口密度高达7257人/平方公里，人均GDP 50123美元/人，地均GDP 37113美元/平方公里。由于土地资源匮乏，1965年新加坡成立以后，通过强行征用的方法，从私人手中征用大量土地，使国有土地占国土总面积的比重上升到80%左右。由于新加坡是一个城市国家，土地的管理与城市管理职能基本重合，由城市重建局负责。为照顾中、低收入者的利益，新加坡建屋发展局可以无偿得到政府划拨的土地，而私人房地产开发商则必须通过土地批租，有偿获得土地使用权。为合理进行土地利用，新加坡将所有土地划分为900多个区[①]，并在每一个区内对土地使用进行详细的规划。政府按照规划对土地进行管理。

①柳岸林．新加坡：土地利用及其发展对策[J]．国土资源，2005，(5)．

图4-12 新加坡概念规划
资料来源：https://app.mnd.gov.sg/

印度是另一类土地管理的代表[②]。印度人口密度是中国的2.6倍，人均GDP是中国的1/4，地均GDP是中国的1/10。

②靳婷．浅谈印度土地制度[J]．2011中国可持续发展论坛2011年专刊(一)，2011，(11)．

土地产权高度集中，土地管理却多头分散，没有统一的土地立法。印度联邦政府负责制定具有全国意义的政策与措施，联邦政府主管部门通过制定土地规划、登记、税收、市场等对土地进行管理，农业与合作部的国家土地利用与保护局(NLCB)则负责国家土地资源的健全和科学管理方面的政策规划、协调和监督；各邦政府拥有土地的实际管理权、控制权和征税权，以及私有土地和邦有土地的最终审批权，通过相应部门进行土地的具体管理，同时负责制定本邦的基本土地法律政策，如土地法。

印度邦与邦之间的土地政策往往不甚相同。同时实行分散式土地资源管理体制，土地资源管理主要由农村发展部、城市发展部、海洋发展局负责。涉及土地资源管理的部门甚多，且职能分割不清：不同部门之间的规划自成体系，缺乏沟通与交流，这些都对土地资源的利用与管理产生了严重的阻碍。

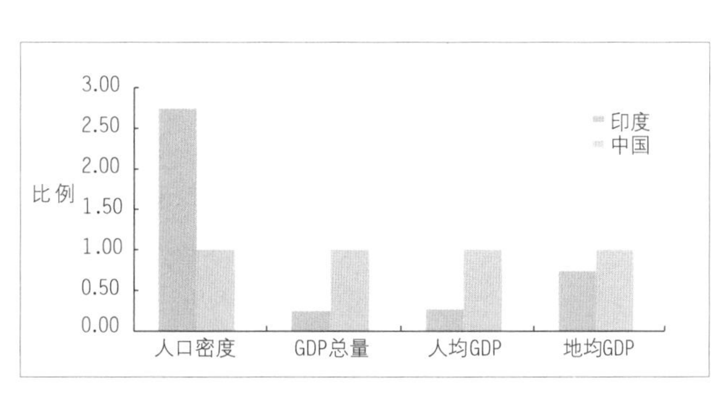

图4-13 中国、印度经济社会数据比较

图4-14 印度孟买的贫民窟

英国较欧洲大陆，人口密度偏大，人均GDP相近，地均GDP与德国持平。英国土地管理制度的重要特点是土地发展权的国有化，1909年的《住宅、城市规划法》提出了国家政府必须在全国范围内大规模控制城市土地开发，1947年《城镇和乡村规划条例》对土地的发展进行了进一步规定，提出“一切私有土地的发展权即变更土地用途的权利归国家所有，土地所有人或其他人如欲变更土地用途，在进行建设用地开发前，必须先向政府以缴纳发展税的形式购买发展权。实行所谓土地发展权国有化。”[①]从此，英国土地所有人只能保持原有使用类别的占有、使用、收益、处分之权，变更原使用类别之权为国家独占。

①郭文华. 英国土地管理体制、土地财税政策及对我国的借鉴意义[J]. 国土资源情报，2005,(11): 7-12.

因公共利益需要，如基础设施建设，英国可通过行使强制购买权来征用土地。享有这项权力的有政府和其他机构，包括中央政府各部、地方政府、高速公路局、城市发展公司，以及自来水和电力公司等。而何种用地功能属于公共利益范畴则由议会决定，并以法律形式确定下来。征地机构在取得强制征用权后须经过一系列严格的步骤并对被征地人做出最合理的补偿。被征地人如对公开质询的结果仍有异议，还可向最高法院上诉，对于收入在一定范围内的被征地人，还可在法律费用方面获得经济资助。英国复杂的土地强制购买程序保证了强制购买权的慎重使用，土地征用中的平等协商和合理补偿保障了被征地人的合法权益，完备的争议解决机制有效地缓解了征地纠纷的升级和蔓延。

图4-15 英国伦敦

对土地开发控制的管理，英国主要采用“规划控制+判例”的形式，即英国的地方规划只是开发控制的主要依据之一，并不直接决定规划许可，规划部门在审理开发申请时参考相关判例进行裁决，享有较大的自由量裁权。对规划部门自由量裁权的监督和约束主要通过公众参与和规划上诉的法定程序行使。

无论哪一种国土所有制度，无论采用哪一种土地管理方式，土地交易必须依法律程序进行，管理城市扩增所需要土地的前提条件都是要先制定相关规划。有所不同的是规划侧重点略有差异。

美国政府控制了42%国土面积，在解决了国家生态安全格局的前提下，城市区划更侧重于城市扩增对土地的需求。德国、日本、韩国等的规划先要在国家层面解决城市与非建设用地的关系，也就是要解决国家生态安全格局之后，再决定城市发展的土地问题。

通常来讲，人口密度越大，可用土地规模越小，土地管理的刚性就越高。土地资源紧缺程度和单位国土产出GDP高低也影响土地管理的方式。

从生态保护和可持续发展的角度，很多城市即便是有良好的自然条件，也提出自我约束的要求。比如，冰岛人口密度不足3.2人/平方公里，人均GDP高达4万美元/人，但是冰岛在规划和城市管理中还是提出了节约集约用地的理念。冰岛的《雷克雅未克都市规划（2010-2030）》中，提出了建设健康、安全、宜居城市的规划目标，并通过划定城市增长边界、限制增长边界外住宅建设等方法控制土地开发和利用。

在这一节中我们有一个重要问题没有涉及，那就是城市化率的问题。除印度之外，我们所讨论的大部分国家城市化率都达到85%以上，也就是说，这些国家的城市基本处于稳定状态。但是，中国的城市化率刚刚突破50%，城市规模还处于高度发展时期。中国城市所面临的问题远比这些国家复杂得多。因此，现阶段中国城市必定要走一段与这些国家略有不同的道路。

另外，虽然我们的重点不是讨论土地市场规范问题，但是，我们也清醒地看到规范土地市场对解决城市扩增对土地需求的意义。

第二节　中国土地管理制度的巨变

中国的土地利用总体规划是真正的土地利用总体规划。它不以城市为中心，另辟蹊径，自立门户，创造出独立的土地利用总体规划体系。中国的城市规划与土地利用总体规划也需要用一种特殊的方式进行融合。

中国土地利用总体规划体系的建构有其独特历史背景和现实条件。

黄色文明的中国虽然在1840年就被西方世界踢开了国门。但那时中国人口少，城乡土地矛盾并不那么突出。太平天国《天朝田亩制度》讲的是农地分配问题，国内战争“打土豪分田地”思想讲的也是农地分配问题。我们称第二次国内战争为土地战争，就是这个道理。根据《中国通史》记载，鸦片战争时期我国人口约4亿左右。抗日战争时期的一句通常的口号是：4万万同胞如何如何。据此，我国在鸦片战争之后的百年里人口应在4亿左右徘徊，人口密度为41人/平方公里。与现在美国的33.7人/平方公里比较接近。应该说，这个时期，土地资源相对宽松，城市规模相对偏小，城乡矛盾并不突出，土地的问题主要表现在农业用地的归属问题上。

1949年，中国结束了所有土地归属的争议，是中国土地制度的最大拐点。

这个拐点就是打破了传统的土地私有体制，转为了土地社会主义公有制，这是土地所有制的转变。中国的社会主义公有制包括全民所有制和劳动群众集体所有制两种形式[①]。

①《中华人民共和国宪法》第六条。

土地的全民所有制采取社会主义国家所有的形式。国家代表全体劳动人民占有属于全民的土地，行使占有、使用、收益和处分的权利，并实行国有土地有偿使用制度。我国大部分城市建设用地属于国家所有。

城市土地国有化的过程非常简单，是通过没收外国人和国民党政府拥有的土地和征用城市郊区的集体所有土地实现的。最初的30年，城市国有土地通常是以划拨方式提供给土地需要者的。就是说，你需要使用土地的时候，只需提出申请，经城市政府同意后，就可以使用。

土地的社会主义劳动群众集体所有制，采取农村集体经济组织的农民集体所有的形式。属于农民集体所有的土地由农村集体经济组织代表占有，并对土地行使经营、管理权。农村的土地，无论是城市近郊、远郊还是纯农林渔牧地区，除法律规定属国家所有外，均属于农民集体所有。只是有些土地属于村农民集体所有，有些土地属于乡镇农民集体所有。

社会主义劳动群众集体所有土地制度的建立过程相对就复杂一点。解放初期，由政府统筹所有农村土地，将其分配给每个农民，并赋予农民个人比较完整的土地产权，这就是我们所说的农村土地改革。1952年之后，在土地改革中农民个人取得的土地，通过初级农业生产合作社、高级农业生产合作社和人民公社三个阶段，改为合作和集体经营，由此建立社会主义劳动群众集体所有土地制度。

中国早期土地管理是以农村土地管理为主的。最初，中央只是在内务部设一个地政司负责土地改革工作。1952年在农业部成立国营农场管理总局，加大了国有农业用地的建设力度。1954年在农业部设土地利用局，统筹农业用地管理。1956年成立农垦部，负责全国的军垦农场和地方经营的国营农场。而城市建设用地基本上由地方政府管理。

以农业土地为对象的国家管理机构一直都在尝试着农用土地规划工作。比如，1952年，黑龙江省集贤县三道岗地区为了有效地促进土地利用的管理，参照苏联的土地规划方法，通过地形图测绘、土壤调查等手段，进行了土地利用规划的探索，并取得了成绩①。随后，全国许多地区开展了土地利用规划工作。

①董祚继、吴运娟等. 中国现代土地利用规划——理论、方法与实践[J]. 中国大地出版社，2008.

在中国土地社会主义公有制体系建立的同时，中国人口数量增长速度开始加快，城市人口也有所增加。1953年全国第一次人口普查的人口为6亿左右，城镇人口为总人口的13.26%，有5.2亿多人口在农村居住，城市人口只有0.8亿。1964年全国第二次人口普查的人口为7亿左右，城镇人口为总人口的18.4%，农村人口增加了0.5亿。这个时期，虽然城市普遍破城发展，人口增加了0.5亿，规模扩增0.6倍，但城市仍保留着组团形态，这种状况一直维持到“文革”初期。

自鸦片战争到“文革”前的120余年间，中国人口规模虽然从4亿人增加到7亿人，但城市人口总量偏小，生态格局基本处于良好状态，城乡争地现象也比较少见。农村土地矛盾经过权属均等化和集体化之后也得到基本化解。

无产阶级“文化大革命”之后，最先遇到土地问题的还是农村，解决土地问题依然是从农村集体经济所有制改良入手，1978年的《关于加快农业发展若干问题的决定（草案）》中肯定了对农村土地制度的探索。肯定了在农村土地集体所有原则不变的条件下的家庭联产承包责任制和农村土地承包经营权流转。

1978年，国家农牧渔业局恢复土地利用局，后改称土地管理局。同时，国家计委新增国土局和农业区划局。说明了农村土地管理的重要性和紧迫性。

据1982年第三次全国人口普查数据，中国总人口为10亿左右，城镇化率为20.6%。即，有2亿人居住在城镇。尽管如此，城市规模扩张还是有限的。其主要原因是当时城市经济条件有限，无力过度征收周边农业土地，扩展城市边界。所以就曾经一度流行“见缝插房”风潮。

城市土地制度	时间	农村土地制度
没收外国人、国民党政府所拥有的土地，并征用城郊土地 ，形成国有与私有土地并存的局面	1949	
	1950	提出废除地主阶级封建剥削的土地所有制，实行农民的土地素有制，借以解放农村生产力，为新中国的工业化开辟道路
	1952	土地改革除西藏、新疆、台湾等地区外，全部大部分地区基本完成
取消土地有偿制度，建立高度统一的计划管理模式	1954	
开始对城市中的私营工商业进行社会主义改造	1956	
城市中绝大部分土地已归国家所有	1958	
	1961	形成以生产大队的集体所有制为基础的三级集体所有制。自此“三级所有、队为基础”的制度确立并一直延续到改革开放前
房地产主们自愿或被迫放弃房租，甚至将房地产转让给政府的房管部门代管，尽管无明文规定这种转让的性质，实际都自动成为国有资产		大跃进与“文革”
	1978	肯定了包工到组、联产计酬的管理方式
土地使用权出租	1979	
《宪法》确认城市土地的国有制	1982	明确建立在土地公有制基础上的，农户和集体保持承包关系，由集体统一管理和使用土地、大型农机具和水利设施
	1984	继续稳定和完善联产承包责任制，土地承包期一般应在十五年以上，生产周期长和开发性的项目承包期应当更长一些
深圳首先对国土土地使用权实行“两权分离”的出让制度	1987	
《宪法》《土地管理法》修改 ，明确土地的使用权可以依照法律规定转让	1988	
《城镇国有土地使用权出让和转让暂行条例》规定国家按照所有权与使用权分离的原则，实行城镇国有土地使用权出让、转让制度，但地下资源、埋藏物和市政公用设施除外	1990	
对划拨土地使用权的具体操作做了进一步的规范。同年，开始土地估价试点	1992	
	1993	在原定的耕地承包期到期之后，再延长三十年不变。在坚持土地集体所有制和不改变土地用途的前提下，经发包方统一，允许土地使用权依法有偿使用
《城市房地产管理法》出台，为建立制度化、规范化的城市土地市场奠定了重要基础	1994	
《协议出让国有土地使用权最低价确定办法》提出土地市场的要求，主要是加强国家对土地使用权出让的垄断	1995	第一次明确提出建立土地承包经营权流转机制
《土地管理法》修改；《土地管理法实施条例》发布；《国有土地改革中划拨土地使用权管理暂行规定》出台	1998	
《关于加强国有土地资产管理的通知》正是确立经营性国有土地招标拍卖供地作为一种市场配置方式	2001	农户对承包的土地有自主的使用权、收益权和流转权，有权依法自主决定承包地是否流转和流转的形式
《招标拍卖挂牌出让国有土地使用权规定》要求所有经营性开发项目用地都必须通过招标、拍卖、挂牌方式进行公开交易	2002	
国家正式提出运用土地政策参与宏观调控，而且首先是从运用土地政策参与房地产市场、稳定住房价格作为重点的宏观调控而展开的	2003	
《关于深化改革严格土地管理的决定》土地政策进一步加强了土地宏观调控的力度	2004	
全国省（区、市）及计划单列是的土地审批利用全部纳入严格监管，国家土地督察制度正式建立。新增建设用地土地有偿适用费提高，调整地方分成的新增建设用地土地有偿使用费管理方式，地方分成的70%全额缴入省级国库	2006	
《中华人民共和国物权法》所有权人对自己的不动产或者动产，依法享有占有、使用、收益和处分的权利	2007	赋予了农民长期有保障的土地使用权。明确了国家实行农村土地承包经营制度
《城乡建设用地增减挂钩试点管理办法》提出城乡建设用地增减挂钩的具体管理办法	2008	《中共中央关于推进农村改革发展若干重大问题的决定》进一步强调加强土地承包经营权流转管理和服务
《闲置土地处置办法》修订，进一步规范闲置土地的处理	2012	
《中国共产党十八届三中全会公报》、《中共中央关于全面深化改革若干重大问题的决定》要求建立城乡统一的建设用地市场。完善土地租赁、转让、抵押市场	2013	在符合规划和用途管制前提下，允许农村集体经营性建设用地出让、租赁、入股、实行与国有土地同等入市、同权同价。进一步规范土地复垦办法

图 4-16 中国土地所有制历史演变图

所谓“见缝插房”，就是指为了解决城市居民住房问题，而城市政府又没有更多地经济实力去征用城市周边土地，就只能利用城市所有空地建居民住宅。虽然“见缝插房”在某种程度上破坏了城市环境，但是它的确解决了城市居民的实际问题。换一个角度讲，这个现象从一个侧面反映了农村土地曾经是安全的。

当然，那个时期毕竟是中国960平方公里一片沸腾的年代，经济崛起，人口暴涨，城镇规模出现井喷现象在所难免。城市经济的腾飞，预示着城郊土地纳入城市的可能性增大，土地资源短缺已经初显端倪。

1986年，国家统筹各局委土地管理部门，成立了直属国务院的国家土地管理局，改变了多个部门管理土地的局面。国家土地管理局统筹管理全国土地和城乡地政。也就是这一年的6月25日全国人大通过《中华人民共和国土地管理法》。

在上一章，我们说建设部门从1980年就开始酝酿《城市规划法》，但是到1990年才开始实施，比《土地管理法》整整晚了三年半，足以见得土地管理部门雷厉风行的做派。

国家土地管理局成立后，做了一件非常有意义的工作，就是开始尝试编制《全国土地利用总体规划纲要》，并选择部分省、市、县开展总体规划编制试点。随后，国家土地管理局制定了《土地利用总体规划编制审批暂行办法》和《县级土地利用总体规划编制规程》，并在全国推动地方土地利用规划的编制工作，规划期限统一设定为1987年～1997年。

这个被称为第一轮土地利用总体规划的立足点在于“最严格的耕地保护”。开始扭转国人“中国地大物博，资源丰富”的概念，试图输入“土地是稀缺资源”的信息。

某县第一轮土地利用总体规划方案表　　表 4-1　单位：万亩

	现状（1988 年）	Ⅰ方案	Ⅱ方案	Ⅲ方案
总面积	107.6626			
耕地	45.546	43.38	43.38	10.8
林地	37.2308	32.6	32.3	32.3
园地	1.9747	7.2	7.2	8.2
牧草地	0.1532	1.882	1.7	2.3313
居民工矿地	8.9258	9.8656	10.3477	11.513
交通用地	2.22664	2.454	2.454	2.454
水域占地	1.9435	2.014	2.014	2.014
未利用	9.6617	8.2666	8.2666	8.05

注：（1）1988年林地含山楂园地等。（2）居民工矿地包括城乡居民点和工矿与特殊用地。
资料来源：秦凌亚等，修武县土地利用总体规划，河南大学学报1990（1）。

1990年的第四次全国人口普查数据表明全国总人口为11.3亿左右，城镇化率为26.23%。即，全国有3亿人居住在城镇。8年里，城市人口增加1亿人。相比较1953年的0.8亿城镇人口数据，37年来城镇人口翻了近4倍。人口翻了4倍，就意味着城市规模翻了4倍。而且，“文革”后出现了地区发展不平衡现象，比较发达的沿海地区城市规模扩展往往超过4倍，特别是北京、上海和广州这样的大城市，城市扩展就更为夸张。

全国总人口的增长和城市规模的扩大，再次将土地问题推向风口浪尖。但这时的土地问题不再是土地权属问题，不是农村土地集体所有制改良问题，而是土地安全问题，是土地低效问题，是城乡争地问题。

1997年7月国家土地管理局发布《关于认真做好土地利用总体规划编制、修订和实施工作的通知》。《通知》要求各级政府在耕地总量不减少和耕地占补平衡的前提下开展新一轮土地利用总体规划编制工作。土地规划编制统一以2010年为规划期，2030年为展望期。

新一轮土地规划编制的突出特点是将耕地总量动态平衡等主要控制性指标逐层分解到省市县镇等各级规划中。指标控制成为土地利用总体规划富有鲜明个性的标志特征。至此，土地管理机构完成了从农业部下属部门向独立土地管理部门的过渡，完成了从农用地安排、农场管理向全域的土地利用管控的职能转变。

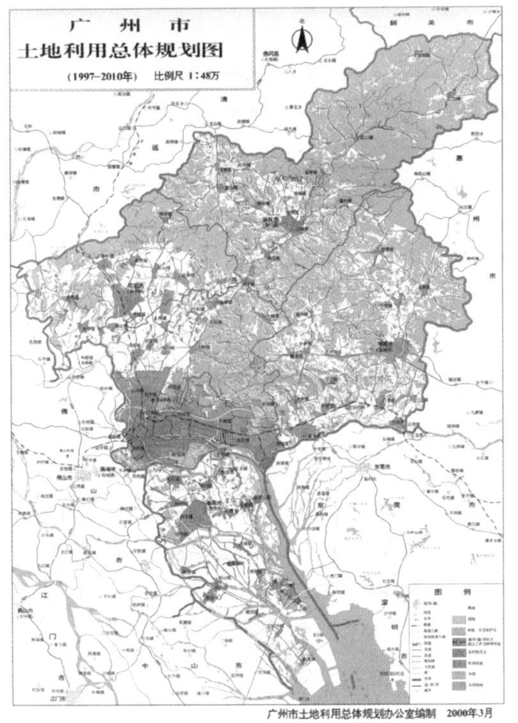

图 4-17 广州土地利用总体规划（1997 ~ 2010）

1998年，国家土地管理局更名为国土资源部。同年修改了《土地管理法》和出台了《土地管理法实施条例》，中国土地管理制度和法律体系初步形成。

修订后的《土地管理法》明确了国家、省、市、县、镇五级土地利用规划体系。新土地法与本书讨论最为密切相关的内容是：要求城市总体规划、村庄和集镇规划应当与土地利用总体规划相衔接。而且，城市总体规划、村庄和集镇规划中建设用地规模不得超过土地利用总体规划确定的城市和村庄、集镇建设用地规模。就是说：城市发展要受控于土地资源保护的需求。

新土地法结束了中国城市可以依据对城市未来预测决定城市发展规模的历史。这是中国土地制度的第二个拐点，这个拐点是土地管理制度的转变，是中国土地管理从侧重农用地规划转向对农用地保护和对城市用地规模的控制。

土地管理制度的转变从某种程度上也改变了中国城市的发展路线和城市规划的方向。特别是城市国有土地有偿使用制度的探索和随之而来的土地使用权市场化，树立了土地是资产的理念，改变了城市规划管理的方式方法。这也是如何管理中国城市扩增所需要土地的复杂性所在。

我们在第一章谈过一个重要的观点：农耕社会城市存在的根基是守望原野。那么，越是土地富饶的地区，城市就越重要。按照墨子五不守的理论，幅员越广阔，交通越便利，城市的规模就会越大。从这个角度来看，现代城市的发展条件与传统城市的环境要求是一致的。也就是说，根植于传统城市发展起来的现代城市大都处于良田包围之中。无论是沿海的北京、上海和广州都市群，还是内陆的西安、成都，它们在历史上都坐拥万顷良田，在现代社会都是一方首位城市。2000年，第五次全国人口普查为13.9亿左右，城镇人口占36.22%，就是说有近5亿人口居住在城市，相比较1990年的人口普查数据，城市人口增加了2亿。而且，这2亿人口基本上都涌进了上述地区。

由此，我们不得不面对一个残酷的现实：经济越发达的城市，城乡争地矛盾越突出。而且，这个矛盾愈演愈烈。

矛盾的激化，导致第三轮土地利用总体规划的提前展开。2005年，第二轮土地利用总体规划实施仅8年，距规划期限还有5年时间，国土资源部就提出了《关于做好土地利用总体规划修编前期工作的意见》，2006年前后，全国陆陆续续开展了第三轮土地利用总体规划，规划期限为2006年～2020年。

第三轮土地利用总体规划是在国务院深入研究土地管理制度改革、将土地纳入政府宏观调控的背景下开展的。

第三轮土地利用总体规划以节约利用土地、严格保护耕地为方针，坚决防止借规划修改名义随意扩大建设用地规模等做法。规划的主要任务是：保护和合理利用农用地，加强基本农田建设，提高农用地综合利用效益；节约集约利用建设用地，严格控制新增建设用地规模，引导城镇用地内部结构调整，加强农村宅基地管理，提高基础设施用地效率，加强对城乡建设用地扩展边界控制；协调土地利用和生态建设；统筹全域土地利用，制定空间管制分区，进行土地用途管制。

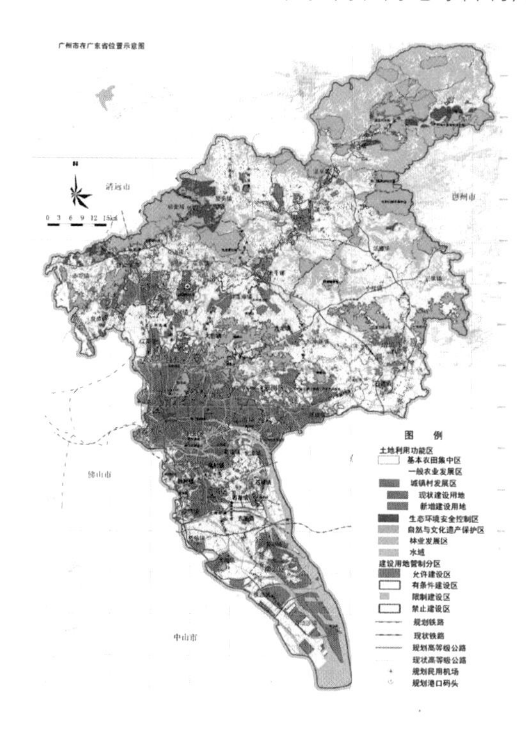

图 4-18 广州市土地利用总体规划（2006～2020年）

为实行最严格土地管理制度，落实土地垂直管理模式，第三轮土地利用总体规划配套了指标层层下达、土地用途管制、数据库管理和土地监察体系建设等手段。同时，为解决规划刚性有余、弹性不足的问题，国土资源部还探索了刚性管控和弹性引导的问题，约束性指标和引导性指标的划分等问题。比如，有条件建设区和基本农田弹性规模等概念都是在这个时期提出的。

沿海省、直辖市经济社会数据统计表 **表 4-2**

省、直辖市	人口密度（人/平方公里）	人口（亿）	国土（万平方公里）	GDP（亿美元）	人均 GDP(美元/人)	地均 GDP(亿美元/万平方公里)
上海	3701.89	0.23	0.63	3300.90	14064.35	5206.47
北京	1229.74	0.20	1.64	2924.34	14491.27	1782.05
天津	1138.00	0.14	1.19	2108.91	15563.92	1772.19
江苏	799.78	0.79	10.26	8841.71	11194.87	861.77
浙江	523.26	0.54	10.40	5669.83	10418.65	545.18
山东	609.74	0.96	15.71	8180.12	8539.64	520.70
广东	580.00	1.04	17.98	9333.97	8944.70	519.13
辽宁	297.70	0.44	14.69	4063.86	9290.94	276.64
福建	297.50	0.37	12.40	3222.40	8735.17	259.87
重庆	350.12	0.29	8.24	1866.14	6468.43	226.47

数字来源：《中国统计年鉴》2012年数据。

土地安全问题、生态安全问题、水资源安全问题是每一个国家首先要面对的问题，只是不同的国家，不同的国情，处理的手段不同而已。美国有美国的手段，德国有德国的手段，日韩有日韩的手段，中国有中国的手段。中国从2003年起，土地政策就参与到国家宏观调控领域，建立了土地垂直管理体系。并建立国家土地督察制度，从土地政策角度明确提出防止城市过度扩张的要求。

中国的土地问题来源于高速的经济增长、庞大的人口规模和较低的城市化率。

1980年中国的GDP总量进入世界前十，2013年中国的GDP总量排名世界第二。但是我国的单位土地产出效益与经济发达国家还有较大的差距，2011年，我国地均GDP是美国的1/2，法国、奥地利的1/6，英国、德国、韩国的1/13，日本、荷兰的1/20。可见提升地均GDP的空间巨大，提升地均GDP对城市规模的合理控制意义重大，提升地均GDP仍将是未来城市管理和土地管理的重要内容。

1953年，全国第一次人口普查的人口为6亿左右，城镇人口为总人口的13.26%，全国有5.2亿多人口在农村居住，城市人口只有0.8亿。2010年，第六次全国人口普查为14亿左右，城镇人口占49.68%，全国有7亿人口居住在农村，有7亿人口居住在城市。相比较1953年的数据，农村人口增加了1.8亿，城市人口增加了6.2亿。假如中国未来总人口不变，按照发达国家城市化率较低的85%水平计算，中国还有5亿左右人口要涌进城市。这些潜在的城市人口会出现在哪个地区、哪个城市？目前，土地利用总体规划和城市规划都避而不谈，没有给出答案。

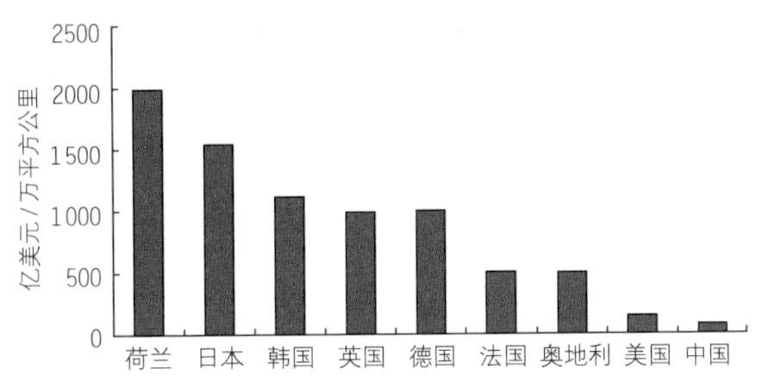

图4-19 各国地均GDP比较

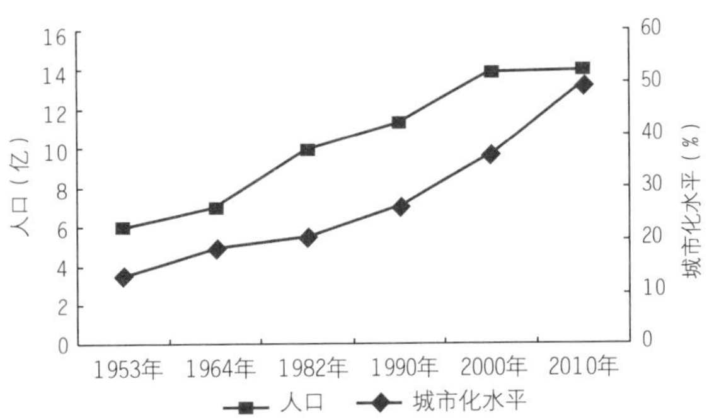

图4-20 六次人口普查人口与城市水平变化

各国经济社会数据统计表 **表4-3**

国别	人口密度（人/平方公里）	人口（亿）	国土（万平方公里）	GDP（亿美元）	人均GDP(美元/人)	地均GDP(亿美元/万平方公里)
新加坡	7252.4	518.4	0.07	2397	46238	34243
荷兰	397.5	1669.6	4.2	8363	50090	1991
比利时	360.9	1100.8	3.1	5115	46466	1677
日本	338.1	12781.7	37.8	58672	45903	1552
韩国	497.8	4977.9	10.0	11162	22423	1116
英国	256.7	6264.1	24.4	24316	38818	997
德国	228.9	8172.6	35.7	35706	43690	1000
法国	119.2	6543.7	54.9	27730	42377	505
奥地利	100.4	841.9	8.4	4185	49709	499
西班牙	91.6	4623.5	50.5	14908	32244	295
葡萄牙	115.6	1063.7	9.2	2375	22328	258
美国	31.7	31159.2	983.2	150940	48442	154

续表

国别	人口密度（人/平方公里）	人口（亿）	国土（万平方公里）	GDP（亿美元）	人均GDP(美元/人）	地均GDP(亿美元/万平方公里）
中国	140.0	134413.0	960.0	73185	5445	76
意大利	201.9	6077.0	30.1	21948	36117	729
巴西	23.1	19665.5	851.5	24767	12594	29
加拿大	3.5	3448.3	998.5	17361	50347	17
冰岛	3.1	31.9	10.3	141	44201	14
俄罗斯	8.3	14193.0	1709.8	18578	13090	11

数据来源：《国际统计年鉴2013》2011年数据

从土地管理制度的变革中，我们发现从1987年土地利用总体规划的编制和国土管理部门独立后，我国土地管理逐渐进入了封闭管理时期。所谓封闭管理是指设定专门的部门，制定专门的政策，形成专门的规划体系，仅在城市规模控制方面留有开口对接城市规划。我国土地管理的基本特点是垂直管控。即，中央政府通过垂直管理，对建设用地规模、农转用、耕地占用、年度计划指标等实行严格的指标管理，控制地方政府的用地行为。

2013年，中国意识到城乡二元结构是制约城乡发展一体化的主要障碍，提出在符合规划和用途管制前提下，允许农村集体经营性建设用地出让、租赁、入股、实行与国有土地同等入市、同权同价。这个思路将会对城市空间的发展，特别是都市群的发展带来新的转机。

中国土地管理制度的变迁是从农用地规划管理向全域土地空间控制管理的演化过程。在这个过程中，中国首先解决了土地权属问题，即新中国成立后的土地公有制的建立。其次，完成了由农用地规划管理向土地空间管制的转换过程。通过这种转换，改变了土地管理失控的现象。

在讨论发达国家的土地政策时，我们看到国家对土地的宏观管控的重视，以及土地管控的几种模式。中国国土资源部的成立及其采取的一系列行政措施和技术手段，无疑是填补了我国土地管理的空白。但是，面对人口的压力，城市化的压力，经济发展的压力和土地低效的压力，如何更好地处理国土与城市的关系，让城市规划与土地利用总体规划相得益彰，将是未来一段时间我们需要认真对待的问题，也是本书力图探索的课题。

第五章

城乡空间规划新秩序

有人曾经这么戏称：城市美化运动时期，规划师的工作重点在于梳妆打扮，他们尽量去掉城市的污泥浊水，把城市打扮得漂亮一些。雅典宪章时期，规划师的工作重点在于量体裁衣，他们分门别类安排城市功能，让城市空间更加适应城市生产与生活。马丘比丘宪章之后，规划师的工作重点在于修生养性，他们努力把握城市的脉搏，让城市规划更贴近城市的未来。

中国现代城市起步比较晚，规划师还没有来得及给城市涂脂抹粉，就被卷入了量体裁衣的浪潮中。即便是这样，中国历史也没有给他们一个完整的时间去仔细研究城市功能，国内战争、国体巨变和无产阶级文化大革命不断地冲击着城市与城市规划。

1977年，雅典宪章出台的时候，中国的十年动乱刚刚结束，城市还处于一片狼藉的状态。住房紧张、交通拥堵、物资匮乏、基础设施落后、公共设施短缺、工业经济起步艰难等问题亟待解决。政府部门的职能刚刚恢复，他们既要处理眼前的棘手事务，又要把眼睛盯向世界，把握未来的发展方向。从牛棚马圈、五七干校走出来的规划师们还没有理清雅典宪章的思路，就遭遇到马丘比丘宪章的新概念。

总而言之，世界的很多城市都是在一个接一个问题出现之后，一步一步地去解决的。城市是在循序渐进中成长，城市规划体系是在解决问题中逐步地完善。中国的现代城市则不同，在很长的一段时间内，中国城市一直是处于一种交混状态，处理当前问题的思路尚未理清，新的发展模式就已经来到眼前。于是，常常会出现这样一种情况，旧的问题只能囫囵吞枣般处理，然后用新的模式建构新的框架。在新的框架中，既要应对新的前景，也要消除残余的旧问题。

因此，中国的城市管理和中国的规划领域出现这样那样的问题和矛盾是正常的。在过去的30几年里，我们努力化解各种各样的问题与矛盾，我们努力大步快跑，我们已经可以和世界先进城市并驾齐驱了。当然，我们也会为此付出代价，这个代价就是在大步快跑中难免会过于粗放。粗放型的直接反应是在城市管理方面和有关城市的各个领域出现规划错位和不和谐。

当前，我们的一项重要工作是：认真地理清在粗放型奔跑中遗留的、盘根错节的、矛盾重重的规划错位和不和谐，并认真加以解决。

所谓城市的规划，就是要谋划城市的未来。要谋划好城市的未来，首先就要回答两个问题：城市应该怎样发展，城市能不能这样发展。

城市应该怎样发展的问题，关系到城市国民经济发展问题，关系到城市社会发展

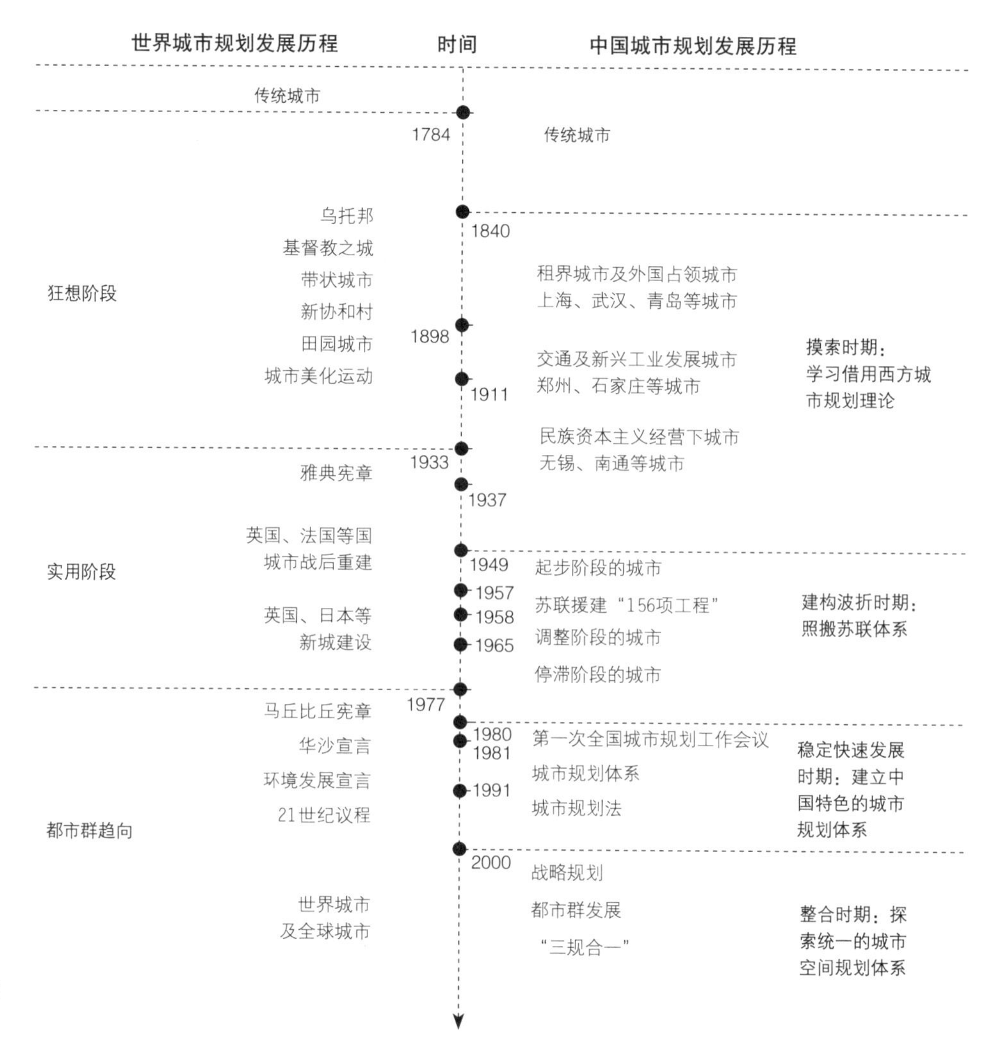

图 5-1 中国城市与世界城市规划发展历程比较

问题，关系到城市人口发展问题。这些问题决定了城市未来的规模。

《马丘比丘宪章》之所以被看做是城市规划领域发展阶段的一个标志，是因为它看到了城市不是静态的，是生长的。《宪章》认为规划是动态的过程，认为规划必须因地制宜，讲的就是城市规划要更加贴近国民经济与社会发展，要紧跟国民经济与社会发展的变化而变化。当然，《马丘比丘宪章》更多侧重的是历史遗产保护。相对来讲，“精明增长”理论讲的更为直白，其核心思想是：城市应该兼顾社会、经济、环境的综合效益，平衡、可持续地发展。要求规划师走出空间领域，更多地研究社会、经济、环境问题。

我们的发展与改革部门是负责组织“编制国民经济与社会发展规划[①]”的行政管理部门。理论上讲，城市建设主管部门组织编制的城市规划与发展改革主管部门组织编制的国民经济与社会发展规划应该配合得天衣无缝。但遗憾的是，目前这两个规划之间还存在着诸多不协调、不一致和不统一的地方。

如果说，城市应该怎样发展的问题决定了城市未来对土地的需求。那么就可以说，城市能不能这样发展的问题就是要解决有没有这么多土地提供给城市发展的问题。

我们的国土部门是负责组织编制“土地利用规划”的行政管理部门。土地部门介入城市土地供给领域的历史比较短，1986年，国土部门才开始组织编制土地利用规划。而国土规划真正对城市发展产生影响的是1996年的第二轮土地利用规划的编制，1998年《土地管理法》[②]的修改以及国土资源部的成立。

①根据国务院关于国家发改委职能的规定，发改委负责“拟订并组织实施国民经济和社会发展战略、中长期规划和年度计划，统筹协调经济社会发展，研究分析国内外经济形势，提出国民经济发展、价格总水平调控和优化重大经济结构的目标、政策，提出综合运用各种经济手段和政策的建议，受国务院委托向全国人大提交国民经济和社会发展规划的报告”。

②《中华人民共和国土地管理法》于1986年6月25日经全国人民代表大会审议通过，1987年1月1日起实施。该法经过了三次修改。第一次修正：1988年4月12日；第二次修订：1998年8月29日；第三次修正：根据2004年3月4日。

土地利用规划和城市规划虽然都是空间规划。但两个规划的体系独立特征却非常明显。它们各自有各自的编制办法，技术标准和专业术语，彼此并不兼容。即便是勉强将它们合在一起，也会造成很多问题。

举一个简单的实例：国土规划中用黄色表示农地，而在城市规划中黄色代表居住用地。这是两个对立的用地性质，但是两个规划却用了同一种颜色。可见国土规划与城市规划需要协调的内容是十分庞杂的。

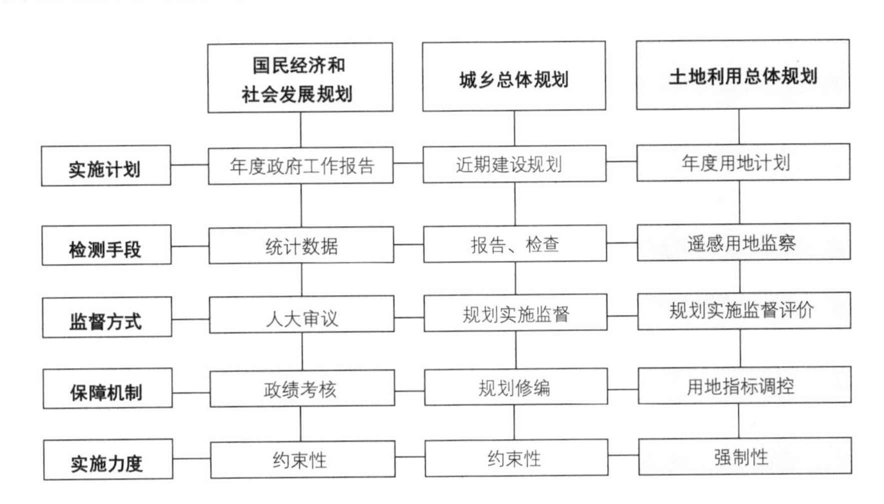

图 5-2 涉及城市的三个主要规划

第一节　国民经济和社会发展规划

城市规划、土地利用总体规划、国民经济和社会发展规划是决定中国城市命运的三个重要规划。其中，国民经济和社会发展规划是具有战略意义的指导性文件，是经济、社会发展的总体纲要，用于统筹安排和指导社会、经济、文化建设工作。土地利用总体规划规定土地用途，控制建设用地总量，严格限制农用地转为建设用地，对耕地实行特殊保护。

说白了，就是由国民经济和社会发展规划决定城市的发展内容与目标，由土地利用总体规划划定城市空间范围，由城市规划在划定的空间范围内部署城市的发展内容与目标。

我们知道，城市能否健康地发展，首先要看我们能否精确地预测城市的前景。工业革命给城市带来的灾难，一部分原因是政府转型不够迅速，转身不够华丽，未能履行自己的职责。但是，更重要的原因是政府基本没有预测到城市的前景，没有预测到城市经济、规模发展的速度，未能有足够的准备。待伦敦公园运动、巴黎旧城改造、芝加哥美化城市运动之时，这些城市经济与规模都已经相对稳定，并且有明显的发展规律，城市政府可以比较准确地把握住城市的发展脉搏。所以，他们能够取得伟大的功绩。

雅典宪章时期，西方城市的经济与规模处于平稳状态，城市可以采用相对恒定的空间结构模式。二次世界大战打破了城市的这种平衡，从废墟中爬起来的城市面临着经济再度崛起、人口再度聚集、规模再度膨胀、再度增加城市政府精确地预测城市前景的难度，只是已经成熟的现代城市体系没有让事情变得很糟糕。但是，城市的再度快速发展使得相对恒定的空间结构模式不能适应城市发展的新潮流，于是才有规划要动态更新的说法，才有规划师要关注城市经济、社会发展的说法，才有马丘比丘宪章，才有“精明增长”理论。

当今中国能否精确地预测城市的前景，是中国城市管理者和城市规划师都应该清醒地意识到的问题。

我们认为，在无产阶级“文化大革命”之前，中国是可以比较精确地预测城市前景的。此后，就需要打一个问号。

我们这样说的是因为中国有一个很特殊的规划，那就是：国民经济和社会发展规划。

按照中华人民共和国《宪法》第八十九条第五款的规定，国务院具有编制和执行国民经济和社会发展计划的职权。实际上，中国的国民经济和社会发展规划是由国家发展和改革委员会具体负责组织编制的，国家发展和改革委员会的前身是国家发展计划委员会，再之前是国家计划委员会，国民经济和社会发展规划也称：国民经济和社会发展五年规划，或简称：五年规划。它的前身是国民经济和社会发展五年计划，再之前是国民经济发展五年计划。

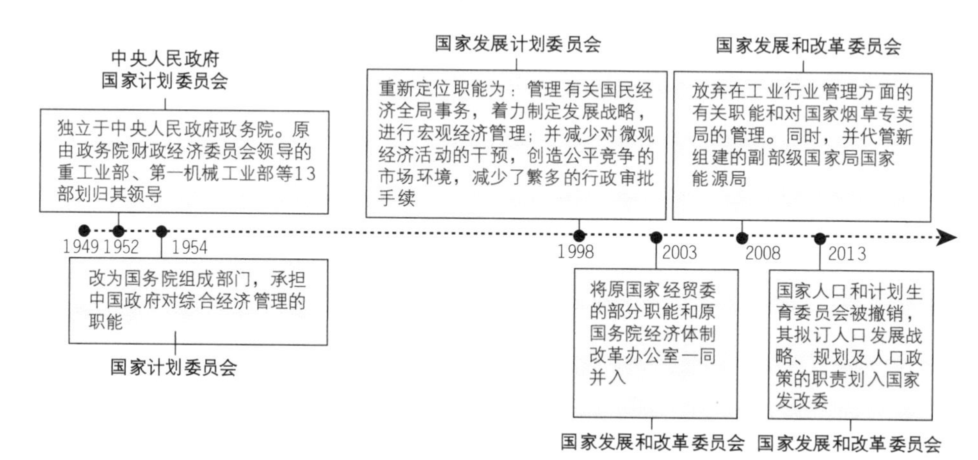

图 5-3 国家发展和改革委员会的变迁

让我们先来看看“文革”前的五年计划。

1952年11月15日，中华人民共和国中央人民政府宣布成立国家计划委员会[①]。这是新中国进入正常行政管理后成立的最重要的部门，此后，这个部门一直都有“天下第一委”的光荣称号，足以说明这个委员会的重要性。

刚刚成立的国家计划委员会是一个庞大的行政管理机构，有17个行政机关，有综合计划局、城市建设局等15个二级局。那是一个计划经济的年代，国家计划委员会足以当国务院的半个家。有一段时间，国家建设委员会曾经是发展国民经济五年计划、城市规划和土地区划等三个规划的行政主要管理部门。虽然那个时候的土地区划与现在的土地利用总体规划有天壤之别，也不能妨碍我们用这个实例说明：三个规划的确具有天然的血缘关系。

1954年，国家计划委员会颁发的《关于新工业城市规划审查工作的几项暂行规定》，说明毛泽东主席“要变消费城市为生产城市”的这种大政方针是由国家计委实施的，也说明了城市规划一度曾经是国家计委职责。同年，国家建设委员会成立。

1955年，国家计划委员会完成“发展国民经济第一个五年计划（1953-1957）”。此后，每五年编制一个“五年计划”的传统一直延续至今。与国家编制“五年计划”

①据成立于1952年的“国家计划委员会”曾长期承担着中国政府对综合经济管理的职能。但是，随着中国由“计划经济体制”向“社会主义市场经济体制”的逐步转变，“国家计委”的功能不断发生转变。1998年3月，更名为“国家发展计划委员会”；2003年3月，改组为“国家发展和改革委员会”。

的同时，各省市县政府也都组织编制了本级的“五年计划”。组织编制“五年计划”的工作也成了国家计委和各省市县地方政府计划部门的核心职能。

1956年国家建设委员会为了配合第一个五年计划，也是为了配合国家156项重点工程的建设，颁发了《城市规划编制暂行办法》。引导新旧工业城市编制了城市规划。从这一天起，全国算是有了统一的城市规划编制的标准与准则。

1958年以后，城市建设用地由主管城市建设的部门管理，农业用地则由主管农林的部门管理。由此形成城乡用地分属不同部门管理的格局。即，建设部门管理国有土地，农业部门管理集体用地。这是国家建设部门从用地到实施全过程地行使完整城市管理权的标志。

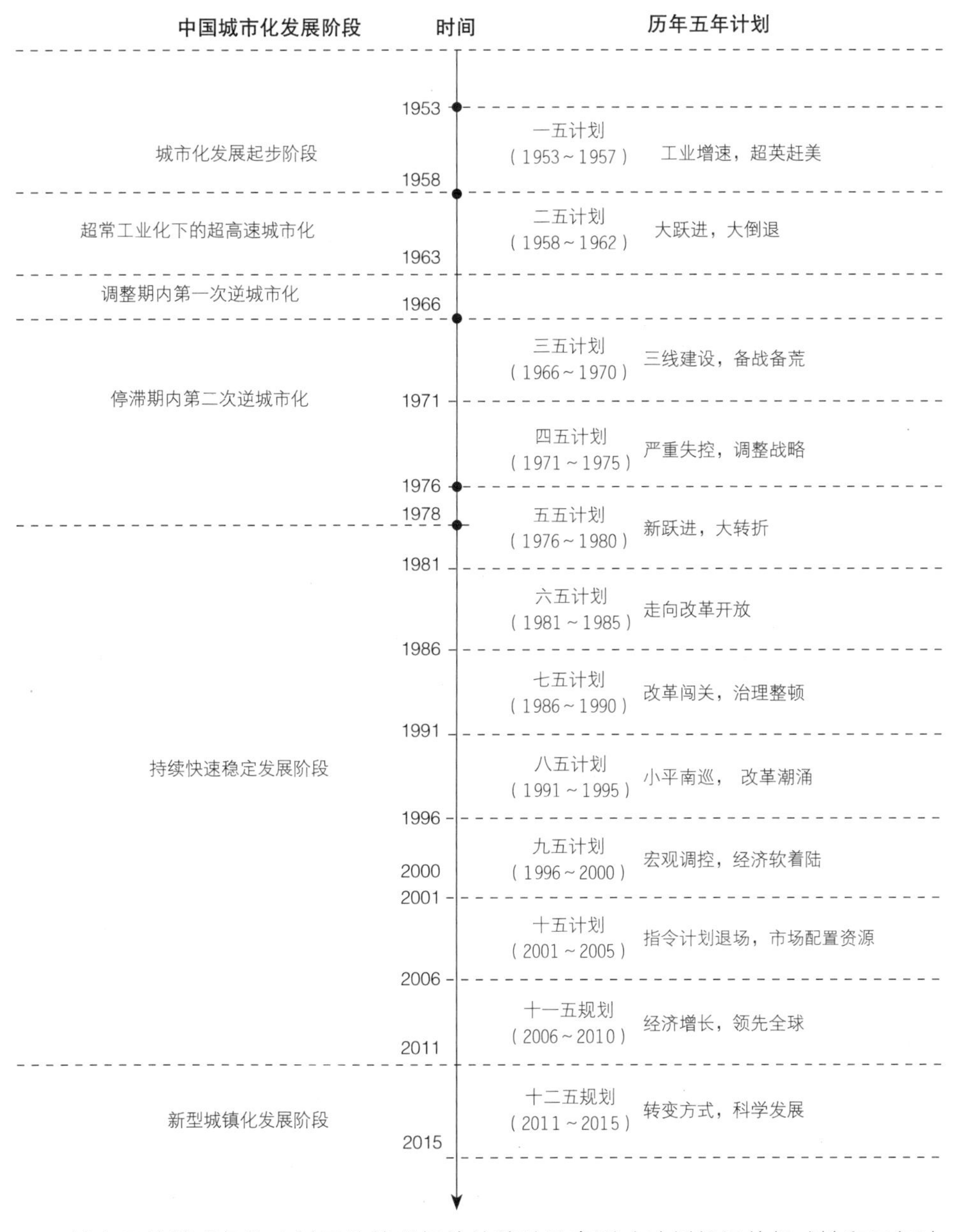

图5-4 城市化发展进程与国民经济和社会发展规划的演变

城市用地管理权和农村用地管理权的转移并没有影响计划部门的权威性和五年计划的权威性，其重要原因就在于那个时期的计划经济是全国的唯一经济形式。计划经济独霸全国的局面决定了国家计委的“天下第一委”地位，决定了五年计划统筹全方位发展的地位，决定了计委和五年计划的影响绝不仅限于经济领域的现实，也决定了城市发展与城市规划规模不会超越地方计委和五年计划确定目标的客观存在。

所谓计划经济，或者叫什么计划经济体制、什么指令型经济，其实质就是按照政府主观意识去发展经济。也就是说，政府依据自己判断决定如何发展经济的三个基本问题：生产什么、谁来生产和产品给谁。计划经济的前提条件是政府掌握大部分资源。在这个前提下，政府可以不受市场影响，主动进行资源配置和利用计划。比如，可以通过指令性计划决定生产产品的数量、品种、价格，可以决定消费和投资的比例、投资方向、可以决定就业及工资水平、可以决定经济增长速度。

理论上讲，计划经济可以避免重复建设、恶性竞争、地域经济发展不平衡等问题，但其自身也存在诸多的缺陷，这里不细说了。我们只是想说明一点：计划经济的目标通常都是明确的，实施率都是较高的，不确定因素是少的。他是可以精确地预测城市前景的。

在“文革”中和“文革”前，中国大地有一个很特殊的名词：盲流[①]。这是指那些离开户口所在地，在无明确目的地的流动中寻求生存的人群。现在，我们把这组人群称为“农民工”。当时的“盲流”虽然不是“流氓”的意思，但绝对不会像农民工那样受到公正的对待。当时的人民群众经常把他们和乞讨、小偷小摸，甚至于和流氓联系起来。可以说，当“盲流”的日子非常不好过，所以人们会尽量留在户口所在地生活。这样，城市人口很纯净，他们的户口所在地几乎无一例外都在这个城市。

①在中国现行户籍制度中，长期居民可分为城市户口与农村户口，“盲流”一般为农村户口持有者。在传统体制下，农村人口转入城市是在统一计划条件下进行的，盲流在进入城市后一般无长期正式工作，亦非城市企事业单位雇用之合同工，其生活无可靠来源。

那个时候，城市的日常生活必需品基本上属于供给体系。吃粮要粮票，割肉要肉票，炒菜要油票，喝奶要奶票，饮酒要酒票，抽烟要烟票，买煤要煤票，而且各种票证基本以城市为单位割据，也有以省为单位割据的，跨省的只有粮票之类极少数票种。没有票证，几乎没有办法在城市生存，也很难在非户口所在地的农村生存。票证的使用大大地降低了城市之间的流动性，也基本排除了城乡之间流动。农村人与城市人泾渭分明，城市与城市之间壁垒森严，基本上不发生流动，五年计划的经济发展目标不会有什么偏差，所有要素都有助于提升预测城市未来的精确度。

除了像钢都，煤都那样的工业城市和像郑州那样因交通枢纽而崛起的城市规模有所突变外，几乎为零的城市人口流动、缓慢的经济增长形势和强大的计划经济模式，决定了一般城市规模的缓慢、稳定、可预测特征。也决定了城市规划对五年计划的依赖。

根据前面我们所讨论的人口数据，从1953年到1982年的近30年里，中国城市人口增加1.8亿，年均增加人口不过600万，相对于10亿的人口大国，这个速度的确算是很慢的了。同时，在这30年里，中国农村人口增加2.8亿，年均增加人口过900万，是城市人口增长绝对值的1.5倍。

“文革”之后，城乡境况都发生了很大的变化。其最突出的表现是计划经济向市场经济的转变和流动人口的普遍存在。

所谓市场经济，或者叫xx自由市场经济、xx自由企业经济，其本质就是生产的产品与销售由市场价格机制所引导的，而不是由国家所引导的。

工业革命时期的亚当·斯密说过这样一句话：“借由追求他个人的利益，往往也使他更为有效地促进了这个社会的利益，而超出他原先的意料之外。”市场经济基本原理是通过产品供给和需求的相互作用，自我平衡生产组织。用斯密的话说，当一个人追逐市场利益的时候，他也为市场平衡做出了贡献。

相比较计划经济来讲，市场经济的调节机制有一个非常突出的特点，就是：不确定性。当然，市场经济并不完全否认政府干预的可能性。比如，政府可以通过税赋或者介入市场协调某些产品发展趋向。

从“五年计划”到“五年规划”的转换之中，我们能够体验到其中的奥妙。“五年规划”包含了更多的不确定性、更多的隐性变化，让城市的前景更加扑朔迷离。

城市流动人口的大幅度增加，也增加了精准预测城市前景的难度。过去的“盲流”概念不在，取而代之的是小手工艺者、小商贩、农民工。从数量上讲，很多沿海城市的外来人口远远超过本地人口。比如，东莞的外来人口占全市人口的80%以上。作为特大城市的广州，其外来人口也超过了全市人口的50%。

外来人口的涌入，使城市人口成分变得更为复杂，未来人口预测的难度更为加大。从1982年到2010年，不到30年的时间里，中国城市人口增加了5亿，年均增加人口0.17亿，是1952年到1982年的年均增速的6倍[①]。而且如前所述，未来几十年里，还有5亿左右的人口将涌进城市[②]。

①数据资料来源于中国2010年人口普查资料。

②资料来源.http://rkjsw.qingdao.gov.cn/n11920250/n11920439/n11928948/12161065.html

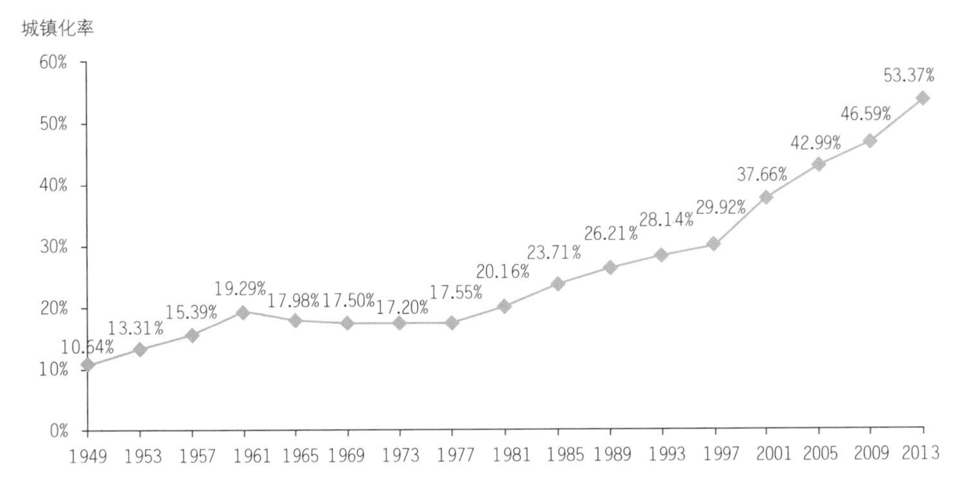

图 5-5 1949 ~ 2013 年中国城镇化率的变化情况
图表数据来源：中国统计年鉴（1996 ~ 2013）

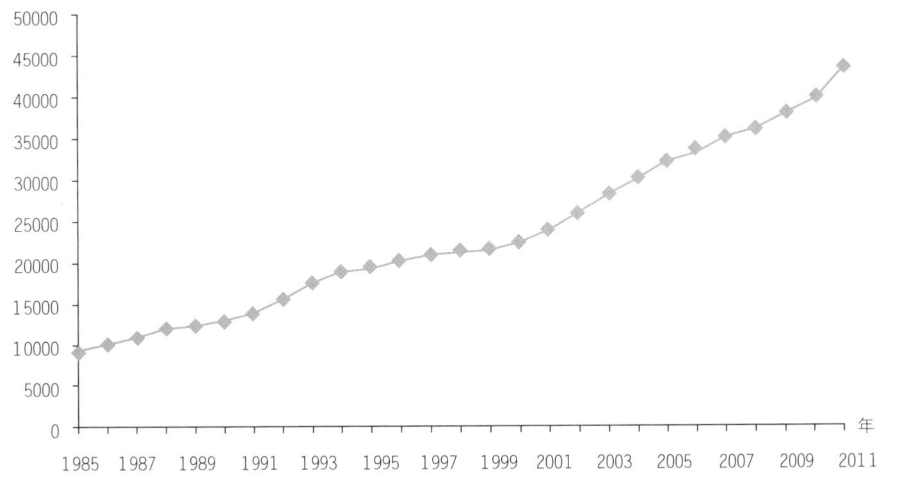

图 5-6 1985 ~ 2011 年全国城镇建成区面积变化情况
图表数据来源：中国城市统计年鉴（1985 ~ 2011）

此外，1985年，中国城镇用地面积为9386平方公里，到了2011年，城镇面积增长到43603平方公里。在这个时间段里，城镇人口翻了2.5倍，城镇用地规模翻了4.6倍。人均城镇人口用地面积的增加，也为未来城市规模增添了一份不确定因素。

我们知道，1980年国家建设委员会提出了“控制大城市规模，合理发展中等城市，积极发展小城市”的城市发展方针。1989年12月颁布的《城市规划法》提出“严格控制大城市规模，积极发展中等城市和小城市”的城市发展方针。2008年1月实施的《城乡规划法》没有了“控制大城市规模”说法，取而代之的第四条中提出：县级以上地方人民政府应当根据当地经济社会发展的实际，在城市总体规划中合理确定城市的发展规模。同样使用“合理”二字的是国民经济和社会发展（2011～2015年）第十二个五年规划纲要，纲要提出：特大城市要合理控制人口规模，大中城市要加强和改进人口管理的城市发展方针。

我们先不讨论哪一个城市发展方针的法律层次更高，单从时间来看，也能体会到城市发展方针的微小变动。主要表现在是以大城市建设为主，还是以中小城镇建设为主走城市化道路的问题，这是“集中”还是“分散”，两种城市化模式之争。

有些学者非常明确地提出：与分散式发展模式相比，集中式的城市化发展模式会使人均GDP提升20％左右，会使能源使用效率提升近20％，会使耕地流失率降低20％。都市群对全国乃至世界经济的影响力是巨大的，我们在城市发展历程中反复讨论了这个问题。从现状来看：美国三大都市群的GDP占全国GDP的67%。日本三大都市群的GDP占全国的70%。而中国三大都市群的GDP只占全国的35.8%。足以见得中国都市群集聚能力还待进一步加强。从单位面积的GDP产出来看，中国三大都市群也只相当于国际都市群的1/10～1/20。相反，中国的三大都市群单位GDP能耗是日本的11.5倍、德国、法国的7.7倍、英国的4.3倍。由此可见，研究中国单位土地GDP增长速度是国民经济规划、国土规划和城市规划的当务之急。

面对如此复杂的城市发展背景，我们再次理解《城乡规划法》有关“城市总体规划应当依据国民经济和社会发展规划”的说法，认为这个国民经济和社会发展规划不仅仅是指“五年规划”，而应该有更广泛的内容。

2008年所确定的国家发展和改革委员会职责中，有一项是和我们讨论内容关系非常密切的，那就是：组织拟订国民经济和社会发展中长期规划、全国主体功能区规划。同时，各个地方政府的发改部门的职责中也都有类似的表述。而且，地方政府会赋予发改部门更具体的职责，如广州市发展和改革委员会的职责中就有：衔接、平衡城市总体规划、土地利用总体规划及经济社会发展重点专项规划和区域规划。

此外，地方政府还负责“五年重大建设项目计划”、“本届政府任期重大建设项目计划”和“年度重点项目建设计划”等管理工作，这些项目的立项、选址，以及市场项目的报备等工作都是城市规划的依据。

换句话说，城市总体规划应当依据国民经济和社会发展规划是指要依据国民经济和社会发展中长期规划、五年规划、以及重大建设项目计划。由此，我们才能解决以20年为期限的城市总体规划如何与国民经济和社会发展规划对接的问题。由此，我们才能解决城市规划格局和国民经济和社会发展规划的对接问题

在“文革”之前，城市发展缓慢而稳定，我们也许可以从“五年计划”中推演出城市未来的规模，确定城市未来的格局。但是，“文革”后的城市发展高速且复杂，单一依据“五年规划”演绎城市未来规模已经不太现实了，城市未来的格局也需要多种因素的考量。由此，我们想到马丘比丘宪章那句话：城市规划是动态的过程。雅典宪

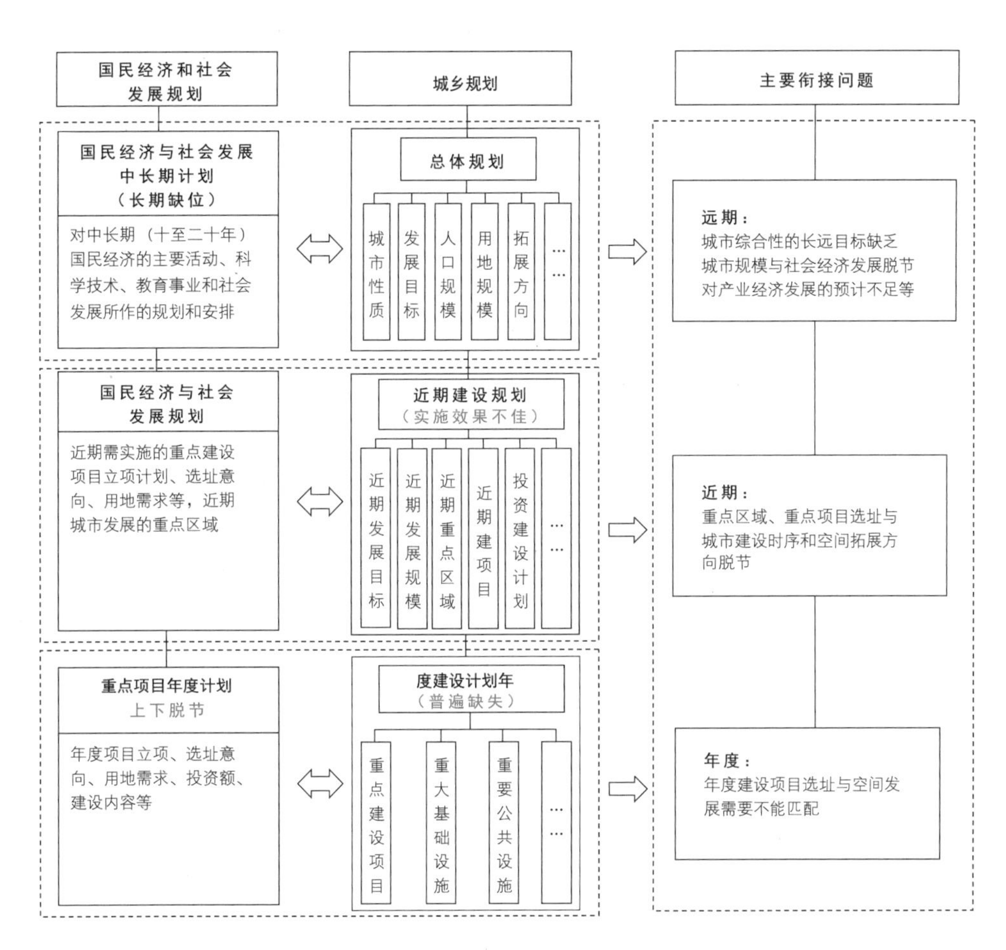

图 5-7 城市规划与国民经济和社会发展规划

章时期，城市是稳定的，一个功能分区可能就解决了城市的基本问题。到了马丘比丘时期，城市发展变得复杂了，考量的因素也就复杂多样了。

毫无疑问，国民经济和社会发展规划过去曾经在引导城市发展方面起到了至关重要的作用，将来也将发挥更大的作用。但是，如果国民经济和社会发展规划要真正成为城市规划和国土规划的依据，还需要切实加强中长期规划的力度。因为，城市规划的规划期限是20年，国土规划也超过10年以上，没有实实在在的中长期规划，其依据作用将会大打折扣。

另外，国民经济和社会发展规划，特别是重点项目计划缺少空间属性，这是两个规划对接的最大障碍，也是规划管理与实施的冲突点。其实，发改部门的重大项目选址对城市结构有重大影响。比如：重大交通、市政基础设施：机场、高铁站、港口等。还有重大产业项目，包括：汽车产业基地、造船基地、钢铁产业、化工产业集群的布局等。

在现实中，因国民经济和社会发展规划与重点项目计划空间属性不强，发改部门工作人员缺少空间意识，项目选址与落地往往超出规划红线，直接影响工作效率，影响城市化和城市管理规范化的进程。这类案例比比皆是，俯首可拾。

如何赋予规划和计划空间属性，是发改部门无法回避的问题。

在城市未来规模控制方面，国民经济和社会发展规划始终没有给出强制性指标。最终，土地利用总体规划弥补了这个空白。

第二节　土地利用总体规划

有关土地规划的背景和发展历程，在前面章节中已经有了不少讨论，现在我们就直奔主题。

一个城市，城市规划与国土规划并存是常见的事。比如：荷兰的规划由“住宅、空间规划和环境部”管理，其土地利用规划是法定规划。日本城市规划同样包括土地利用规划。我国现阶段与其他国家不同的是：城市规划与国土规划是由两个独立的管理机构在相对独立的环境中建构的。各自自成一体的规划相互矛盾的情况出现是在所难免的。

所谓土地利用总体规划，就是在空间上、时间上对土地的开发、利用、治理、保护做出总体安排和布局。土地利用总体规划是国家实行土地用途管制的基础。世界各国都有类似的规划。就形式而言，德国、日本和韩国等国家的土地规划与中国土地利用总体规划比较接近。

《土地管理法》所确定的土地总体规划编制5项基本原则，即：严格保护基本农田，控制非农业建设占用农用地；提高土地利用率；统筹安排各类各区域用地；保护和改善生态环境，保障土地的可持续利用；占用耕地与开发复垦耕地相平衡，基本表达了土地利用总体规划的目的和范围。

我们知道，所有涉及城市的规划都应该回答这两个问题：城市应该怎样发展、城市能不能这样发展。土地利用总体规划对城市的意义在于，它可以非常明确，也非常肯定地回答：城市能不能这样发展。

土地利用总体规划的历史很短，如果早期对农作物的规划不算的话，这个规划的起始时间应该是1986年，直接对城市土地进行管制的时间应该是1996年，距今不足20年。在短短的20年里，土地利用总体规划以铁的手腕及强硬的态度、严谨的作风、缜密的思路介入城市的发展，在防止对土地资源的盲目开发方面起到有效和不可替代的作用。因为我们知道，尽管中国国土面积大，但平原面积只占十分之一，再加上庞大的人口，不控制土地资源等于自杀①。

①我国的国土面积是960万平方公里，平原面积约为115.2平方公里。

当然，我们也看到城乡规划和土地规划在两个不同的行政管理部门的领导下，形成了两套完全独立的规划体系。两个规划之间还有很多方面需要协调、磨合与统一的工作。

比如：《城乡规划法》规定：城市总体规划、镇总体规划以及乡规划和村庄规划的编制，应当依据国民经济和社会发展规划，并与土地利用总体规划相衔接。《土地管理法》规定：城市总体规划、村庄和集镇规划，应当与土地利用总体规划相衔接，城市总体规划、村庄和集镇规划中建设用地规模不得超过土地利用总体规划确定的城市和村庄、集镇建设用地规模。两个规划既然如此强调“衔接”，那么两个规划的“规划期限”就应该保持一致，这是两个规划衔接的基本条件。但事实并非如此。

建设部颁布的《城市规划编制办法》第28条有这样的规定：城市总体规划的期限一般为20年，同时可以对城市远景发展的空间布局提出设想。而土地利用总体规划期限为15年，虽然《土地管理法》第17条规定土地利用总体规划的规划期限由国务院规定。但实际上，前两次的土地利用总体规划的实施期限为10年，目前执行的规划为15年。无论如何，你是没有办法判断一个规划20年后的城市规模是否超出只规划15年的

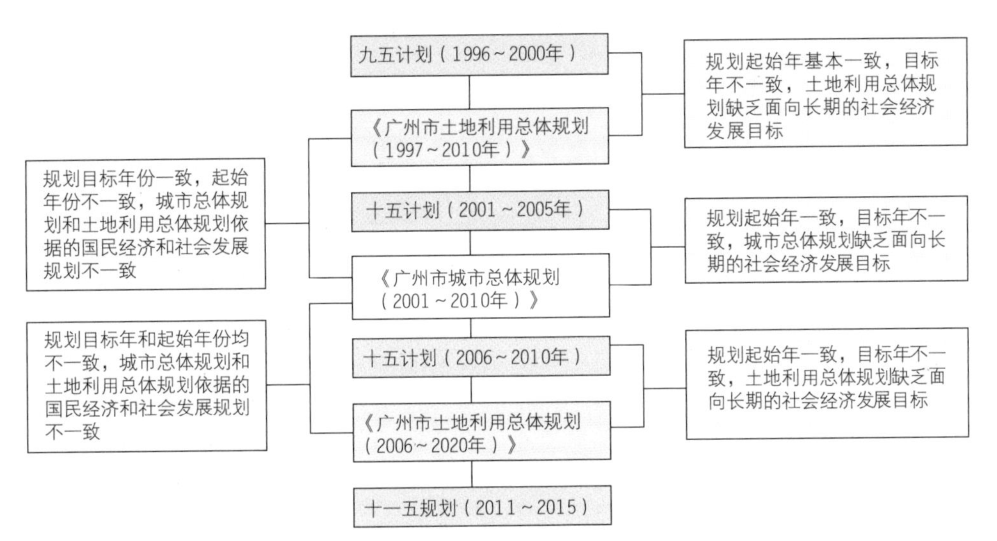

图 5-8 三个规划的期限衔接

土地规模。

期限衔接是两个规划比较简单、待急迫解决的问题。作为同属空间规划的部门来讲，两个规划的内容也存在着“衔接”的需要。我们以城市绿地为例来探讨这个问题。

按照《土地管理法》，所有用地可分为农用地、建设用地和未利用地三大类。其中，建设用地是指建造建筑物、构筑物的土地，包括城乡住宅和公共设施用地、工矿用地、交通水利设施用地、旅游用地、军事设施用地等。农用地是指直接用于农业生产的土地，包括耕地、林地、草地、农田水利用地、养殖水面等，那么，城市中或者城市边缘的公园，供市民休闲使用的大面积绿地很少有建筑物和构筑物，它们属于建设用地，还是属于农用地，就成了一个疑问。

按照《城市规划编制办法》规定的城市规划编制内容，中心城区规划应当包括确定绿地系统的发展目标及总体布局，划定各种功能绿地保护范围的绿线，划定河湖水面保护范围的蓝线。那么，这些绿线和蓝线包围的范围是否属于城市建设用地，也是一个难以在法定文件中找到答案的问题。

对于城市规划和国土规划来讲，绿地的归属问题不是一个小问题，在实际操作中，绿地的归属直接关系到未来城市规划的规模。城市规划要求城市政府研究中心城区空间增长边界，确定建设用地规模，划定建设用地范围。而且，这个范围的圈定要服从土地利用总体规划规定的数量。

土地利用总体规划有一个显著的管理特征，就是：图、数一致，矢量表达。所谓图数一致，就是因图生数，由数核图。比如，所有的城乡建设规划用地都要用矢量表达方式表达在图纸上，这些在图纸上的城乡建设规划用地面积之和就是城乡建设用地规模控制的数。所谓绿地归属问题，基本上就化解于图中。图中将绿地划入城乡建设用地的，计入规模控制数。反之，不计入。由于土地利用总体规划下一层次分类不涉及绿地，因而绿地归属相对简单、灵活，但很不规范。因而最近出现了城市连片生态区的概念。

相比较而言，城乡规划的绿地归属问题就没有那么简单。城乡规划用地十大分类中，绿地是一个重要的类别，而且要成系统。按照2010年发布的《城市用地分类与规划建设用地标准》，城市绿地应占城市总用地的10%~15%为宜。绿地也是城乡空间规划的不可或缺的因子，绿地归属的改变会从一个侧面颠覆城乡规划的体系结构。

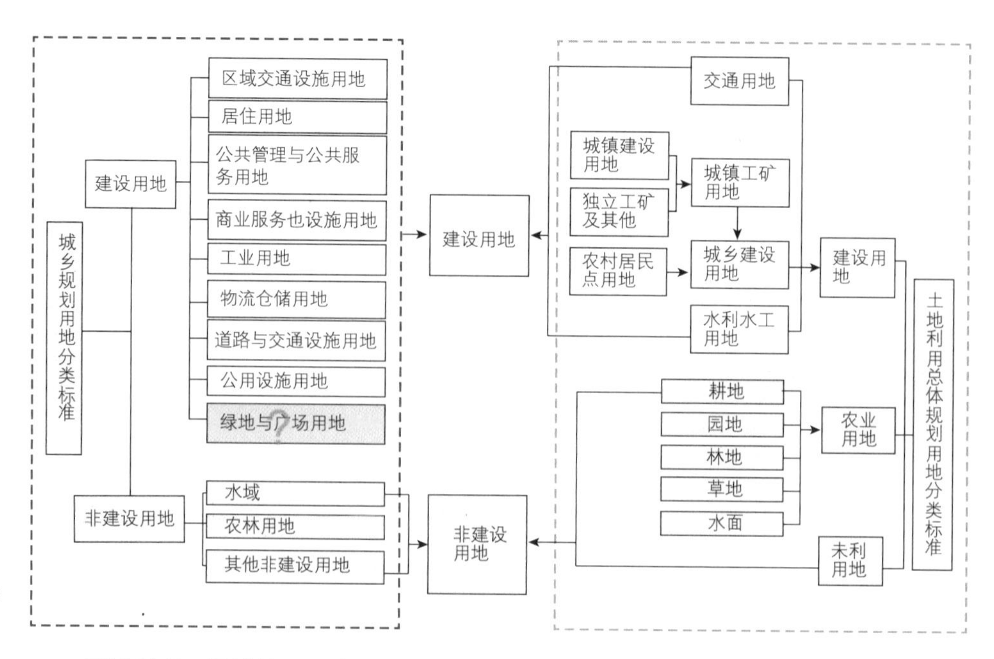

图 5-9 城市绿地归属是一个大问题

同样道理，规模数是一个问题，规模边界的确定也是一个问题。

土地利用总体规划强调两类用地合理布局，强调合理、科学、有效地利用有限的土地资源。国土部门有一个概念：圈内与圈外（圈是指中心城区范围）。土地利用总体规划确定的城市和集镇建设用地，大多数建设项目必须使用圈内土地。村庄及能源、交通、水利、军事项目可以使用圈外土地。

严格保护基本农田，控制非农业建设占用农用地，提高土地利用率，保护和改善生态环境等规划原则，基本确定了土地利用总体规划是将建设用地和非建设用地看做两个板块的规划。在确定两个板块的边界中，更注重非建设用地的利益。对于城市来讲，这是一个由外向内的规划。

城乡规划更强调城市格局的合理性，强调城市功能的合理性，强调城市公共资源的使用效率和分布的合理性，强调人在城市活动中的舒适性和便捷性。在城市边界的确定方面，更注重城市内在结构的完整性。我们看到，城乡规划把非城乡用地基本上看做是一个底图，在这张底图上描绘城乡规划体系、描绘城市总体规划、描绘其他相关的规划。对于城市来讲，这是一个由内向外的规划。

一个由内而外的规划和一个由外而内的规划在边界问题上自然会发生冲突、摩擦和不和谐。如何解决边界确定的矛盾，我们的法规只给了两个字：“衔接”。显然，靠这两个字是不能解决问题的。

两个规划如何能够确定一个统一的规模边界问题，看似简单，操作起来特别麻烦。两个规划的编制通常在时间上并不统一，常常有先后，让后面编制的规划服从前面的规划，似乎过于儿戏。其次，两个规划都有庞大的数据资料、繁复的编制内容和漫长、复杂的审批程序。所谓牵一发则动全身，要想衔接已属不易。更要命的是：一旦规划批复，就不得修改。后面编制的规划又如何能够影响前面编制的规划。最夸张的一个案例是广州市城市总体规划，从启动编制到完成审批，前后用了16年时间，跨越两轮土地利用总体规划，规划边界衔接几乎成了一纸空文。

在前面讨论国土问题的时候，我们已经看到几乎每个国家都有类似的国土规划，只是规划的宽松度不同，组织编制的方式不同，与城市规划的衔接方式不同罢了。我们的国土规划被称为是世界上最严厉的规划，矢量管理且不与城市规划同一体系，能够起到非常强大的监管作用，但也存在解决保持与城市规划一致的问题。

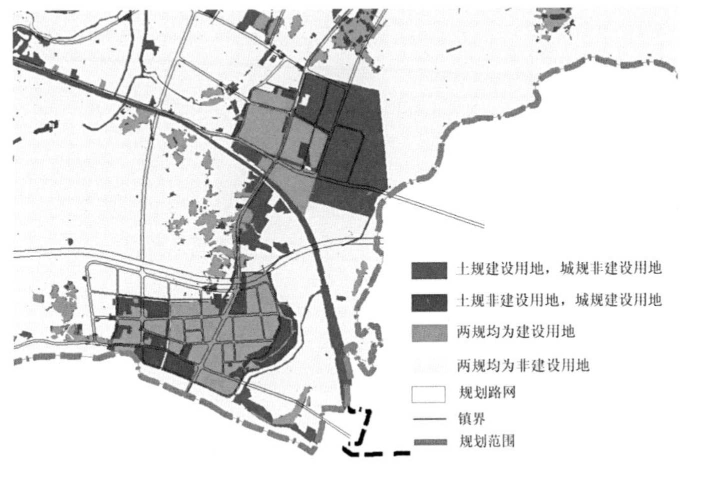

图 5-10 两个规划的边界问题

国土规划和城市规划虽然都是空间规划，但它们属于两套不同的规划体系。其各自有各自的分类标准、编制办法和技术准则。即便是机械地将其合为一体，而不是有机组合，也会给“衔接”带来不少麻烦。

比如，城乡建设规划的用地分类执行《城市用地分类与城乡建设用地标准》，将城市建设用地分为：居住用地、公共管理与公共服务用地、商业服务用地、工业用地、物流仓储用地、交通设施用地、公共设施用地和绿地。土地利用总体规划中将建设用地分为：城乡建设用地、交通水利用地和其他建设用地分别管理。其中，交通水利用地包括：铁路、公路、民用机场、港口码头、管道运输。水库水面和水工建设用地；其他建设用地包括风景名胜设施和特殊用地，以及盐田；而城市用地、采矿用地、独立建设用地、建制镇和农村居民点又纳入了城乡建设用地范畴。

就城市而言，民用机场、港口码头、风景名胜设施和特殊用地，乃至铁路、公路，都是城市规划不可或缺的重要内容。在空间上，它们很难与城市其他用地截然分开，在功能上，它们只有与城市其他功能交混才能发挥最佳效益。《城乡规划法》第三十五条有这样一个规定：城乡规划确定的铁路、公路、港口、机场、道路、绿地、输配电设施及输电线路走廊、通信设施、广播电视设施、管道设施、河道、水库、水源地、自然保护区、防汛通道、消防通道、核电站、垃圾填埋场及焚烧厂、污水处理厂和公共服务设施的用地以及其他需要依法保护的用地，禁止擅自改变用途。

从另一个角度讲，按照《城市用地分类与规划建设用地标准》，新建城市的规划人均城市建设用地指标应在85.1～105.0m/人内确定。

人均用地统计包含了10%～15%的绿地面积，却放弃了机场、港口等重要城市基础设施用地面积，基本上没有办法反映城市本来的特征。对未来城市的数据分析和理论探讨也会增加许多无形的障碍。

另外，现实中，随着城市的发展，越来越多的建制镇和农村居民点也纳入到城市空间的范围。如果还是生硬地将其与城市用地分开，也将影响到我们对城市的评价与判断。

宏观上说，城市规划与国土规划共同作用将会使城市的发展思路更加清晰，方向更加明确。但是，如果微观的“衔接”处理不当，将会让两规的合作大打折扣，甚至会毁掉城市的未来。

现实中，城市规划和国土规划赋予同一块土地不同功能性质的现象比比皆是。在很多城市中，因城规和土规“打架”而导致建设无法正常推进的案例也为数不少。

“两规”用地分类标准对照表 表 5-1

土地利用规划用地分类标准（市、县、乡级土地规划标准）						城市用地分类与规划建设用地标准 GB 50137-2011（新标准）	
一级地类		二级地类		三级地类		地类代码	地类名称
地类代码	地类名称	地类代码	地类名称	地类代码	地类名称		
1000	农用地	1100	耕地	1110	水田	E2	农林用地（包括耕地、园地、林地、牧草地、设施农用地、田坎、农村道路等用地）
				1120	水浇地		
				1130	旱地		
		1200	园地				
		1300	林地	1310	有林地		
				1320	灌木林		
				1330	其他林地		
		1400	牧草地	1410	天然牧草地		
				1420	人工牧草地		
		1500	其他农用地	1510	设施农用地		
				1520	农村道路		
				1530	坑塘水面	E13	坑塘沟渠
				1540	农田水利用地		
				1550	田坎	E2	农林用地（田坎）
2000	建设用地	2100	城乡建设用地	2110	城镇用地	R	居住用地
						A33	中小学用地
						A	公共管理与公共服务设施用地
						B	商业服务业设施用地
						U	公用设施用地
						M	工业用地
						W	物流仓储用地
						S	道路与交通设施用地
						G	绿地与广场用地
						U	公用设施用地
						A	公共管理与公共服务设施用地
						B	商业服务业设施用地
						W	物流仓储用地
						S	道路与交通设施用地（除区域交通用地 H2 外）
						H3	区域公用设施用地
						G	绿地与广场用地
				2120	农村居民点用地	H12	镇建设用地
						H13	乡建设用地
						H14	村庄建设用地
				2130	采矿用地	H5	采矿用地
				2140	其他独立建设用地	M	工业用地
						W	物流仓储用地
						U2	环境设施用地
				2110	城镇用地	R	居住用地
						A33	中小学用地
		2200	交通水利用地	2210	铁路用地	H21	铁路用地
				2220	公路用地	H22	公路用地
				2230	民用机场用地	H24	机场用地
				2240	港口码头用地	H23	港口用地
				2250	管道运输用地	H25	管道运输用地
				2260	水库水面用地	E12	水库
				2270	水工建筑用地	U32	防洪用地
		2300	其他建设用地	2310	风景名胜设施用地	B14	旅馆用地
						A7	文物古迹用地
				2320	特殊用地	H41	军事用地
						A8	外事用地
						H42	安保用地
						A6	社会福利用地
						A9	宗教用地
						H3	区域公用设施用地（殡葬设施）
				2330	盐田	H5	采矿用地
3000	其他土地	3100	水域	3110	河流水面	E11	自然水域
				3120	湖泊水面		
				3130	滩涂		
		3200	自然保留地	3210	荒草地	E9	其他非建设用地
				3220	盐碱地		
				3230	沙地		
				3240	裸地		
				3250	其他未利用土地		

第三节　城乡规划

在许多国家，都是依靠现代城市规划管理城市。因而，城市规划通常被分为法定规划和非法定规划。所谓法定规划，就是指那些依法规组织编制并按法规要求内容的规划，或者是政府为城市或都市群管理而组织编制的规划。如美国的分区规划、德国的全国空间秩序规划、法国的大巴黎都市圈的规划等。所谓非法定规划是指那些非用于政府行政管理的规划。

中国的法定城市规划体系比较完善，包括：城镇体系规划、城市规划、镇规划、乡规划和村庄规划。城市规划、镇规划分为总体规划和详细规划。详细规划分为控制性详细规划和修建性详细规划。

另外城市人民政府还应当编制近期建设规划，规划期限为5年。

城市总体规划的内容应当包括：城市、镇的发展布局，功能分区，用地布局，综合交通体系，禁止、限制和适宜建设的地域范围，各类专项规划等。城市总体规划的强制性内容包括：规划区范围、规划区内建设用地规模、基础设施和公共服务设施用地、水源地和水系、基本农田和绿化用地、环境保护、自然与历史文化遗产保护以及防灾减灾等。

在前面讨论城市发展历程的时候，我们得到当前城市正在走向宏观集聚，微观扩散的结论。所谓宏观集聚，就是指人们不断地向大都市群的聚集。大都市群可以提高GDP的单位产出，减低单位能耗，利于公共资源的充分利用，可以创造更多的就业岗位。所谓微观扩散，就是指大都市群郊区化的趋势。过去的"城市-工业"、"乡村-农业"的城乡分工结构已经瓦解。信息经济、知识经济和服务业等主导产业取代了中心城市原有的制造业。城乡一体化，没有城市的边界，设施上物随人移，已经深入人心。经济上的关联，相对的集中，让我们不得不重新审视我们城市总体规划游戏规则的合理性。

当城市不断向郊区延伸的同时，那些农用地也在不断地向城区渗透，只是农作物的品种需要随着环境改变而调整。在这种趋势下，城市的10%～15%绿化用地是否还有意义。我们认为，城市公园与农林用地之间已经在融合，城市的景观湖泊与农渔的水体已经在融合，城市园林管理部门已经和林业管理部门合署办公。城市总体规划的评价指标也应该有所改变。

农耕时代，我们的城市有一个实实在在的城墙，将城市与乡村在空间上截然分离。在现代社会，我们的城市有一道无形的墙体，阻挡着城市与乡村的交流。当代的都市群，城镇乡村互为依托，浑然一体，空间上难以分割，形象上难以区别。是否还需要分类管理城市用地和镇用地、乡村用地，这也是我们需要反思总体规划的一个课题。

我们在前面花了比较大的篇幅讨论了控制性详细规划的来龙去脉。在这里，我们需要讨论的是控制性详细规划的期限和覆盖面。

按照《城市规划编制办法》规定，编制城市控制性详细规划，应当依据城市的总体规划，考虑相关专项规划的要求，对具体地块的土地利用和建设提出控制指标，作为建设项目规划许可的依据。

城市总体规划的期限是比较明晰的，那就是法规上建议的20年以及对愿景的展

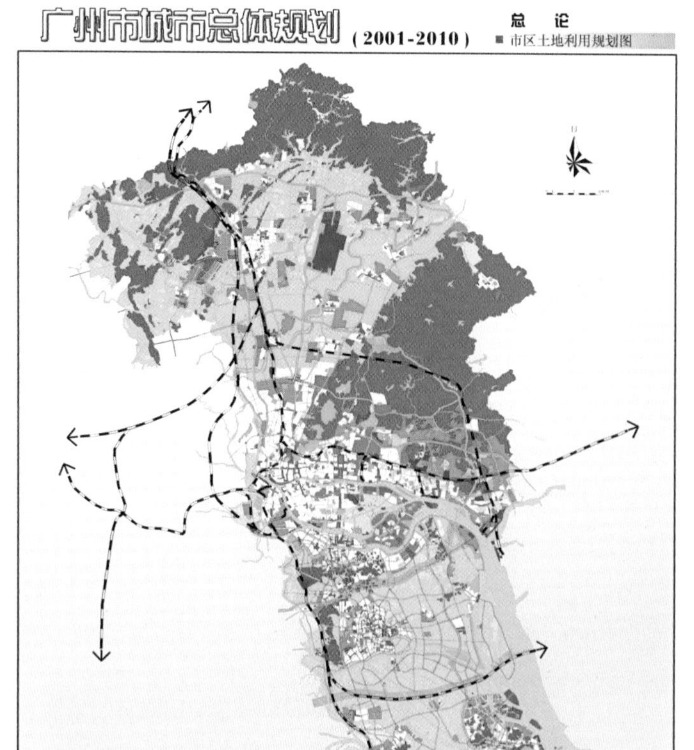

图 5-11 广州市城市总体规划（2001 ~ 2010 年）

望。城市总体规划期限与国民经济与社会发展规划期限，以及土地利用总体规划期限的衔接问题，我们也已经讨论过了。现在的问题是总体规划与控制性详细规划的期限对接问题。理论上讲，控制性详细规划的期限应该是有头无尾。所谓有头，就是指凡是总体规划覆盖的地方，都应该在指定的时间内完成控规的编制工作。所谓无尾，就是指不需要更新的控规可以无限期地保留下去。

按照城市用地分类标准，机场、港口码头以及镇村乡都被排除在外。那么，控制性详细规划的覆盖面是否应该将其排除在外的问题是不容回避的。我们的答案是肯定的：作为一个完整的城市，控规应该覆盖与城市密切相关的机场、港口、码头等重要的基础设施，应该覆盖城区发展已经波及的镇、村乡。同时，随着都市群郊区化的发展，控规还应该覆盖已经渗入城市的非建设用地。

按照这个思路，我们会遇到一个非常棘手的问题，控制性详细规划的覆盖规模将远远超出城市建设用地规模。由此，会引发一个严肃的问题：这样的控制性详细规划是不是合法。

当然，这些都是顶层设计的问题，不在本书讨论的范围。

错综复杂的用地分类和严谨明了的编制体系直接撞击，让城市用地与城市控制性详细规划分离，也让本已清晰的总规与控规关系变得扑朔迷离。在选择其中一个规划与土地总体利用规划建设用地边界对接的时候，我们毫不犹豫地举起了控制性详细规划的牌子。

我们之所以选择控规与土规建设用地边界衔接，还有一个重要原因，就是城市总体规划没有矢量化要求。

没有矢量化要求的城市总体规划图纸，昂贵的行政审批程序，土地利用总体规划的高压态势，带来了一个普遍存在的现象：城市总体规划图、数不一致。据有关资料显示，有些城市的图面建设用地规模常常远超出数据规模，某大城市两轮总体规划都图面规模超出书面数据200～400平方公里。

由于城市总体规划没有矢量化要求，总规与控规脱节现象也比较严重。某城市2001年到2007年的6年时间里，城市建设与总规不符的差距很高。其中，50%的居住用地、商业办公用地、仓储用地和特殊用地等没有按规划实施[1]。

①田莉，吕传廷，沈体雁.城市总体规划实施评价的理论与实证研究—以广州市总体规划（2001-2010年）为例[D].2008，5:90~96.

总规与控规两层皮现象的出现，引发控制性详细规划自成体系、相对独立运作的趋向。以调整、修改，服务市场，节奏快为特征控规调整已经向常态化发展，现实中“见木不见林”、“小步快跑、积少成多”带来城市总体结构失控局面已经迫在眉睫。

城市建设与城市规划不协调现象的出现反映出两个问题。一个是用地分类过于繁杂，而又刚性，城市用地性质缺乏兼容规则。就现代城市发展趋势来看，城市总体结构越来越依赖于公共服务设施和公共基础设施，居住、办公、商业，乃至部分生产性用房的混合使用，对城市总体结构的影响越来越弱。雅典宪章的功能主义已经受到挑战。如何处理城市建设虽不符合规划，但又不影响城市总体结构的问题需要解决。因为这个问题的出现，导致城市规划的权威性受损。也带来了另外一个问题，一些确实影响城市总体结构的建设混杂其中。

挑战城市规划和国土规划权威性的另一个侧面是村镇建设。很多大城市的村镇现状建设用地规模接近城市建设用地规模。农村建房、农村发展经济用地留用地建设、城中村改造等建设过程中，违章违法现象严重。缺乏行之有效的管控措施与制度。

当然，真正挑战规划权威性的是涉及城市各种规划的自相矛盾。现实中，往往存在着这样的情况：土地利用总体规划确定的建设用地，城乡规划不允许搞建设，或者城乡规划允许搞建设的，土地利用总体规划又确定为非建设用地，两个规划都明确不能搞建设的地方，又可能成为国民经济和社会发展规划确定建设项目的选址目标。

有人将城市规划、国民经济和社会发展规划、土地利用总体规划和城市的关系比作一辆马车。三个规划就是三匹马，城市就是那部战车。三匹马并肩前进，向同一个方向努力，战车就会滚滚向前，意味着城市就会顺顺利利地发展。但是，如果三匹马努力的方向不一致，战车的前进速度就会受到阻碍。如果三匹马各奔东西，则战车就有被撕裂的危险。一个城市有几个规划共同指引并不是坏事，但几个规划如果相互矛盾、摩擦，对于城市来讲就不是什么好事了。我们的工作就是要减少摩擦面，化解矛盾。

《国有土地上房屋征收与补偿条例》有这样一个规定，确需征收房屋的各项建设活动，应当符合国民经济和社会发展规划、土地利用总体规划、城乡规划和专项规划。可见每一项建设行为所需付出的行政成本是非常高的。如果我们能够通过行政管理和技术手段将诸多规划统筹“衔接”，我们的城乡建设将会实现多快好省。

第六章

新秩序的规模与边界

我们常用“星罗棋布”来形容城市与城市的关系，是因为从农耕时代开始，我们的城市就是独立运作的。尽管中国的城市有直辖市、副省级城市、地级市和县级市之分，但就城乡规划和管理而言，它们之间没有从属关系。虽然我们的很多县级政府从属于市级政府管辖，但市级政府城乡规划管理部门没有参与县级政府城乡规划管理的权利与义务。即便是到了都市群时代，城市与城市之间也只是分工协作关系，空间格局和功能布局管理上还是各管各的。

纵观世界各个国家的城市规划和管理，多数也是以地方政府为主导的。比如，伦敦城市公园运动，巴黎旧城改造运动和芝加哥城市美化运动，之所以称之为运动，是因为一个城市取得成就了，引发其他城市的关注和效仿，掀起一股时尚和风潮，这是一种城市的自觉。遍布很多城市的规划委员会也忠实地说明城市政府对自己城市的责任和权利。

中国城市的规划和管理职权也是在城市一级政府，城市以上的政府对城乡规划的管理多停留在政策法规层面。我们的城乡规划是一个由内及外的，由下及上的规划。城乡规划一定是城市政府组织编制的，什么城市规模、什么城市边界、什么城市功能，都表达在规划成果里。需要上报的规划，按法定程序上报。你批准了，退回城市政府依规划建设城市。你不批准，还是退回城市政府，城市政府重新组织编制，直至你批准为止。所以，我们的省级以上政府没有专门的城乡规划管理部门，只是在建设管理部门中增设规划管理职能。

土地利用总体规划也属于空间规划。但现阶段的土地利用总体规划是一个由外及内的、由上及下的规划。土地利用总体规划始于国家，由国家先确定总盘子，再分解到省级政府，省级政府再分解到市，直至县、镇。至于如何确定总盘子，如何分解，只是一个合理性的问题。土地利用总体规划的强硬特征表现在分解到你这个城市的建设用地规模是多少就是多少，而且这个用地规模还要固化到区镇。

当城乡规划还在用各种方法预测未来人口规模的时候[①]，当城乡规划还在研究人均用地规模的时候，当城乡规划还在推算城市总规模的时候，土地利用总体规划已经明确告诉你：你的城市用地规模已经确定了。因此，我们说，土地利用总体规划与城乡规划的冲撞和冲突在所难免。

①城市规划人口预测方法包括平均增长率法、劳动平衡法、带眷系数法、剩余劳动力法、回归分析法、灰色模型预测法、经济弹性系数法、城市等级－规模法、资源环境容量法等。

客观地讲，编制国家空间战略规划或国家土地利用规划是必要的。如前所述，德国、荷兰、日韩等大多数国家都有类似的规划。只是这些国家的经济增长速度比较平稳、城市化水平比较高，特别是这些国家的空间规划历史悠久，经历长时期的磨合、

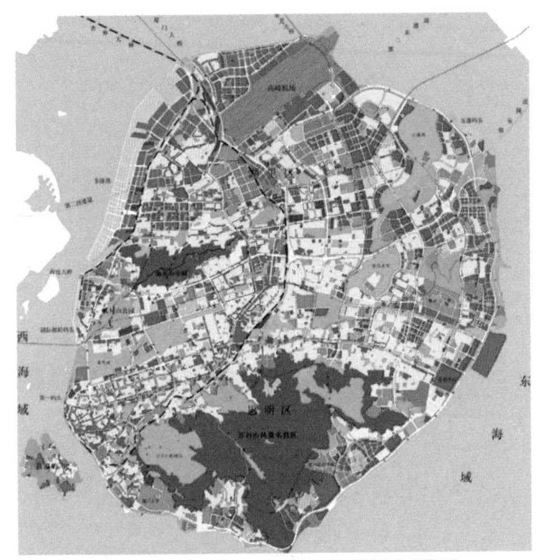

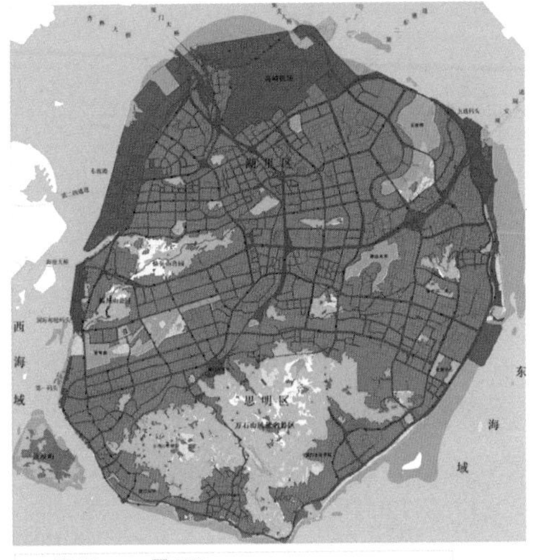

图 6-1 某地城市规划与土地利用总体规划

调整与兼容，默契程度很高，矛盾和冲突较少。

面对只有10%平原的国土，面对7%的GDP增长要求，面对低于世界水平的人均GDP和地均GDP，面对只有50%的城市化率，面对空间规划历史较短的现实，中国的城市政府有责任、义务和能力承担两项工作：服从国家土地利用总体规划及协调国民经济与社会发展规划、土地利用总体规划和城乡规划的关系。

我们之所以将国民经济和社会发展规划拉入土规与城规的协调工作，是因为它对当代城市发展仍具有不可或缺的作用。这个规划虽然是计划经济时代的产物，但它对GDP的预测，对城市化率的预测，对重大项目的安排都直接影响或者决定城市未来的发展。

其实，三个规划并不矛盾。如同第五章所述，国民经济和社会发展规划确定目标，决定城市的发展内容。土体利用总体规划确定建设与非建设用地关系，划定城市空间范围。城乡规划处理建设用地问题，依据发展内容与目标在划定的空间范围内部署城市的空间格局。三个规划合在一起将是一个完美的、领先世界水平的空间规划。

问题在于：因编制体系的独立和繁复的行政审批程序带来规划内容衔接上的脱节，因出发点的不同带来用地边界的脱节，因主管部门的分设带来时间节点上的脱节，造成现实中的三个规划严重的冲突与矛盾。本来是空间规划领域的一个创新亮点、一个里程碑式的发展阶段，只因实际操作的不严谨、不顺畅，反而变成了污点。

我们要做的工作就是要把这些脱节点重新链接起来，让三个规划在各自的领域发挥更大作用的同时，形成合力，共同作用于城市，能够更有效地引导城市更健康地发展。我们把链接那些脱节点的工作称为："三规合一"。

"三规合一"的首要工作是要统一三个规划的时间和期限。这个问题的解决应该比较简单而又属于行政管理问题，本书不做详细讨论。

"三规合一"的另一个重要工作解决三个规划在空间上的冲突点。我们知道，三个规划的本质上是没有冲突的。冲突的是在现实中，同一地块被不同规划赋予可建设和不可建设两种截然相反的使用要求。而且，比较严重的是这种现象普遍存在于很多城市中。将三个规划叠加在一张图纸上寻找冲突点，再通过三个规划统筹协调，统一制定建设用地和非建设用地边界，就可以消除这些冲突点。因此，我们说：统一用地边界是“三规合一”的抓手。

因此，“三规合一”的本质是三个规划建设用地边界的精密吻合。当然，也可以说是非建设用地边界的吻合。在吻合建设用地边界的前提下，再统筹制定建设用地边界内的功能区块边界和非建设用地边界内的生态用地边界，这将能基本表达三个规划的意图和化解三个规划的矛盾。

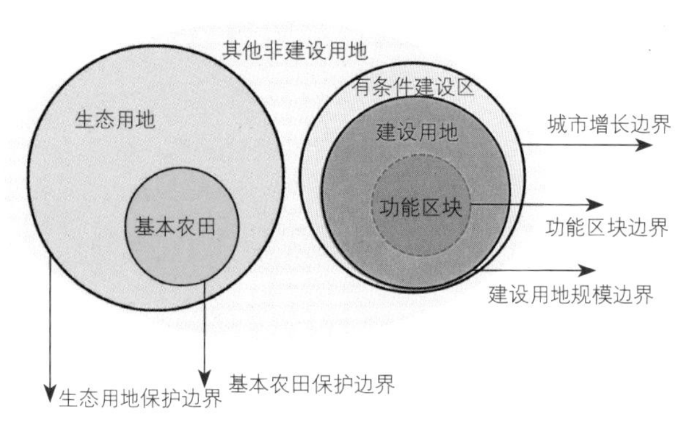

图 6-2 控制线边界空间关系示意图

第一节　规模边界的统一

边界是事物与事物之间的界限，空间边界是不同属性的界限，规划空间边界是不同用地属性的界线。

要确定规划空间边界的前提条件是要确定边界围合的用地属性。我们知道，规划建设用地边界是在一定的规划期限内，城市可以从事建设的区域。就城乡规划和土地利用总体规划而言，要确定统一的规划建设用地边界就要明确三个问题：规划期限是不是一致；在规划一致的条件下用地规模是不是一致；在相同规划期限和相同用地规模的前提下，建设用地所指是不是一致。

对于第一个规划期限问题，需要政府的行政命令，不属于本书讨论的范畴。对于第二个规模一致的问题，我们认为城市政府应该服从国家的土地利用总体规划的统筹安排，而且从目前执行土地利用规划的情况来看，也没有出现大的问题。因此，第二个问题也可以优化解决。

对于第三个建设用地所指的问题，我们在前面的讨论中讲过，这是一个很大的问题。它涉及城市建设用地和建设用地两个层面的问题。

城市建设用地的问题主要表现在城区内农村居民点的归属问题和机场码头等与城市空间格局密切相关的公共设施归属问题①。

我们讨论过，在土地利用总体规划中，城市用地、建制镇和农村居民点并列归属于城乡建设用地，与之并列的还有采矿用地和独立设施用地。我们知道，建制镇和农村居民点有些散布在广袤的原野、有些贴近城区、有些甚至已经进入城市核心区。由于它们都不属于城市建设用地，无论它处于什么位置，都未纳入城乡规划管理范畴，在规划处理上也含含糊糊。比如，按照广州市土地利用总体规划，农村居民点用地213平方公里，这些用地中的一部分已经是城市的组成部分，在广州市的城市总体规划中已经按照用地的实际使用方式部分的计入了城市建设用地范围，但在土地利用总体中城市用地统计时上仍把它排除在城市用地之外②。这样自然导致了两个规划在城市建设用地统计中不一致。再比如，厦门市土地利用总体规划中农村居民点用地面积为19.71平方公里，这些用地的一部分（纳入城区范围的）在厦门规划管理审批依据的空间布

①按照土地利用总体规划用地分类标准，农村居民点用地和机场码头等区域性基础设施用地不属于城市建设用地的范畴。

②数据来源于《广州市土地利用总体规划2006－2020年》。

局规划图中可以找到，但是另一部分外围的村庄是缺失的[①]，这使得两个规划在城乡建设用地的对照上也出现了问题。

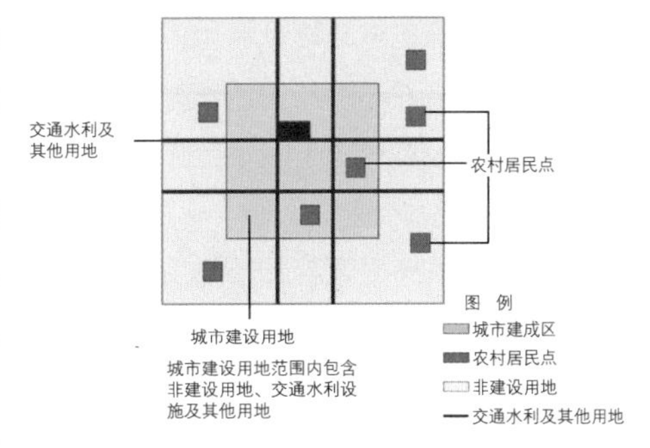

图6-3 城市建设用地范围与分类标准尚难统一

我们还讨论过，在土地利用总体规划中，民用机场、港口码头、铁路、公路被列为交通水利用地，同时被列为交通水利用地的还有管道运输、水库水面和水工建设用地。前者是城市重要组成部分，后者多脱离城市用地。这样交叉混乱的分类确实影响了城市的管理，也几乎无法从用地类型的角度完整描述一个城市。

因此，我们认为在现阶段尚不具备统一城市建设用地的条件。也如前面我们得出的结论：这是一个值得从深层次思考的问题。

既然从城市建设用地角度来看，城乡规划和土地规划统一边界的条件还不成熟。那么，我们就需要从建设用地的角度探讨城乡规划和土地规划统一边界的可能性。按照前面讨论的结果，两个规划的差异主要集中在绿地的归属方面。即，城市绿地应不应该视为建设用地。

我们知道，按照《城市用地分类与规划建设用地标准》，城市绿地应占城市建设用地的比例为10％～15％。这可不是一个小数字，我们仍以广州和厦门这两个城市为例。

广州市城市总体规划中规划的绿地面积为237.4平方公里，占城市建设用地的13.4%。如果按照国土部门的城市连片生态用地的概念，至少有一半的面积可以划归到生态用地的范围，也就是说，广州城市规划确定237平方公里的绿地中，有100平方公里以上的用地面积可以划为非建设用地。换句话说，同等规模的条件下，广州土地利用总体规划确定可以搞建设的用地要比城市规划多100平方公里[②]。

厦门市空间布局规划中，用规范的术语叫做控制性详细规划，绿地面积为160平方公里，占城市建设用地的比重非常大。但是，在厦门土地利用总体规划中，只有74平方公里的用地属于建设用地[③]，有86平方公里为非建设用地。换句话说，厦门城市规划确定的160平方公里绿地中，有54%的土地被土地利用总体规划视为非建设用地。

如此巨大的城市绿地规模，陷我们于两难的境地。如果按照国土部门城市连片生态用地的概念，将这些绿地划为非建设用地的话，绿地就不能进入城市总体规划的用地平衡，其直接结果就是城市绿地率大幅度下降。

但是，从另一个角度讲，都市郊区化的趋向越来越明显，城市农业生产和生态用地交织显现已经出现，城市绿地与生态用地已经难以

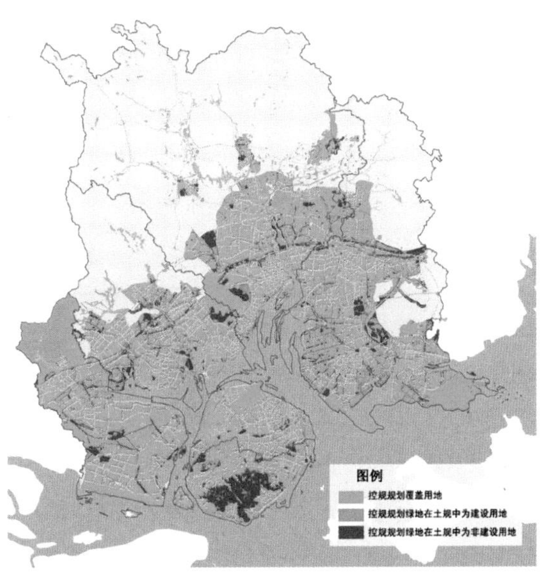

图6-4 厦门市规划控制绿地分析图

①数据来源于《厦门市土地利用总体规划2006－2020年》、《厦门市空间布局规划》。

②数据来源于广州市“三规合一”“一张图”工作。

③数据来源于厦门市“三规合一”“一张图”工作。

区分。建设用地与非建设用地的交融让城市绿地率的意义黯然失色。

我们换一个思维，如果把部分城市绿地划归为非建设用地，将会更好地保护绿地不受城市建设的侵蚀。在国土部门的高压态势和规划部门的严格管理下，这些绿地将受到更严格的保护。我们唯一要做的是将城市绿地率分解为每平方公里的绿地面积要求和城市总绿地要求，而不问它是建设用地，还是非建设用地。

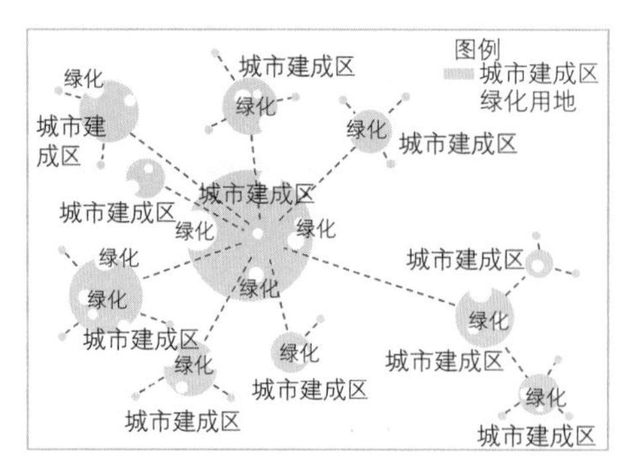

图 6-5 城市郊区化与绿地渗透

关于绿地是否定义为建设用地的问题，直接影响到城乡规划与土地利用总体规划的建设用地边界是否一致问题。我们的观点是：城乡规划应该参照土地利用总体规划城市连片生态用地的概念，在保持绿地面积不变的条件下，将部分绿地划归为非建设用地。同时，重新建立城市绿地的管控条件。

解决了城市绿地的属性问题，就基本解决了城乡规划和土地利用总体规划的建设用地所指问题。即，解决了城乡规划建设用地的内容与土地利用总体规划建设用地的内容保持统一的问题。

接下来，我们需要再讨论一下国民经济与社会发展规划与土地利用总体规划的关系问题。我们知道，经济增长与城市建设用地扩容有着密切的关系。现在我们以广州为例，探讨GDP增长与城市建设用地增长的关系。

根据有关数据统计，广州市2012年GDP为13551.21亿元，当年，广州市的三产比例为1.58：34.84：63.58。也就是说，近98.5％的GDP都是产出于建设用地，其中绝大部分产出于城市建设用地[①]。

①数据来源于广州统计信息手册2013。

虽然我们认为GDP的增加与建设用地规模的增长是密切相关的，但并不认为它们的关系是1：1的关系，因为中国单位土地的GDP产出明显偏低，土地挖潜应该有较大收获。然而，通过1998年～2011年广州市建设用地增长与GDP增长的相关性分析，发现建设用地增长与GDP增长的对应关系十分明显。

我们建立以建设用地为自变量、以GDP为因变量的指数函数方程y=22.161e0.0037x，得出的相关系数达到R2=0.9811[②]。也就是说，国民经济增速与建设用地规模增速基本保持一致。

②数据来源：1998-2012年现状建设用地采用1998-2012年历年广州市土地利用变更数据；1998-2012年GDP采 用1998-2012年广州市统计年鉴数据。

由此看来，国民经济和社会发展规划提出7%的GDP增长速度是否与建设用地规模增速匹配，是需要土地利用总体规划给出建设用地规模前需要回答的问题。根据建设用地规模，按照人均用地标准推算城乡人口总规模，则是城乡规划的必修课。因为它关系到社会发展、公共设施配套和基础设施配套等一系列民生问题。

这里还要提一句，国民经济和社会发展规划主要是确定城市经济和社会发展的总体目标以及各行各业发展的分类目标，它的目标性强，但空间意识太弱，虽然目标与建设用地规模与边界关系密切，却缺失了对它们的指导。特别是影响城市经济和社会发展目标实现的最主要因素：重点项目的建设离不开建设用地。也就是说，重点项目如果要实施建设，必须落实在建设用地上。

国民经济和社会发展规划涉及城市空间部分应该尽量矢量化，特别是重点项目的计划部分要矢量化。重点项目的矢量化管理既有利于项目快速准确地落地，也有利于促进项目管理人员了解、参与土地利用总体规划和城乡规划。国民经济和社会发展规划矢量化将有利于目标与空间的对接，减少空对空的空谈。

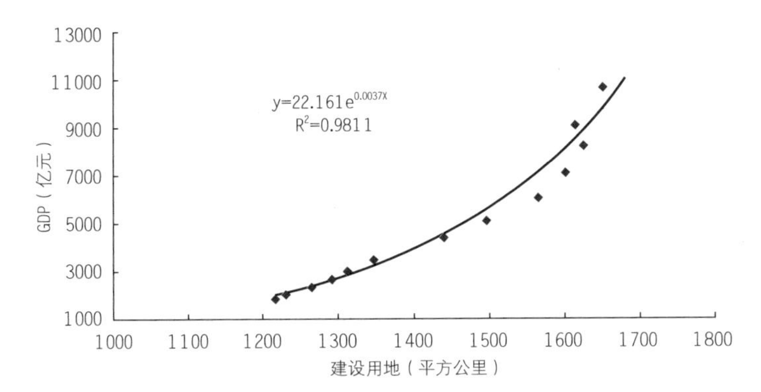

图 6-6 广州市建设用地与 GDP 增长（1998 ~ 2011 年）

在我们明确了建设用地总规模、明确了哪些用地属于建设用地，哪些不属于，明确了在建设用地总规模的条件下能产出多少GDP、能居住多少人口之后，我们就可以谋划这个总规模的最佳边界了。

在这里，我们要非常正式、非常庄重严肃地郑重说明：建设用地总规模的最佳边界不是一条边界，而是许多边界的集合。即，把所有连片和独立的建设用地围合线统称为建设用地边界。也就是说，我们不能把建设用地边界理解为仅仅是主城区建设用地围合的一条线，而是指所有建设用地围合线的总和。

建设用地边界的形状受正反两种力的作用，这两种力可以解释为引导力和限制力。发挥引导力的，可称为引导性要素，发挥限制力的，可称为限制性要素。

所谓引导性要素，是指产业、服务、交通、政策和生态五大引导要素。从某种角度讲，城乡规划对引导性要素研究的会更具体一些。

产业引导要素是指具有较强带动作用的产业集聚区，这种要素会影响区域—城市空间生长，进行划定时，应判断其作用及影响范围，模拟未来产业核心区的空间作用效应及相应的空间生长形态。

对于服务引导要素而言，则应识别生产性服务与生活性服务，然后利用“SOD”模型，在考虑服务均等化的前提下，模拟未来区域—城市空间生长形态，判断空间生长主要区域，作为划定的参考要素之一。

交通引导要素可分为交通站点和线性交通两大类，轨道交通走廊及站点影响区范围为适合建设发展区域，而高快速路的线性交通要素可引导城镇空间沿其交通走廊向外围扩散，使空间拓展呈现道路指向，在不加控制的情况，易造成城镇建设用地沿交通干线蔓延的情况，因此交通引导要素对划定可起到双向作用，在划定时应加以判断。

政策引导要素包括代表国家和区域的政策导向和战略安排，这两个方面的内容在一定程度上也会影响区域发展方向和空间形态。

所谓限制性要素，是指自然环境、政策法规和生态结构等三大要素。因此，土地利用总体规划在城市边界问题上会更注重限制性要素的研究。

自然环境限制性要素主要包括集水区、地势陡峭及土质不适合发展的地区、易受洪水侵蚀的地区、有地震灾害危险等自然灾害隐患地区以及具有环境保护限制地区。

政策法规限制要素主要包括自然保护区、基本农田保护区、水源保护区、文物古迹等有政策法规明确规定予以保护的地区。

生态结构限制性要素是从维护区域生态格局、构建区域生态网络体系、构建城镇发展的基本框架出发，需要予以保护的地区，如行政交界地带的区域生态廊道等。

谋划建设用地总规模的最佳边界应综合考虑正反两方面的要素，在可能的情况下尽量建立数学模型，模拟城市建设发展，同时通过部门协调和上下沟通确定建设用地边界的范围。

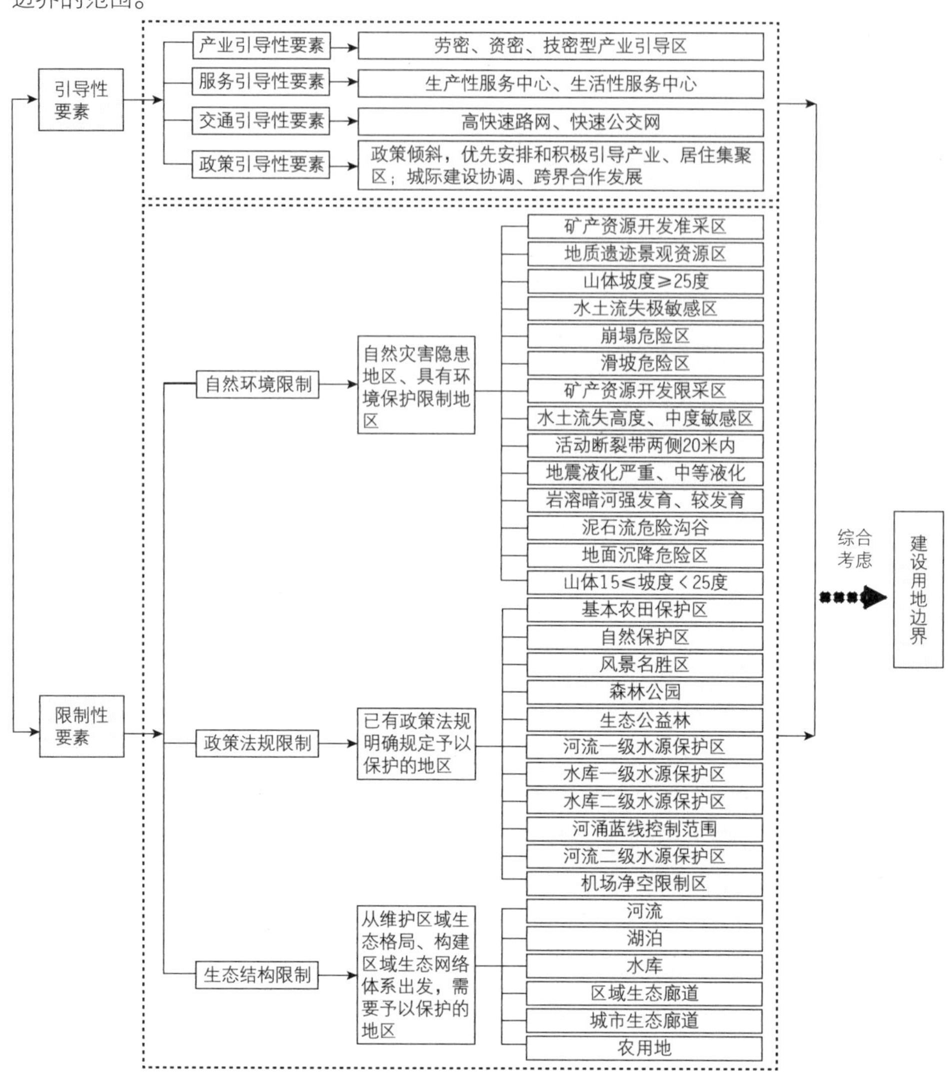

图 6-7 建设用地边界的影响要素

谋划建设用地总规模的最佳边界是“三规合一”工作最重要的一道工序。

我们假借始于元代的、复杂而又高度精密的套色印刷来描述一下“三规合一”的两道基本工序。套色印刷是一种技术活儿。假如，我们要印一幅由红、黄、蓝三色组成的图案。我们就需要制作三块分别刻有三种颜色的模板，不同颜色的图案都要精确地刻在适当的地方。印刷的时候，依次将三个印在纸上，就算完成工作。套色印刷有两个关键的工序，一个是三个模板都要与板框完全精密地互相吻合，另一个是三块版上的图案位置要十分准确。假如刻板或印刷的时候粗心大意，三块版不相吻合，或者刻版的时候图案位置不准确，印出来的成果就会参差不齐，轻者损伤图案效果，重者不知所云。

“三规合一”的工作原理也是如此。要把三个规划拼贴在一个空间里，我们首先要检验的就是三个规划的规模是不是一致，要检验三个规划的建设用地规模或非建设用地规模及其所指的内容是不是一致。这就像套色印刷要求三个模板都要与板框完全精密地互相吻合一样，通过板框将三个规划的建设用地规模协调到丝毫不差。其次就是要检验三个规划的建设用地边界或非建设用地边界是不是一致，这就如同套色印刷中要求的三块版上的图案位置要十分准确一样。如果边界不一致，就要修改其中一块模板的建设用地边界。

而建设用地边界修改的原则也应该是权衡引导性要素和限制性要素后进行判断。首先，要保证建设用地不侵占基本农田、不破坏农林水系、保证土地利用总体规划板块中生态系统的完整性。该修改城乡规划模板中建设用地边界的，就要坚定不移地修改；其次，如果不存在上述问题，则应尽量保证城市空间的完整性和公共设施利用的高效性。该修改土地利用总体规划模板中建设用地边界的，也应该毫不犹豫地修改。再有，如果国民经济和社会发展规划或重点项目计划确属需要超出城乡规划和土地利用总体规划边界的，在对两个规划影响不大的情况下，可以修改。

经过反复比较，反复修改之后的三个规划中的三条建设用地边界最终应该达到严丝合缝的标准，形成一条统一的、与建设用地规模挂钩的用地边界。我们称这条边界为：“规模边界”。

本来，三个规划有统一的建设用地规模和规模边界是天经地义的事。但是在实际工作中，每个规划都从本位的角度，按照自己对城乡的理解去确定建设用地的内容和划定建设用地边界，缺失了“衔接”，带来了现实中矛盾的建设用地面积和冲突的边界。

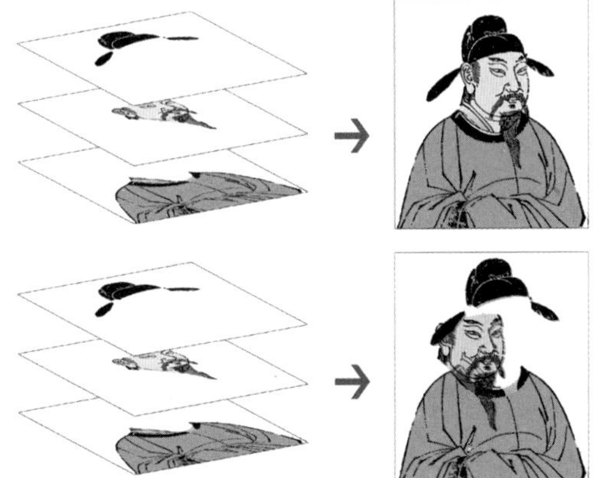

图 6-8 套色印刷示意图

图 6-9 三色不吻合的套色印刷效果示意

从法律角度讲，完成建设用地总规模的统一和规模边界的统一，并不意味着“三规合一”工作的结束。我们得出统一的规模边界之后，还需要城乡规划、土地利用总体规划、国民经济与社会发展规划各自按照自己的法定程序完成规划的修编工作。因为，按照《土地管理法》和《城乡规划法》，只有城乡总体规划、控制性详细规划和土地利用总体规划才是法定规划，只有法定规划才能成为行政部门的管理依据。

说得通俗一点，建设用地规模边界只是一个工作过程。它只能给城乡规划和土地利用总体规划修编提供一些基础性数据。要真正实现“三规合一”的目标，就需要将这些基础性数据应用于法定规划之中。我们可以知道，审批机关在审查两个规划过程中，核定建设用地规模和边界的一致性是行政审批核心内容之一。

按照我们讨论的思路，“三规合一”规模边界统一的流程应该是这样的：国土部门在确定全国建设用地总盘子和将其分解到城市的时候，应该先回应国民经济与社会发展规划确定的GDP增长速度和城市化提升目标。其次是三个规划要统一建设用地的规模和所指的内容，规范什么用地应该纳入建设用地，什么用地不应该纳入。然后是城市政府根据这个规模，明确城市最大可能的GDP增速和最大的人口容量，以及重点项目的安排计划。接下来是依规模统一建设用地的边界。最后是三个规划按照“三规合一”统一的规模边界成果，依法定程序各自修订自己的规划。

通过“三规合一”统一规模边界工作，我们可以矫正和弥补三个规划目前存在的不同程度的缺陷。比如，城乡规划重视空间结构的合理性和功能的完整性，但比较轻视用地规模总量控制的问题。比如，土地利用总体规划可以强有力地控制建设用地的总规模，但缺乏研究建设用地布局合理性的问题。比如，国民经济和社会发展规划缺少空间概念，重点建设项目计划往往超越建设用地规模和超越建设用地边界布局的问题。“三规合一”工作的目标之一就是要利用三个规划各自不同的优势，去弥补对方的劣势。因此，“三规合一”的工作过程，也是整合的过程，是促进三个规划优势互补的过程。

在“三规合一”工作中，我们还可以解决一些规划体系自身存在的缺陷。比如，长期困扰城乡规划界的城市总体规划没有矢量化的问题，将通过建设用地边界的肯定和控制性详细规划的全覆盖得到解决。

通过“三规合一”我们还可以发现规划体系存在的一些固有问题，并提出合理化的方案。比如，我们发现在城市建设用地和建设用地分类的标准中，存在着诸多不合理的地方，以至于无法用地类描述城市。同时，我们也提出合理的城市建设用地方案。

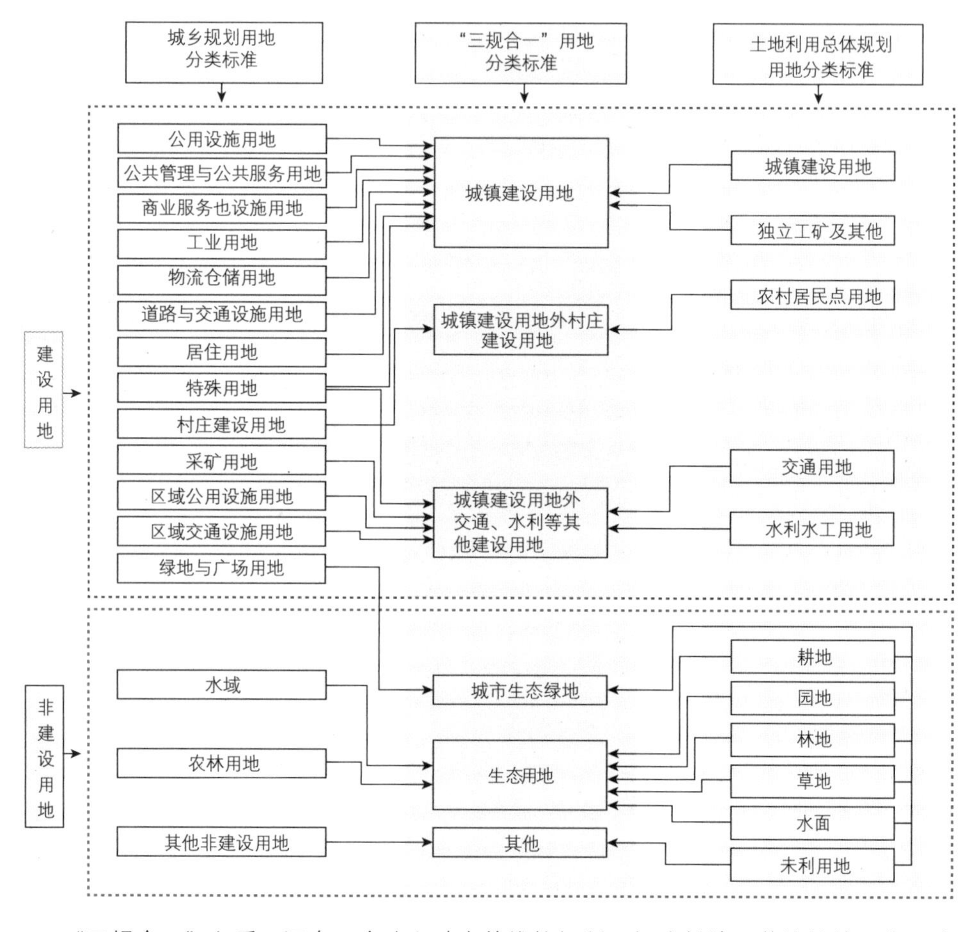

图 6-10 理想城市土地分类建议

“三规合一”之后，还有一个建立动态的维护机制，解决长效运营维护的工作。我们始终不能忘记：规划是一个动态的过程。俗话说，越精密的东西，越不堪一击。我们把三个如此复杂的规划如此严谨地捆绑在一起，我们就有责任制定一些游戏规则，让这个庞然大物才能够运行自如，能够灵活变化。关于建立体制的问题，我们将在下一章详细讨论。

第二节　增长边界的统一

当今中国的城乡规划和土地利用总体规划，很像以前描述过的量体裁衣规划模式。我们说过，“雅典宪章”时期规划师的主要做法就是量体裁衣。这些规划师把未来城市看成是一个恒定的产物。也就是说，在他们眼中的未来城市是一个有明确规模和边界的城市。在这个有清晰的城市轮廓基础上，他们开始绘制未来城市的蓝图：把产业用地放在一边，把生活用地放在另一边，再找一个娱乐的地方，最后用交通把它们串起来。蓝图绘就之后，他们的工作就算完成了，你们要按图实施，不得修改，否则以违反规划论处。

其实，“雅典宪章”之前，我们的城市规划基本上是沿着这条路线走过来的。在农耕时代，城市要先有城墙。有了城墙，城市的规模就固定了，边界也固定了。外面搞个左青龙右白虎，前朱雀后玄武，里面搞个前朝后市、左祖右庙。城墙里外就那么大点地方，你再怎么摆弄也折腾不到哪里去。

还有一个比较典型的案例，就是伟大的田园城市构想。霍华德勾勒出田园城市的基本轮廓是建立在精准的用地面积和精准的居住人口基础之上的，甚至包括精准的农林耕地面积也不可或缺。

我们前面提到的堪培拉、巴西利亚，也属于给城市戴上紧箍咒的类型。这些城市被死死地箍住，城市的形状、面积、布局基本上不存在改变的可能性。

我们可以看到以上案例的共同关键词是：规模、边界和蓝图。

完全不可改变的城市边界被证明是行不通的。城市发展中有着许多的不确定因素，这些不确定因素的不同组合，可能会产生千变万化的城市形态。即便是城市规模不变，城市边界也会随之起舞。因此，“马丘比丘宪章”之后，蓝图式的城市规划模式被扬弃了，取而代之的是以动态更新为特征的城乡规划。当然，扬弃蓝图，不等于不要规模、边界。比如，精明增长就很注重城市边界的控制。

当然，这里所说的扬弃蓝图，不是不要蓝图，而是不要那种一成不变的蓝图，我们需要的是可以动态更新的蓝图。同样的道理，我们不是不要规模控制，而是要可通过上下联动能够调整的规模控制。我们不是不要城市边界，而是不要那种一成不变的城市边界，而是要可随城市发展而变化的边界。即使城市规模不变，我们也需要一个具有弹性的城市边界。

当今世界变化万千，城市完全有可能在瞬息衍化的各种因素作用下，突破依规模确定的城市边界。即便是不改变城市规模，这种可能也是时有发生的。在依规模划定的建设用地边界之外，再划定一个边界，由此创造一个弹性空间，增加一道防线，是有必要的。这道防线既为城市形态诸多演变的可能性提供了方便，也为城市空间格局的分布结构提供了多种选择，还为防止城市无节制扩张增加了一道相对稳定的控制线，为生态体系空间格局提供了可靠的边界线。

于是，我们的城乡规划领域提出了“城市增长边界”的概念，土地利用总体规划领域提出了“建设用地扩展边界”的概念[①]。2006年版的《城市规划编制办法》提出在城市总体规划纲要和在中心城区范围划定城市增长边界的要求。随之，各大城市在编制城市总体规划时都做了相关研究。在2006～2020年版土地利用总体规划编制过程中，提出了划定建设用地扩展边界的要求。这是国土部门针对土地管控“刚性有余、

①按照《市（地）级土地利用总体规划编制规程》土地利用总体规划应划定“四区三界”即允许建设区、有条件建设区、限制建设区和禁止建设区，以及规模边界、扩展边界和禁建边界。

弹性不足”和“只重规模数量管控，忽视土地利用空间布局调控”等问题采取的一项重大举措。

两个概念都起始于2006年，而且，两个概念没有什么本质的区别。但两个领域一定要用不同的词汇，其中道理我们是搞不明白的，也是很无奈的。我们姑且以“城市增长边界”继续讨论接下来的话题。

也就是说，依规模确定建设用地边界之后，我们还需要解决“城市增长边界”和“建设用地扩展边界”的“合一”问题。

城市增长边界是一个世界性话题。对于世界很多城市来讲，增长的管理是伴随着郊区化逐渐发展而来的。如果说郊区化是一个受社会经济发展驱动的必然发展过程，那么可以说规划干预，或者说规划的引导和控制，自始至终都伴随着它，试图使其沿着一个理性的轨道发展。这种规划干预可以被认为是对城市增长的管理。

对于城市增长的管理，各国采取的规划方法和手段不尽相同。美国的“精明增长”采取的是一些发展政策与法规来控制城市扩展，而欧洲国家更多的是采取一种鼓励和要求紧凑的城市空间形态实现的。无论哪一种模式，都是为了控制城市无节制的蔓延和低效的空间增长。

从一个角度来讲，中国的城市增长边界概念的提出是借鉴了国外增长管理的经验，为防止城市无序蔓延、完善城市功能结构、引导城市空间发展。从另一个角度来讲，中国的城市增长边界与国外的城市增长管理又有本质的区别。因为，中国城市增长边界概念的提出是在城乡用地规模不变的条件下提出的。也就是说，中国城市增长边界的提出不是来自于建设用地的扩展需求，而是源于城乡建设土地利用灵活度的需求。

有人认为，在城市总体规划纲要和在中心城区范围划定城市增长边界的要求，对城市建设和发展的意义不同。总体规划纲要中的“城市增长边界”主要是从技术层面来讲，它是城市总体规划编制的前提，是一条“刚性边界”，意义在于将城市的发展更好地与周边区域的发展结合起来，保护耕地及城市周边自然环境，试图缓解城市给所在区域的土地、环境、社会等方面带来的压力。而中心城区规划中的“城市增长边界”主要应从政策层面来讲，它是城市总体规划中确立的城市建设用地边界线，其依据是由城市人口规模推算得到的城市用地规模，进而对城市内部的各大类用地进行相应的布局。它是城市管理的依据，是城市发展的“弹性边界”。在遇到重大项目变动时，可适当地对“城市增长边界”进行调整，以便于规划更好地指导城市的未来发展①。

①黄明华、田晓婧.关于新版《城市规划编制办法》中关于城市增长边界的思考[J]. 规划师，2008,（6）.

无论城市增长边界概念提出的背景是什么，无论专家学者如何解读城市增长边界，在现实的世界中，城市增长边界最大的作用只是：在依建设用地规模划定的边界之外，划定了一个弹性空间，为规模边界那条绷得太紧的弦松绑。

我们都知道“至刚易折，上善若水”的道理，我们都知道“至刚则易折，至柔则无形”的道理。在不知道具体业主是谁，不知道具体投资背景如何的条件下，做一个涉及用地的规划，把城市在未来15年里要用的所有地块都规划得清清楚楚的，多大面积，在什么位置，有什么用途全部都规定死死的，这就是一个至刚的规划，是一个完全没有可能全部执行的规划，是一个需要增加柔性要素的规划。物过刚则易折，城市增长边界是为这个至刚的规划增添柔性要素而产生的。

增长边界是在建设用地规模边界的基础上生长出来的，是为了增加建设用地边界的弹性而划定的。增长边界的使用要有专门的配套政策，增长边界与规模边界之间的空间，是用于增加建设用地灵活使用而谋定的。因此，增长边界的划定一定是以规模边界为依据的。增长边界以外的空间是不允许进行建设的。

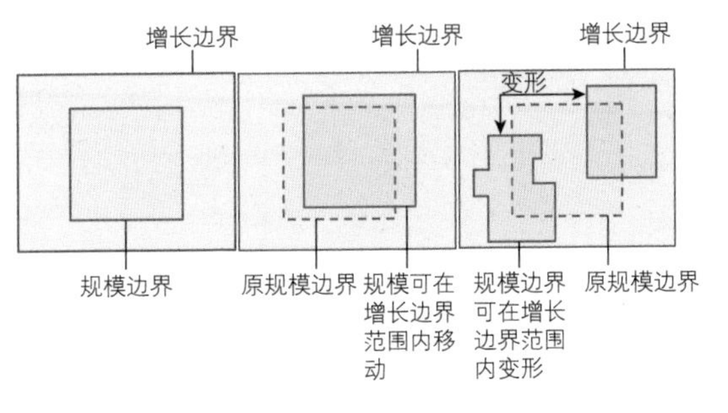

图 6-11 规模边界与增长边界

素以操作性强为特征的土地利用总体规划在城市增长边界问题上同样表现出务实精神。国土部门把这个边界称为：建设用地扩展边界。把建设用地扩展边界与建设用地规模边界之间的土地叫做：有条件建设区。

按照国土部门的概念，建设用地扩展边界是土地利用总体规划确定可建设用地的最终范围界线。由此就形成允许建设区和有条件建设区两个概念。允许建设区是规划中确定可直接开展城乡建设的区域。有条件建设区是规划中确定必须满足特定条件后才可以开展城乡建设的区域。这个特定条件的实质内容是相应减少允许建设区的面积。

各省国土部门务实精神表现在对有条件建设区划定比例的要求有具体规定。比如，广东省国土资源厅在《关于市县镇级土地利用总体规划修编有关问题指导意见的通知》中规定“有条件建设区的划定应立足地方实际，并充分考虑与城市规划协调衔接。市、县、镇级土地利用总体规划划定的有条件建设区占2020年建设用地规模的比例，原则上不超过20%。”[①]。

①参见《关于市县镇级土地利用总体规划修编有关问题指导意见的通知》(粤国土资规划发[2010]207)。

有条件建设区概念的提出，从根本上解决了土地利用总体规划刚性有余、弹性不足的问题，是一个创新之举。但照国土部门对有条件建设区的管理要求也是很严厉的。比如，针对具体的城市、镇、村等空间实体，在不突破其对应允许建设区的规划建设用地规模控制指标前提下，有条件建设区内土地可以用于规划建设用地的布局调整，依程序办理建设用地审批手续，同时相应核减允许建设区用地规模。比如，土地利用总体规划确定的建设用地增减挂钩规模提前完成，经定期评估确认拆旧建设用地复垦到位，存量建设用地达到集约用地要求的，经批准，有条件建设区内土地可安排新增建设用地增减挂钩项目。比如，规划期内建设用地扩展边界原则上不得调整。如需调整按规划修改处理，严格论证，报原规划审批机关批准。

国土部门有条件建设区的设立明确了建设用地布局的最大范围，通过将建设用地的布局范围限定在建设用地扩展边界内，克服了建设用地使用过于分散的不良现象，有效引导了城镇建设用地的空间布局。同时，通过有条件建设区的划定，解决了建设项目选址变化问题，为未来发展留下了一定空间，提高了土地利用总体规划的弹性。

有条件建设区是根据弹性规划理念、集约用地理念和可持续发展理念提出的一种弹性规划区域。与学者研究和某些城市的城市总体规划提出的弹性发展区的概念对照，有条件建设区明确了弹性区域的划定要求和管控措施，使弹性规划概念落实到了法定规划层面，通过配套相关的实施管理政策，简化有条件建设区使用程序，在规划实施过程中真正体现了规划的弹性，同时对突破有条件建设区的建设行为采取了严控措施，从另一方面加强了规划的引领作用。

对比国外城市增长管理的经验，城乡规划部门的增长边界和国土部门的扩展边界更强调的是弥补规模边线过于刚性的问题，是将对城市未来发展引导和约束因素落地

Portlang地区城市增长边界包围区域面积基本为400平方公里，基本为完整的界线

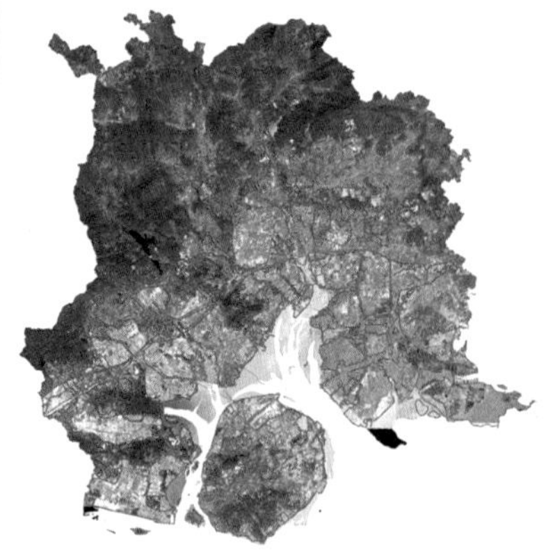

厦门市城市增长边界面积640平方公里，是由多条界线组合而成

图 6-12 国内外增长边界比较

的一种举措。增长边界，或者扩展边界，是“刚性”的管控线。但这个刚性管控线具有行政管理意义上的柔性成分。

城市增长边界带来的弹性空间既给国民经济和社会发展规划带来更多选择的余地，也是对城乡规划和土地利用总体规划的补充。城乡规划和土地利用总体规划受编制时间、编制技术、认知水平等多方面因素的影响，在实际实施过程中出现项目选址与规划相左的情况较为普遍。如，广州在进行“三规合一”工作中，发改部门明确的建设项目中约40%位于城乡规划或土地利用总体规划限定的建设用地范围外[①]；济南市在进行近期建设项目规划时，在中心城区范围内约有10%建设项目不符合现行的城乡规划或土地利用总体规划[②]；厦门市在进行“三规合一”工作中，约12%建设项目不符合现行的城乡规划或土地利用总体规划[③]。因此，划定城市增长边界，将为国民经济和社会发展规划确定的建设项目选址留有弹性空间，促进其规划的实施。

①济南市近期建设规划（2013－2016）。

②广州市“三规合一”“一张图”技术报告。

③厦门市“三规合一”“一张图”技术成果。

明确了我们的城市增长边界的意义，内容和划定的原则之后，我们就需要制定确定城市增长边界的游戏规则，这也是“三规合一”继规模界线确定之后又一项需要完成的工作。我们认为，城市增长边界的确定需要从名称，规模，范围和使用四个角度来描述。

首先是名称问题。我们现在有城市规划领域的“城市增长边界”概念，土地利用总体规划领域的“建设用地扩展边界”概念，“有条件建设区”的概念。我们认为将这个区域称为“有条件建设区”，将这个边界称为“城市增长边界”是合适的。因为这两个名称能够直接反映它们的基本特征。我们之所以没有用城乡增长边界，而是用城市增长边界，其目的是利于与国外雷同边界概念进行比较研究。

其次是规模问题。如果有条件建设区范围过大，将失去规模边界控制的意义，建设用地规模仍有失控的潜在危险，如果有条件建设区范围过小，又将起不到柔性调节作用。因此，将有条件建设区规模控制在一定范围是必要的。我们认为，将有条件建设区规模控制在建设用地规模的20%范围内是合理的。

再者是范围问题。边界问题是规模确定之后不可回避的问题。我们认为建设用地规模边界的确定原则适用于城市增长边界的确定。即：生态优先，其次要体现城市功能和空间主导，最后在可能的条件下满足重点建设项目的需求。

最后是使用问题。有条件建设区的使用必须符合国土部门提出的增减挂钩原则。换句话说，城市不能因为有条件建设区的设定而突破既定的建设用地规模。

至此，通过“三规合一”工作，我们可以得到两条边界：一条是建设用地规模边界，另一条是城市增长边界。本质上，这两个边界的所指是同一个内容。建设用地边界是三个规划在制定规划时假定的建设用地边界，城市增长边界是城乡建设不可超越的边界。“三规合一”的目标是：通过行政管理实现的城乡边界控制在城市增长边界范围内，规模不超过既定的建设用地规模。

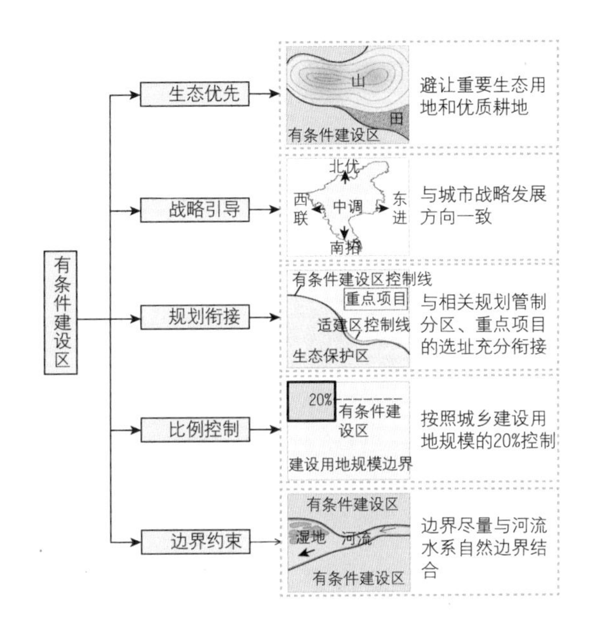

图 6-13 有条件建设区划定原则

第三节　生态边界的统一

依托于建设用地边界就可以明确非建设用地。非建设用地的基本构成是农林水牧和未利用地，是城乡环境质量的重要支撑者。

建设用地边界的划定将区域空间分为了可建设区和不可建设区。通过“三规合一”工作，我们明确了两条边界：规模边界和城市增长边界。在不可建设区域，我们同样需要明确两条边界：不可建设边界和生态保护边界。其中，城市增长边界与不可建设边界是同一边界，因此，对于不可建设区域来讲，“三规合一”的工作重点是生态边界的确定。

从国土生态安全、粮食安全确定的生态边界，是城乡规划、土地利用总体规划和国民经济与社会发展规划的共同责任。只有三个规划从各自的职能出发，通过规划协调、部门协作，明确生态界线，才能形成维护生态环境的合力，保障生态保护的效果。

我们知道，城乡规划曾经缺失了对非建设用地的研究。但是，当部分城市绿地将被划归为非建设用地的时候，当都市郊区化趋势日渐明显的时候，当建设用地与非建设用地犬牙交错、唇齿相依的时候，当生态安全开始威胁城乡环境的时候，城乡规划必须直面非建设用地，特别是应该参与到生态用地边界的界定及其保护研究①中来。

①广东省建设厅2003年颁布《区域绿地规划指引》，开展了全省范围内的以区域绿地为代表的生态保护研究工作。并于2014年在全省范围开展生态控制线划定工作。

目前，尚未有统一的生态用地定义。笼统地讲，保证生态安全、发挥生态功能的用地都是生态用地。你可以把自然保护区、湿地、生态林地、生态草地、城市绿地、水域统统称为生态用地，你可以把生态用地归纳为林地、草地、湿地以及水域。但似乎都难以一言概全。

生态用地概念产生于城市化、工业化快速发展，导致重要生态调节功能的农田、森林、湖泊等生态系统受到破坏，生态环境恶化的时期。目前，有两种比较流行的生态用地概念：一种是指非生产用地，如生态林地、湿地等；一种是指非建设用地。前者覆盖面太小，后者覆盖面过于宽泛。但是，无论哪种说法，生态用地都应该具有发挥生态功能和稳定区域生态平衡和功能的作用。

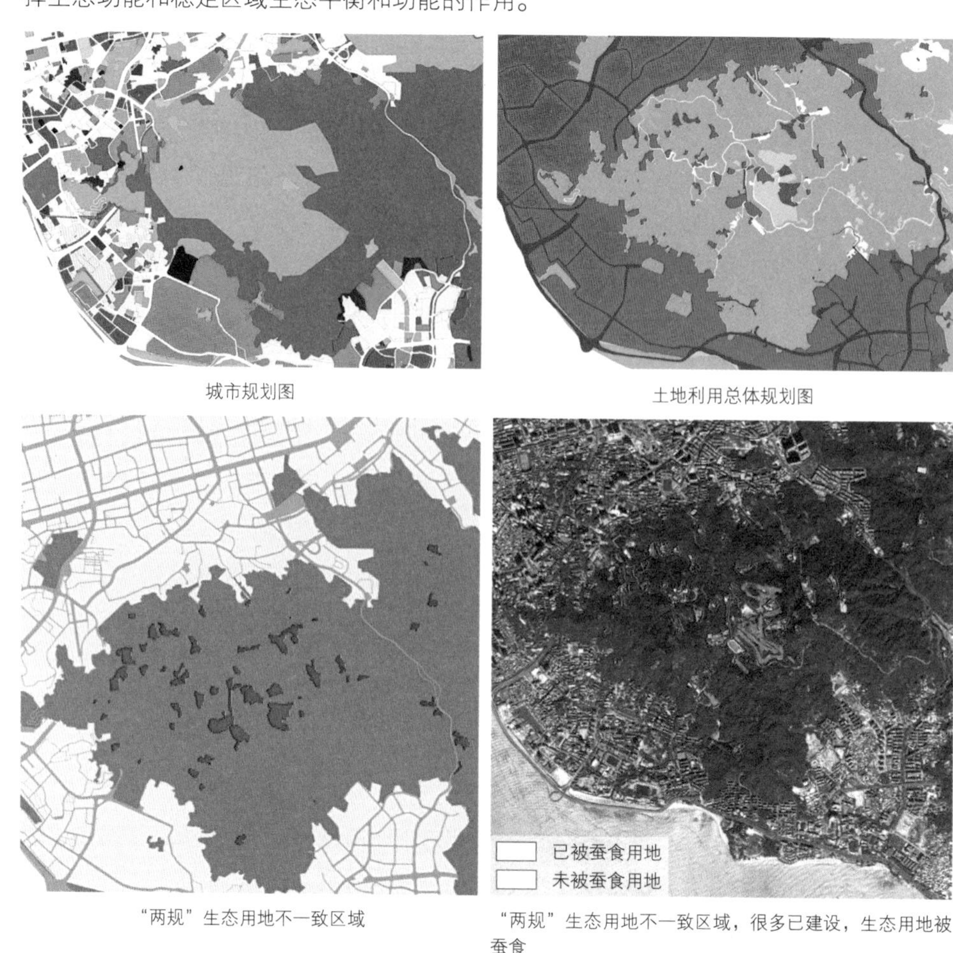

图 6-14 某城市生态用地保护边界差异导致部分生态用地被蚕食

规模边界是暂定的边界，随着城市建设的进程，会依管理变形。城市增长边界是控制边界，它不是城市最终建成的边界，只是限定规模边界变形的幅度。非建设用地边界与城市增长边界同线。只有生态用地边界才应该是非常稳定的边界，应该不受其他边界影响的边界。应该是保障城乡生活安全的“铁线”和“生命线”。因此，这条边界应该在相当长一段时间内不被侵蚀，不受城乡建设左右，有生态功能的、系统连片的用地边界。

系统性、连片性和完整性是生态用地边界划定的基本原则。与规模边界一样，生态边界也不是一块生态用地的围合线，而是全部生态用地围合线的统称。

据此，生态边界不同于非建设用地边界，它应该适当收缩范围，保护确属需要保护的生态用地。只有实事求是地谋定生态边界，才能有效地保护生态用地。因此，生态边界的划定应基于现状基础，从区域统筹和保护利用的角度出发，强调保护山水格局的连续性和完整性，维护区域景观生态战略点，并在非建设用地边界内确定，杜绝生态边界内出现“建设在先，规划在后”的现象。

目前，我们还不具备按土地分类标准确定生态边界的条件。也就是说，我们还不能使用统一的标准划定生态边界。我们需要参照国土部门处理城市绿地的方法，采用规划的手段，因地制宜地谋划生态用地边界。

在生态用地规划中有几种土地类型是应该考虑将其部分或全部纳入生态边界的：自然保护区、一级水源保护区、土壤侵蚀防护区等生态保护区；森林公园、县级以上风景名胜区和具有影响力的公园；主要海湾、重要的养殖岸线和生活岸线，以及沿海防护林带、重要的沿海湿地及红树林、集中连片的海产养殖场及围垦区和海洋生物繁衍区；主干河流及堤围、大型湖泊及沼泽、湿地、库容较大的大中型水库及水源林、集中连片的基塘系统等；大规模的自然灾害防护绿地和公害防护绿地等；县级以上地质地貌类自然保护区、面积较大、危害程度较高的自然灾害敏感区；维护生态系统完整性的生态廊道和绿地。此外，基本农田和生态林用地也应优先划入生态边界。

在生态用地规划中应依据有关法律法规和国内外相关实践标准，综合考虑生态优先顺序，将不同类型的用地相互叠加组合，从区域角度形成完整连续的网络生态系统。

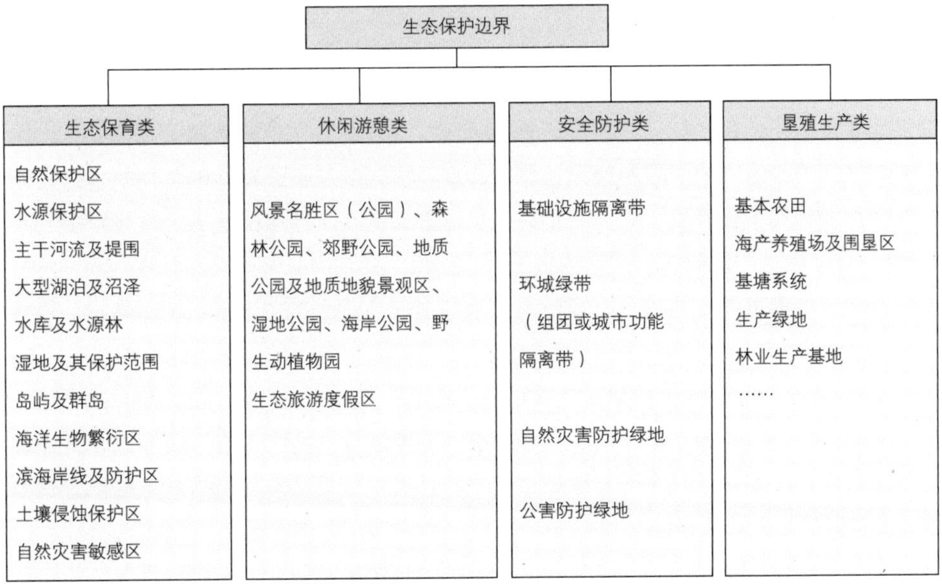

生态保护边界

生态保育类	休闲游憩类	安全防护类	垦殖生产类
自然保护区 水源保护区 主干河流及堤围 大型湖泊及沼泽 水库及水源林 湿地及其保护范围 岛屿及群岛 海洋生物繁衍区 滨海岸线及防护区 土壤侵蚀保护区 自然灾害敏感区	风景名胜区（公园）、森林公园、郊野公园、地质公园及地质地貌景观区、湿地公园、海岸公园、野生动植物园 生态旅游度假区	基础设施隔离带 环城绿带（组团或城市功能隔离带） 自然灾害防护绿地 公害防护绿地	基本农田 海产养殖场及围垦区 基塘系统 生产绿地 林业生产基地 ……

图 6-15 生态用地分类图

深圳市是比较早的实践生态保护线的城市。2005年，深圳市为了保障城市基本生态安全，维护生态系统的科学性、完整性和连续性，防止城市建设无序蔓延，在尊重城市自然生态系统和合理环境承载力的前提下，根据有关法律、法规，结合实际情况划定了生态保护范围界线，称之为基本生态控制线。基本生态边界范围内的土地面积为974平方公里，约占深圳地面积的一半。在划定基本生态控制线的同时，深圳市颁布实施了《深圳市基本生态控制线管理规定》①。基本生态控制线的划定为各部门提供了保护管理统一平台。

从深圳的经验我们可以看到，全市统一的生态边界可以成为共同管理的重要纽带，使各部门明晰各自权责，并能根据各自权责形成管理监督权。这样就能避免管理中多头管理、管理混乱无序带来的问题，形成保护合力，保障保护效果。

因此，同一地理区域、统一的生态保护边界，是生态保护的前提和基础。既然生态边界的合一是生态保护的必要条件，那么它也必将成为破解“三规”冲突的重要抓手和进行“三规合一”工作的必备内容。通过划定“多规”统一的生态边界，制定衔接各个规划的管控要求，可以有效构建城市长远发展的基本生态框架和底线，促进规划和管理从注重建设向注重环境保护转变，对保障城市基本生态安全，防止城市建设无序蔓延有重要意义。

①本小节内容参考《深圳市基本生态控制线管理规定》、《深圳市人民政府关于执行<深圳市基本生态控制线管理规定>的实施意见》、《关于基本生态控制线管理工作的专项报告》等规定及报告分析整理而成。

图 6-16 深圳市基本生态控制线范围

应该说城乡规划、土地利用总体规划和国民经济与社会发展规划都不敢轻视非建设用地和生态用地保护问题。但是，规划部门“三区四线”中的限建区和禁建区，国土部门“三界四区”中的限制建设区和禁止建设区，以及发改部门的主体功能区规划中限制开发区和禁止开发区，让我们感到既欣慰又忧伤。欣慰的是三个规划都提到了“限制”和“禁止”的概念。忧伤的是三个规划用了接近但又有一点点区别的表述。连名称这样简单事情都不能统一，我们是不能指望三个规划的“限制”和“禁止”是统一的了。

“三规合一”的工作是要把三个规划的“禁止”部分统一起来，综合考虑三个规划的“限制”部分和基本农田、生态林地，按照完整连续的网络生态系统原则，合理确定生态边界。与规模边界和城市增长边界一样，经“三规合一”工作划定的生态边界还需要回归原来的规划，使之具有法定效力。当然，如果“禁建区”、“禁止建设区”、“禁止开发区”能够统一一个名称，“限建区”、“限制建设区”、“限制开发区”能够统一一个名称，将是中国规划界的福音①。

①《国家新型城镇化规划》确定的禁建区、限建区、适建区可作为统一管制分区名称的开端。

规模边界虽然是可变的，但在规划期限内的规模数量是稳定的。城市增长边界在规划期内是稳定的，但它不是规划期内建设用地的最终边界。只有生态边界以及其规模都应该是恒定的。但生态用地规模的确定是不能统一的。每个城市的自然环境不同，区域面积不同，地理条件不同，人口规模不同，其生态用地规模比例也会因之不同。

谈到生态用地问题，我们还需要啰啰嗦嗦讲几句基本农田的意义。中国是一个人口大国，13亿人口的吃饭问题一直是悬在中国上空的一把利剑。粮食安全，以及与之相关的耕地和基本农田保护问题是空间规划无法回避的问题。

对于农田的保护，世界各国均有之。但是基本农田和基本农田保护区是我国独有的概念。按照《基本农田保护条例》规定“基本农田，是指按照一定时期人口和社会经济发展对农产品的需求，依据土地利用总体规划确定的不得占用的耕地。基本农田保护区，是指为对基本农田实行特殊保护而依据土地利用总体规划和依照法定程序确定的特定保护区域。”

考虑到我国人多地少的现实情况，和耕地逐渐被侵占的现实情况，为保障国家粮食安全，我国实行世界上最为严格的耕地保护制度，对基本农田实施严格保护。土地利用总体规划的核心内容之一就是对耕地和基本农田的保护，城乡规划中也有规划建设用地避让耕地和基本农田的编制要求。

按照《基本农田保护条例》要求，基本农田划定由土地利用总体规划完成；基本农田保护工作应纳入国民经济和社会发展规划；基本农田保护区经依法划定后，任何单位和个人不得改变或者占用，那么城乡规划在制定时城镇村的建设用地也不得布局在基本农田上。

图 6-17 基本农田保护标志

基本农田的划定和保护工作是三个规划的共同责任。但是在实际工作中，城乡规划在基本农田上布局建设用地的现象并非鲜见，屡有发生，国民经济和社会发展规划确定的建设项目选址侵占基本农田的现象也经常存在。此种情况的出现常常导致城乡规划难以实施，或者出现违法用地。所以，立足基本农田保护，统一“三规”，特别是土地利用总体规划和城乡规划在基本农田保护区的限界，对促进“三规合一”极为重要。

《基本农田管理条例》十分详细地规定了基本农田的划定要求和管控措施。在“三规合一”工作过程中，应充分发挥基本农田的刚性管控作用，将基本农田保护与生态保护和非建设用地保护结合起来，控制城市蔓延。

第四节　功能边界的统一

统筹城乡规划、土地利用总体规划和国民经济与社会发展规划等三个规划，协调统一规模边界、城市增长边界和生态边界等三大边界是“三规合一”工作的主要内容。其实，涉及城市的规划还有很多，理顺三个边界只是建构一个合理完整的规划框架体系。在这个规划框架体系中还可以放进去更多不同层面的规划，我们可以按照“三规合一”的工作思路，将更多的规划溶于三规之中。可以衍化出四规合一、五规合一、六规合一，我们把将很多规划融为一体，又保证它们可以各自拆分成独立规划的工作称为：“多规融合”工作。

“多规融合”工作涉及很多规划。其中，对城市影响最大，直接关系到“三规合一”效果的是产业规划和厌恶性市政设施规划。我们且以这两个规划为例，简单描述一下“多规融合”的工作。

目前的“三规合一”工作，主要表现在对建设用地规模上的管控。而“多规融合”更注重的是对建设用地功能的管控，所谓“多规融合”是指将更多的规划融入三规合一的蓝图中。“多规融合”的工作原理依然是统筹边界问题。在城乡空间中，有些功能用地需要独立存在，所有相同功能合在一起又能够自成体系的，还需要统筹规划。比如，中小学、医院、体育设施、产业用地和厌恶性市政设施用地等。所谓“功能边界”是指相同功能用地的边界。功能边界的划定对城市空间有序发展和功能设施有效使用有着深远的意义。

从规划角度而言，在城市建设用地管理中最为重要的内容包括工业、厌恶性市政设施等排他性功能项目用地的规划引导和控制、交通基础设施的空间预留、基本公共服务配套设施的空间预留等。这些功能，可以形成产业区块边界、厌恶性市政设施边界、交通廊道边界和基本公共服务设施边界等相关控制边界。这些与功能相关的控制边界的统一对建设用地管理、城市功能提升、城市环境改善具有十分重要的意义。

现在，我们重点讨论产业用地和厌恶性市政设施功能边界问题。目前土地利用总体规划中对建设用地没有这些功能的分类，城乡规划中工业用地和市政基础设施用地与这些功能存在一些相似之处，国民经济和社会发展规划中对于产业方面的引导政策需要附着在这些功能区块中。通过“多规融合”设定功能边界，有利于促进建设用地功能管控和城市环境保护。

《雅典宪章》中提出了城市具有居住、工作、游憩与交通四大功能，城市规划应按居住、工作、游憩进行分区及平衡后，建立三者联系的交通网的规划理念。历史上，城市多出现较大的工业集中区，例如巴黎的右岸工业区、德国的鲁尔工业区、广州的江南工业区、重庆的大龙坡工业区等。随着时间推移，大规模的工业区逐渐消失，产业区块穿插于城市之中，大规模工业走向郊区。我国“文革”之中，工业与城市其他功能交混现象比较普遍。1980年之后，由于土地价值的变化，工业区出现郊区化倾向。许多大都市的二产比重也在不断下降[①]。尽管如此，产业区块对城市的影响和对城市发展的推动作用仍然是不可低估的。

①2000年广州市三次产业比重为3.79：40.98：55.23，2012年变化为1.58：34.84：63.58，十多年时间，二产下降了6.14个百分点。

从世界范围来说，《雅典宪章》之后，虽然随着经济社会的不断发展和针对规划实施中的问题，提出了土地混合使用等土地利用布局的相关建议，但是城市相对分区在一定程度上还是存在的，并且是必要的。产业郊区化后需要引导，减少污染源仍是规划的一个重要任务。

产业区块边界的划定就是对工业等对环境影响较大的产业功能的规划引导和控制。产业区块的内涵是指由“工业园区—连片城镇工业用地”组成的，用于工业生产的用地集中区，是产业用地集中布局的区域[②]。产业区块边界是产业区块围合线。

②《广州市“三规合一”技术标准》。

相比较传统的大工业分区。“多规融合”统筹产业区块边界时，要求更具灵活性。要求工业用地必须进入产业区块边界。但产业区块边界内并不一定全部是工业用地，以保证区域功能完整性、复杂性和便利性。

国内外很多城市都进行了关于产业用地布局、发展的研究。其中，上海和广州进行了基于规划衔接的产业用地边界的划定。上海市在城乡规划和土地利用总体规划衔接的基础上，划定了104块产业区块，面积790平方公里，其中未建成面积227平方公里，上海市现状工业用地面积700平方公里，有195平方公里位于城镇建设用地中的非工业区块范围，需要予以转型发展；另有198平方公里位于规划的农用地复垦范围内，需要结合工业企业的生命周期，有效地开展土地整治和增减挂钩工作，引导企业向规划工业区块的转移和集中[③]。广州市在“三规合一”基础上，划定了95个产业区块，面积325平方公里[④]。

③上海市“两规”衔接工作资料。

④广州市“三规合一”“一张图”技术报告。

产业区块划定过程中应充分发挥发改、规划、国土、经贸等部门的作用。发改和经贸部门应重点制定进入产业区块的产业类型；规划部门应重点判断产业区块空间布局的合理性；国土部门则应从产业用地建设用地指标角度，综合确定产业区块的规模。

随着产业的发展，对入户产业区块边界的条件也将发生变化。污染因素将减少，结构因素将增加。统一后的产业区块应成为全市工业用地布局、工业项目选址和供地的基础。一般来说，新增工业制造及仓储项目必须入驻产业区块边界内聚集发展，以发挥工业经济的规模效应，减少工业项目对居民生活的影响；同时，产业区块边界内应优先安排战略新兴产业、高新技术产业等符合国家产业政策和产业发展趋势的先进制造类项目及其配套设施，并鼓励边界内的已建工业用地产业项目升级改造，淘汰落后产能项目。非工业类产业项目，如符合产业区块的产业定位，视同符合产业区块边界管控要求，可在产业区块边界内进行选址建设。

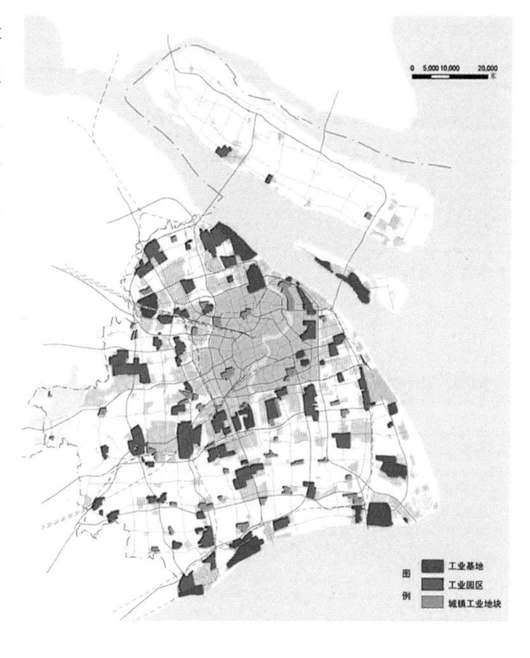

图 6-18 上海市产业区块布局图
资料来源：上海市“两规合一”工作

厌恶性市政设施边界确定有利有弊，就目前情况来看，虽说是利弊参半，终归利大于弊。厌恶性市政设施边界主要是针对垃圾填埋场、垃圾焚烧厂、高压变电站等不受群众欢迎的厌恶性基础设施用地的边界。目前，各大城市都在受到垃圾围城的影响，垃圾处理场地需求量大。但是作为厌恶性基础设施，垃圾处理场地的选址极为困难，受规划不合一的影响，城市规划预留的选址空间周边区域的项目建设往往无视未来厌恶性基础设施的存在，造成了现实建设功能与规划未来功能的矛盾，使得厌恶性基础设施无法落地。

比如，广州番禺的垃圾焚烧厂选址带来的市民抗议，就是由于垃圾焚烧厂规划预留空间与周边区域的现实众多大型居住社区功能的矛盾引起的。所以统筹厌恶性基础设施及其周边区域的项目功能的安排，对促进厌恶性基础设施选址落地工作具有重要意义。通过“多规融合”工作，统筹厌恶性基础设施用地边界，从规划、国土和发改三个方面，确保该项基础设施项目建设空间的预留，并防止周边出现与其功能有极大相异性的建设项目选址，是解决厌恶性基础设施落地难的有效手段。

但是厌恶性市政设施边界的确定也存在一定的弊端。我们讲规模边界是可以变形的，厌恶性市政设施边界对周边用地功能要求是严格的。过早确定厌恶性市政设施边界会制约城市空间格局组合的灵活性。另外，厌恶性市政设施边界一旦确定之后，很难改变。如果确属客观原因造成厌恶性市政设施不能在边界内建设，另行选址遭到相邻地块反对的可能性很大，选址成功概率很小。

城市交通枢纽边界的控制可以有效解决城市的命脉——交通用地预留的问题。城市的各种功能之间、城市与乡村之间，以及城市与城市之间需要道路交通系统来联系。离开了道路交通系统，整个城市将面临瘫痪。城市交通枢纽边界就是对未来整个交通体系框架的控制，也是对城市基本骨架的规划和控制，这是城市形态产生的基础，也是城市各种功能落地的基础。

在“多规”不合一的情况下，城乡规划从长远发展入手规划的道路体系与土地利用总体规划立足于现状和当前实施层面的交通用地存在较大差异的现象，这种差异通常会给道路项目的选址实施带来困难，延长建设时间，因此形成城市交通枢纽边界，是协调交通设施用地选址困难、促进国民经济和社会发展规划中交通设施项目落地实施的有益尝试，同时从规划角度又是引导城市空间发展整体格局形成的基础性条件。

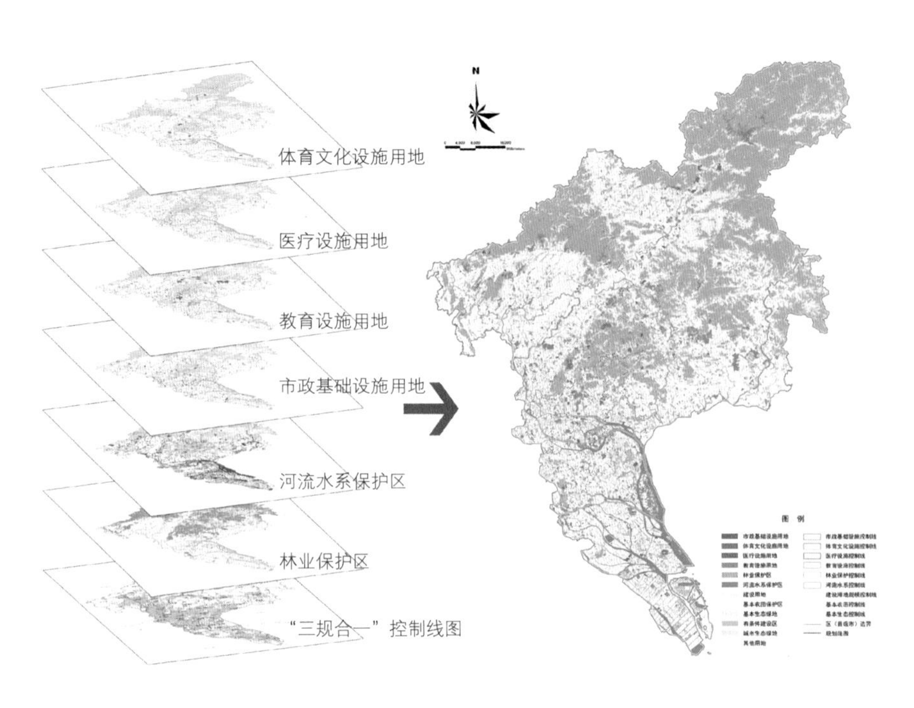

图 6-19 多规融合技术路线图

边界问题是“三规合一”的纲、“三规合一”的魂，也是“多规融合”的纲、“多规融合”的魂。在精准的用地边界和功能边界的条件下，适当延伸，在非建设用地中划定生态用地保护边界和在建设用地中划定功能区块边界有利于三个规划协同其他规划发挥更大的作用。

但是“三规合一”和“多规融合”不是万能钥匙，不可能解决城乡发展中的所有难题和困境。作为协调城乡主要规划的基础性工作，通过建设用地边界、生态用地保护边界和功能区块边界的统一，设定城市发展、保护和管理的底线，解决大是大非问题。城市的各种规划可在此基础上进行生长，在各自专业领域发挥专长，共同为建设和谐美好的城乡而努力。

第七章

新秩序的运作与维护

在完成“三规合一”规模边界、增长边界、生态边界、功能边界等用地边界合一的基础上，紧接着的工作内容是如何使用“三规合一”工作成果的问题，即通过什么样的方式能将“三规合一”工作成果应用到城市日常空间管理工作中的问题。

前文反复强调过，我们现阶段的“三规合一”工作是在现有规划法律体系、现有规划管理机构的基础上的协调和衔接工作。那么，也就意味着“三规合一”工作成果是无法直接替代作为城市空间管理的法定规划的。“三规合一”工作成果需要经历一定的步骤转化为法定语言，才能发挥真正的实效。

我们知道，城市空间管理反馈到规划层面，主要通过城乡规划和土地利用总体规划等法定规划的实施予以保障实现。“三规合一”工作成果要发挥实质性作用，必然需要将其工作成果内容完全落实到城乡规划、土地利用总体规划、国民经济和社会发展规划等法定规划中。我们把这个过程称为“三规合一”成果的法定化。

由此，我们“三规合一”工作的路线就十分清晰了，分析“三规”差异，明确问题所在；划定“三规合一”边界，达成“三规”共识；进行“三规合一”法定化，保障“三规合一”成果的落实。

一般来说，“三规合一”工作的成果经城市人民政府、人大审议通过后，就应该立刻进行“三规合一”法定化的工作了。

其中，以“三规合一”工作成果为依据，土地管理部门应重点从建设用地空间布局、有条件建设区划定等方面对现行的土地利用总体规划进行修改。土地利用总体规划修改后，应确保土地利用总体规划建设用地边界与保护空间与“三规合一”建设用地规模边界、建设用地增长边界、生态边界一致。

城乡规划管理部门应重点对“三规合一”建设用地规模边界内和建设用地增长边界内外的城乡规划建设用地情况进行修改，同时保证生态用地与“三规合一”生态边界一致，各种功能用地与“三规合一”的功能边界一致。

发展改革部门应建立矢量化的建设项目空间数据库，并负责入库项目的审核、管理更新和动态维护。制定年度重点项目计划和年度政府投资项目计划时应从建设项目库中抽取项目，保障年度项目计划与项目库的一致性。

经过“三规合一”成果法定化之后，城乡规划、土地利用总体规划的各种用地边界统一了，发改部门主导的建设项目也落实到建设用地规模边界和增长边界范围内了，“三规”在法定规划实施层面达成了一致，“三规合一”的工作成果就可以真正落实了。至此，三个规划在同一空间内容的表达就统一一致了。

现在，我们已经知道了三个规划在城乡空间的统一是通过划定边界，并将这些边界再反馈到三个规划中而实现的，但是这些边界是通过怎样的工作机制形成的，形成之后又是如何运行、如何保障的我们还不清楚。本章就重点从探索“三规合一”的协调机制、更新机制和保障机制等方面来论述这方面的内容。

“三规合一”作为协调工作，其工作机制最为重要的内容是协调机制的建立。

“三规合一”协调机制的重点工作对象是蓝图式的规划。我们用套色印刷比喻的规划合一，就是这种“蓝图式”规划的合一。蓝图规划是静态的、无变化的，我们只需要认真地修正每一个规划的边界，让不同规划的同一类边界完全吻合就实现工作目标。协调机制的核心是：通过理解、分析和把握与规划有关的政策法规、规范规章、技术标准、行政制度等，建立不同规划之间“衔接”的原则、方式、方法和游戏规则。因此，协调机制也可以称为：静态协调机制。

“三规合一”通过协调机制形成静态“蓝图”，并法定化之后，就进入了实质性运行阶段。进行“三规合一”的运行需要明确运行方法。这种运行方法叫更新机制。更新机制是针对“规划是一个过程”而制定的游戏规则。二次世界大战之后的城市走向多组团空间，走向城乡一体，走向都市群。同时，经济、社会、文化、城市之间的关系愈加紧密、愈加错综复杂，面对千变万化的环境，城市不再可能依据一张不变的蓝图发展，如何能在变化中求得城市稳定发展是更新机制的主要任务。因此，更新机制也可以称为：动态更新机制。

现阶段“三规合一”不是法定工作或法定规划。随着政府工作重点的变化，“三规合一”有可能成为短期的政治行为，使得空间规划又重新回到相互打架、不协调的原路中去。要保障“三规合一”的长久运行，需要在理顺空间规划之间关系的基础上，构建理想的空间规划体系，形成“三规合一”或“多规合一”的城市空间发展综合规划，并相应的变革空间规划法律体系和行政管理体系，才能从源头上理顺空间规划的关系，保障现阶段“三规合一”探索工作的成果延续。这种保障“三规合一”工作的机制需要不断探索，因此，保障机制也可以称为：探索保障机制。

第一节　静态协调机制

所谓静态协调机制，是指信息共享、协同决策的机制。静态协调机制强调部门之间实时的信息共享、相互查询，既保证不同规划在各自权限范围内进行的边界调整的行政决策，又要保证不同规划行政决策的无缝对接。静态协调机制的本质是统筹不同的规划编制依据，制定不同的规划之间相关联内容的统一标准。

目前的现实是：分别由发展改革、规划和国土房管部门独立编制的三个规划，建立了不同规划体系，实行了不同管理措施和修改方式，使用着不同技术规范和标准，导致各类规划在土地利用空间不一致，以至于规划实施、管理及项目落地等方面出现诸多矛盾。

建立静态协调机制的目的在于用综合统筹管理体系代替传统的独立管理体制。通过制定统一的目标、统一的基础数据、统一的标准分类，确定“三大边界”，实现全市规划“一张图”。一个城市只有一个空间，一个空间只能依据一个统筹统一的规划进行管理。只有实现了“一张图”，才有可能依据经济、社会、文化的变化不断更新规划，实现对城市的有效管理。

我们知道，“三规合一”“一张图”是通过规模边界、增长边界和生态边界的统一实现三个规划协调的。因此，静态协调机制的重点在于在同一时间段内，在相同的规模条件下，消除边界差异的方式方法。

“三规合一”静态协调机制首先要解决的是时间段的问题。按照目前三个规划的编制办法和过往历史，至少应该有四个时间段需要统一：年度计划、五年规划、二十年规划和远景规划。

统筹年度计划是一个容易统一却难以实现统一的工作。发展与改革部门每年都有重点项目年度建设计划，城市规划部门在尝试年度建设计划编制工作，国土部门有专门的《土地利用年度计划管理办法》。根据《全国土地利用总体规划纲要（2006～2020年）》，国土部门要：按照土地利用总体规划和近期规划，编制和实施土地利用年度计划，加强计划执行情况的评估和考核。而且，实际用地超过计划的，扣减下一年度用地计划指标。

事实上，年度计划是最贴近政府运行的规划，它包含政府具体的投资项目、重点建设项目和土地储备项目等内容。

其中，发展与改革部门的重点项目计划和政府投资项目计划侧重于投资项目管理。比如：项目提出、选址意向及用地需求、投资额、建设内容及规模、建设进度等。规划部门的年度建设计划与发展与改革部门内容比较接近，只是更注重对城市有重大影响的基础设施项目和公共设施项目建设计划，更注重拟建项目在城市空间布局方面做出安排。国土房管部门的年度土地储备计划是对土地收储做出具体安排，包括：年度储备土地规模、年度储备土地前期开发规模、年度储备土地供应规模、年度储备土地临时利用计划以及计划年度末储备土地规模。土地储备计划按项目实施，其本质还是项目计划。

国土部门的土地年度利用计划侧重对投资项目土地利用管理，比如：对计划年度内新增建设用地量、土地开发整理补充耕地量和耕地保有量的管理。

因此，只要土地利用年度计划与三个部门项目计划相统一，年度计划的统一就能实现。但是在实际操作中，项目年度计划和土地年度利用计划是由三个部门分头编制的，且需分别报不同上级部门备案，时间紧迫、内容庞杂、程序繁琐。三个部门往往各自为政，匆匆上报了事。

“三规合一”静态协调机制应起到的作用是：确定年度计划的重点，简化年度计划内容、协调程序和审批程序。经协调后的年度项目计划如与规模边界或土地利用年度计划有冲突的应统一修订。

以有新增用地需求的项目年度计划为抓手，实现项目年度计划统筹安排，规划部门提出项目选址意见、国土房管部门落实用地指标方案，形成“三规”合力，将大量减少后续行政审批协调环节，节省大量人力物力，增强项目落地实施的时效。在不改变原部门年度计划管理制度的前提下，项目年度计划和土地利用年度计划的统一，有利于从顶层设计上加强发展与改革、国土房管和城市规划部门的联动效应。

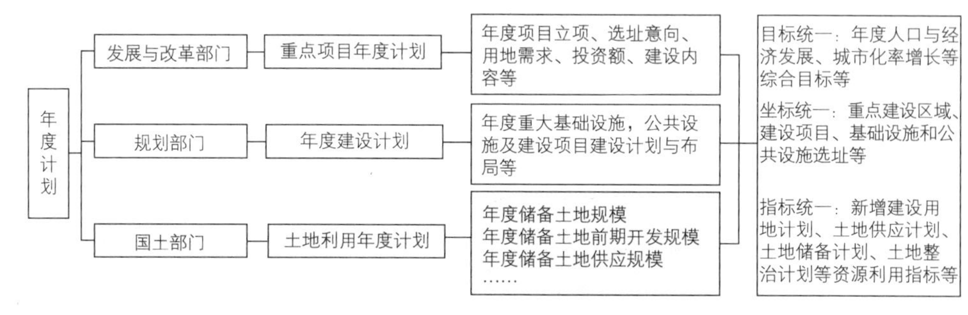

图 7-1 年度计划的静态统一

统筹5年规划的情况相对就比较复杂一些。按照《城市规划编制办法》，近期建设规划的期限原则上应当与城市国民经济和社会发展规划的年限一致，并不得违背城市总体规划的强制性内容。近期建设规划重点在于人口和建设用地规模的确定，且应滚动编制。按照《全国土地利用总体规划纲要（2006－2020年）》强化近期规划和年度计划控制。依据土地利用总体规划、国民经济与社会发展规划和国家宏观调控要求，编制和实施土地利用五年近期规划，明确各项用地规模、布局和时序安排。

我们知道，中国是从1953年开始以五年一个时间段来做国家的中短期规划的，第一个“五年计划”，我们就简称为“一五”，然后以此类推。“十二五”规划的全称是：中华人民共和国国民经济和社会发展第十二个五年规划纲要。“十二五”规划的起止时间：2011-2015年。但是，我们的政府换届是2013年，比“十二五”推迟2年，如果城市近期建设规划和土地利用近期规划与国民经济和社会发展规划同步的话，在一届政府内的三个近期规划都处于不完整状态。

城市近期建设规划、土地利用五年近期规划和城市公共财政之间有着一种相互依存、相互促进的关系。一方面，城市建设和土地利用近期规划的实施或者说近期建设行动和新增土地都需要一定的资金投入，只有拥有了有力的经济支持规划才能得以施行和实现，城市公共财政作为提供经济支持的重要手段，其配置必须与近期新增土地、建设规划实施政策相协同；另一方面，城市公共财政资源是有限的，在近期新增土地和建设规划的编制过程中，必须对有限的公共财政资源进行安排，确定城市的新增土地、建设和投资时序，决定在一定时期内先建设和投资什么项目，先建设和投资哪一个地区，然后再建设和投资什么项目，而再建设和投资哪一个地区，必须保证财政资源的利用效率。

与年度计划相近，近期规划的核心内容有两个：建设用地供应计划和重大基础设施与公益性公共设施建设计划。近期建设规划通过加强政府控制经营的土地与基础设施，突出政府、公共投资对城市发展的引导与示范作用，合理引导社会资金的投向，给社会投资留有较大的选择空间与机会。

从土地管控角度来看，一届政府能够有一个完整的土地利用近期规划是最好不过的了。而相应的城市近期规划和“x五”同步的话，一届政府就可以有一个从国民经济和社会发展到城市建设和土地利用的完整目标和要求。因此，就一届政府而言，“三规合一”静态协调机制应起到的作用是：促进政府换届与国土、城市近期规划及“x五”同步。

关于中期规划期限问题，只有《城乡规划法》明确提出了20年的规划期限。规划期限和起始时间是“三规合一”工作的核心问题，也是“三规合一”协调机制的主要工作内容。这个话题，我们已经详尽讨论过了，这里不再赘述。

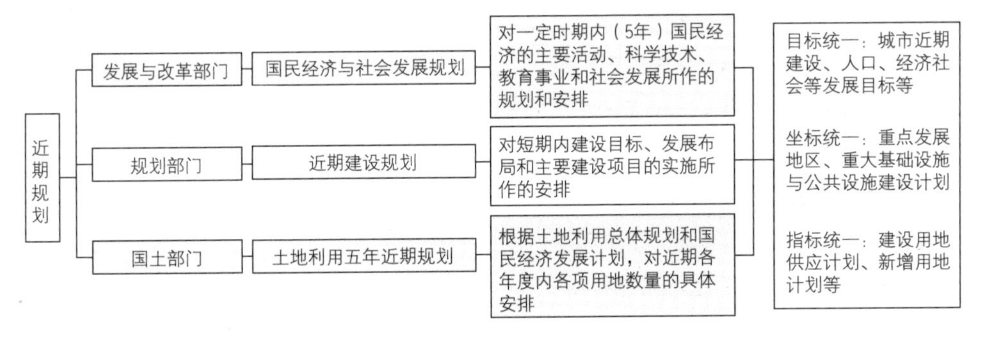

图 7-2 近期规划的静态统一

对于远期规划期限问题，三个规划都没有明确的法规依据。就目前我们的发展阶段而言，远期规划期限是有必要统一确定的，因为它关系到未来城市化人口去向的问题，也会波及生态边界的确定问题。为了实现全方位“三规合一”的目标，应以三个主要规划探索远期规划与明确编制年限相一致的标准，建立远期的空间管制体系。“三规合一”静态协调机制应起到的作用是：统筹三个规划的远期规划的期限及基本内容。

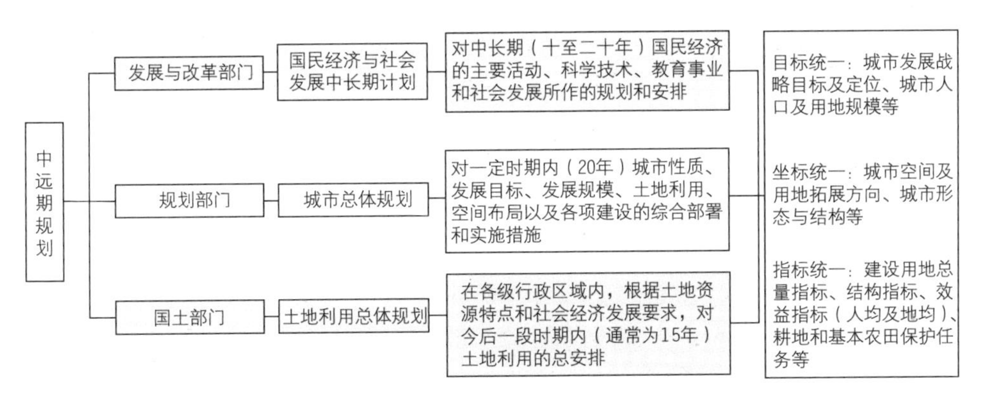

图 7-3 中远期规划的静态统一

现在，我们来讨论相同规模问题。我们前面明确了“三规合一”工作的基础是规模、增长和生态三个边界。所谓“相同规模问题”是指三个规划的三个边界是一致的，其包容的内容和规模也是一致的。

如前所述，城乡建设用地规模边界是按照土地利用总体规划的建设用地规模确定的。规模边界内应完整落实国民经济和社会发展规划确定的重点发展区域和重点建设项目。规模边界的边界确定应优先考虑城乡规划的功能布局和空间完整性。“三规合一”协调机制应起到的作用是：解决城市中的绿地归属问题、解决城市规划中的15%绿地指标问题、确定城市生态环境目标和建立城乡环境评价标准体系。

最后是三个静态规划的边界问题。

规模边界是三个边界中唯一可以变形的边界。也就是说，规模边界不是城市最终建成的边界。在城乡建设发展中，规模边界内的一部分土地将可能转换为非城乡建设用地。其可转换的用地规模理论值是20%。在规模边界范围内，建设用地转为非建设用地时候，不仅要考虑城乡建设要求，还要考虑非建设用地的系统性和完整性。城市增长边界框定了规模边界的变形幅度，它虽然不是城乡建设的最终边界，但它是城乡建设不可逾越的边界。理论上讲，城市增长边界范围内的所有用地都具有转为建设用地的可能性，因此，非建设用地的系统性和完整性是城市增长边界确定的主导因素。

城市增长边界之外的用地为非建设用地，另外还有一部分非建设用地隐藏在城市增长边界和规模边界范围内。在非建设用地规划和设计中，还应将纳入城市建设用地的绿地、水系一并考虑，形成与城市空间交融穿插的生态体系。

因此，“三规合一”静态协调机制还应起到的作用是：综合农林水的需求，划定可转为非建设用地的范围，或确定建设用地转为非建设用地的原则。

生态边界作为“三规合一”保障城市基本生态安全的区域，目的是保护具有生态保护价值的自然保护区、基本农田保护区、一级水源保护区、森林公园、郊野公园及坡度大于25%的山地、林地、主干河流、水库、湿地及具有生态保护价值的海滨陆域，维护生态系统完整性的生态廊道和隔离绿地等区域。

生态用地边界不能等同于非建设用地边界。比如，有一类被称为“城市生态绿地”的用地，这类用地包括城市中大面积连片的园地、山林、水等具有生态功能的用地，以及采取“拆危建绿”、“拆旧建绿”等措施增加的大面积用地。这些用地可以纳入非建设用地管理，但不具备进入生态边界的条件。

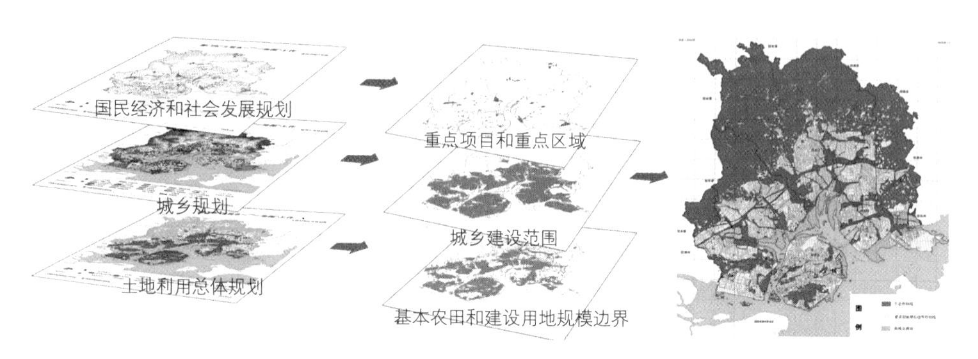

图 7-4 三个规划边界的静态统一

边界管理主要是通过具有空间管制职能的规划部门和国土部门实施的。国土部门重在建设用地规模和基本农田规模控制管理。城乡规划部门重在三大边界控制管理。

另外，按照土地利用总体规划，建设用地由城乡建设、交通水利、其他建设用地组成。从城乡规划的角度来看，这种地类的划分不是十分合理。作为空间规划，地类的划分应以空间的关联度和功能的关联度为依据。特别是在都市群成为世界城市发展主流的前提下，应建构由主城区向卫星城及村庄集镇方向，并与相邻城市呼应的都市群空间体系。地类的划分应顺应历史发展潮流，便于城乡统筹，适于行政管理。从这个角度讲，“三规合一”协调机制一个重要的作用是：土地规划和城乡规划的用地分类，重新建构建设用地分类框架。

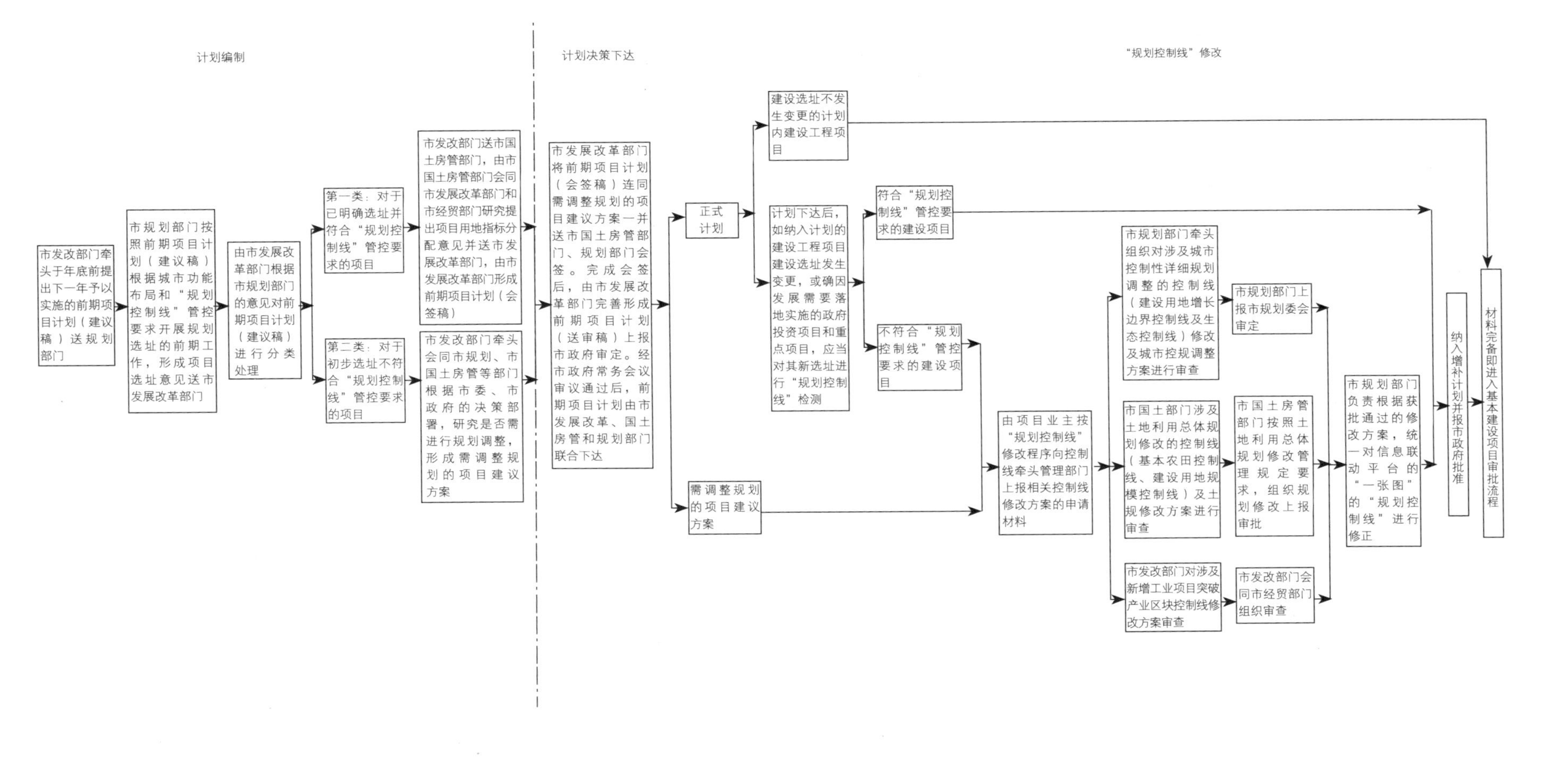

图 7-5 年度重点推进前期工作的建设工程项目计划协调流程图

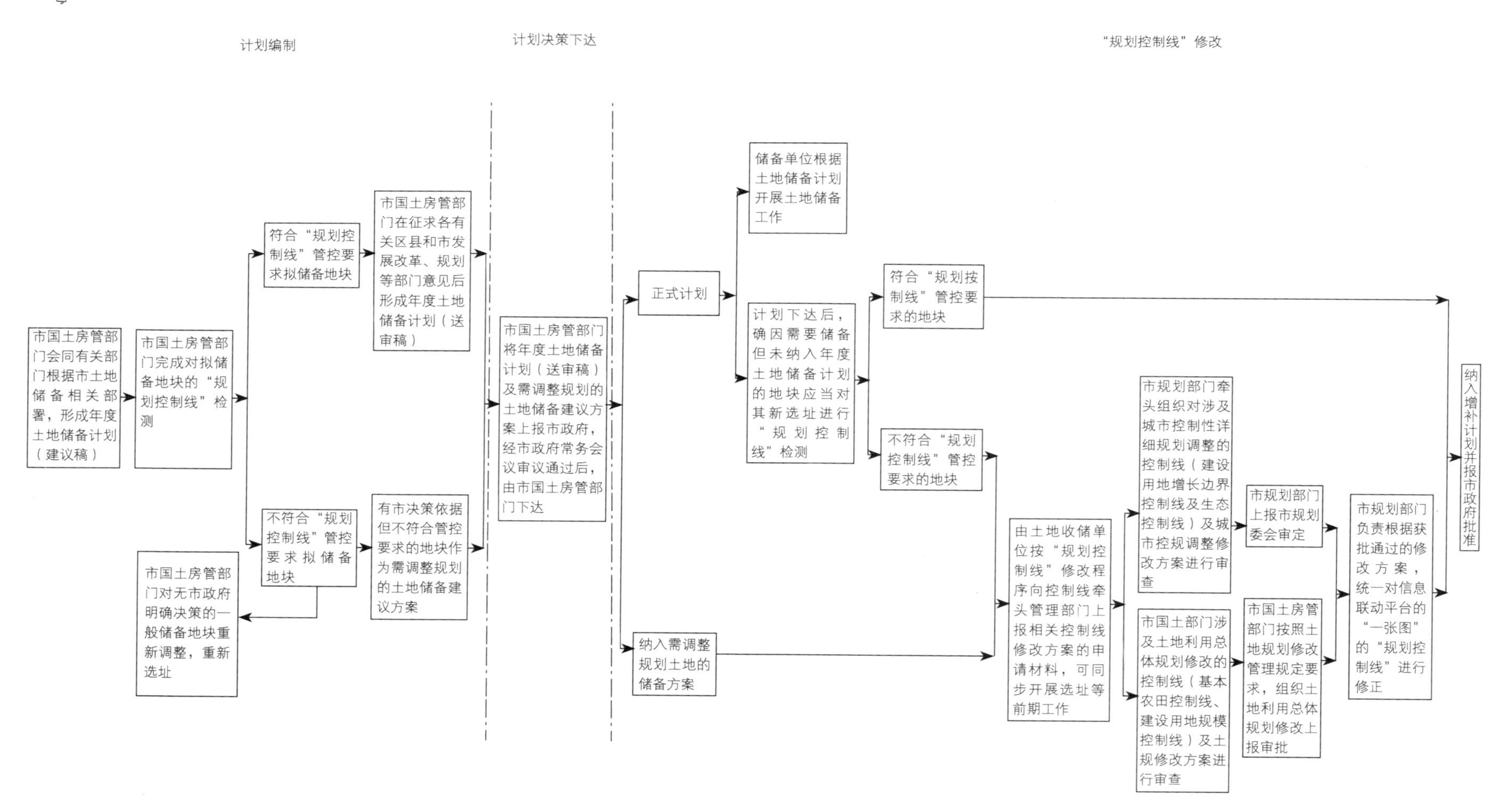

图 7-6 土地储备计划协调流程图

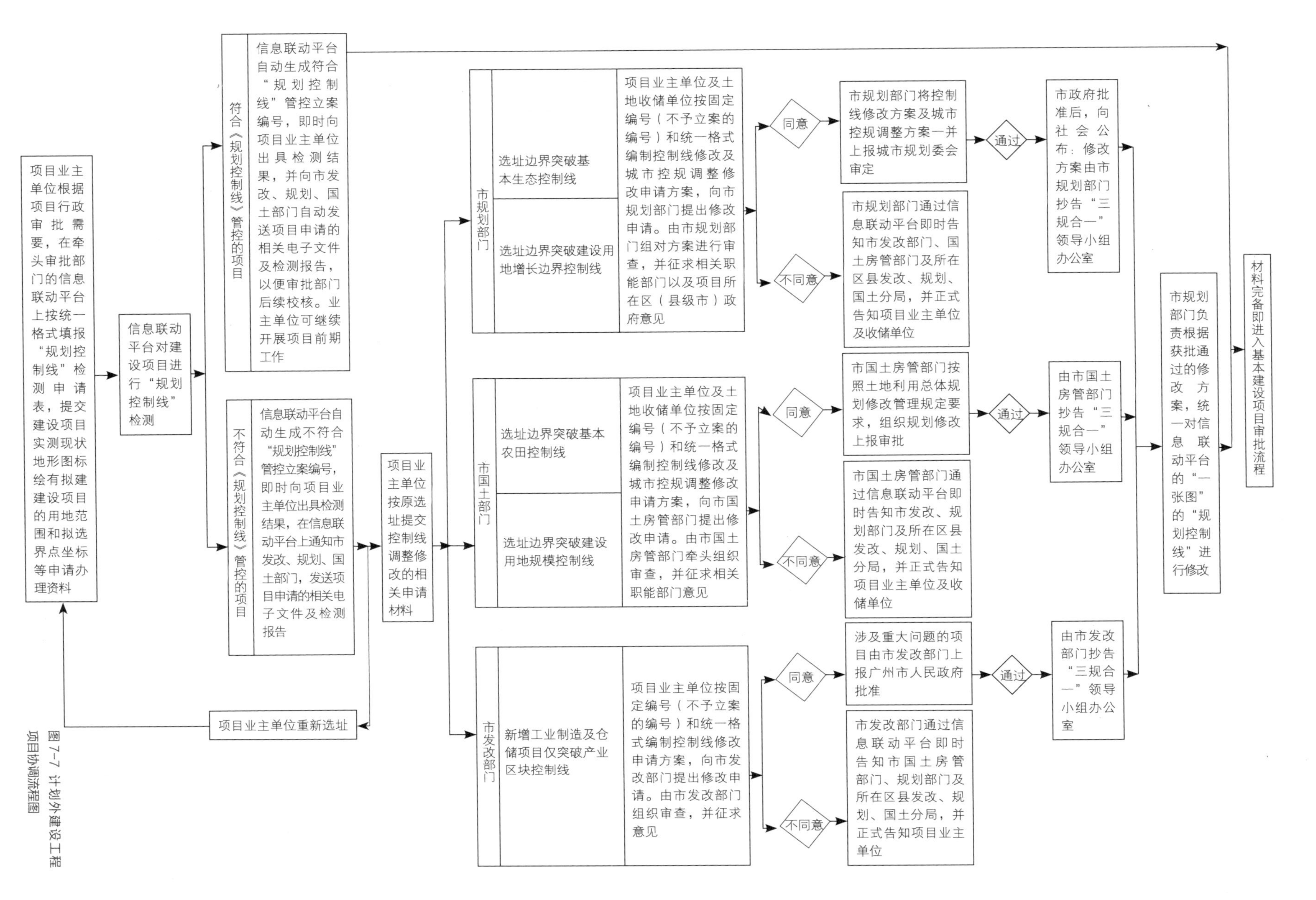

图7-7 计划外建设工程项目协调流程图

第二节　动态更新机制

所谓动态更新机制，是指在统一的静态规划蓝图基础上，应对规划纠偏和修正需求的机制。规划是一个过程，规划不可能一成不变，规划需要适时更新。只有适时更新的规划才能贴近现实，只有贴近现实的规划才有权威性和才能发挥规划管控的最大效果。

通常来讲，规划调整来自于两种情况。

一种情况属于被动调整。一个20年的规划，不可能将所有的用地都安排的天衣无缝、丝毫不差。在城市发展过程中，个别用地有所调整在所难免，用地调整可能会突破三条边界。如果用地调整符合相关政策法规、符合技术要求，且经相关行政程序批准的，应给予调整。对于突破边界部分，"一张图"也应该随之调整。我们称之为边界修正，或"一张图"修正。修正的过程是规划与时俱进的过程。

另一种情况属于主动调整。当今规划领域普遍存在着"检讨"的概念，就是在规划实施一段时间后，将规划与现实进行比对，从而反思规划的偏差，并加以纠正。对规划出现偏差的纠正往往也存在突破三个边界的可能，对于经行政程序审批的纠偏规划，突破三个边界的，"一张图"也应该随之修正。我们称之为规划纠偏，或"一张图"纠偏。纠偏的过程是规划的优化过程。

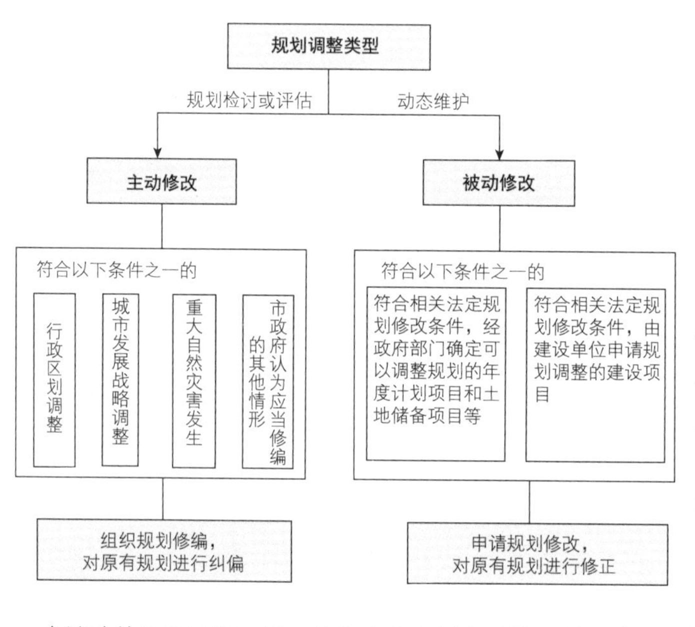

图7-8 规划的修正与纠偏

无论是修正，还是纠偏，都只能是对规划的补充和完善，不能伤害规划的根基和本质，不能违背规划既定的原则和目标。因此，我们需要建立一套动态更新机制，规范规划的纠偏和修正行为，规范修正和纠偏过程中三个规划步调一致的问题，规范修正与纠偏后"一张图"的完整性问题。

"一张图"修正是一个被动的行政过程。即，只有在业主提出建设用地需求超出规模边界时，"一张图"修正程序才需要启动。理论上讲，按照静态协调机制完成"一张图"整合工作之后，超出规模边界的建设用地需求应该先启动边界调整程序。但是，现实中的"一张图"整合到转换为各职能部门的法定文件需要一个漫长的时间。为了确保"三规合一"工作的顺利推进，我们需要一个过渡的行政管理方案，即"一张图"的静态整合和动态更新同步推进。

所谓静态整合和动态更新同步推进，就意味着"一张图"还没有变成部门法定文件的时期，就有了对"一张图"更新的需求和应该履行相关程序。

在这个时期，"一张图"还没有变成部门法定文件就意味着有些用地可能符合部门现行管理条件，但不符合“一张图”要求。或者相反，有些用地可能不符合部门现行管理条件，但符合“一张图”要求。因此，我们需要在日常行政管理中将这两种情况能够用一种简约的办法筛选出来，并加以处理。

我们需要在过渡时期增加一道环节：“三规合一”符合性检测，即边界检测。在过渡时期，实际上有现行国土边界，现行城规边界和“一张图”边界等三个边界共存，而每个边界又是由规模边界、增长边界和生态边界组成。也就是说，在过渡时期，一个城市的市域空间实际上有九条边界交织在一起。检测结果自然会出现多种复杂情况。我们可以把可能出现的各种各样的情况归纳为三大类：第一大类是用地选址在城规、土规和“一张图”规模边界范围之内的；第二大类是用地选址在“一张图”增长边界之内，但不属于第一类情况的；第三类是在“一张图”增长边界之外的。

具体做法是，在建设项目行政初审阶段，由首接行政管理部门进行“三规合一”符合性检测。对于第一类情况，可由首接单位直接办理相关行政审批手续，并向其他部门自动发送项目申报的相关电子文件及检测结果报告，以便审批部门后续校核。

对于第二类情况，首接行政管理部门应区分不同情况，提出不同的处理路径。比如，没有进入国土规模边界的，要办理土地规划变更手续。没有进入城规增长边界的，要办理城市规划变更手续。在相关前期手续完成之后，相关单位方可继续开展项目审批工作。

对于第三类情况，首接部门也应该向其他部门发生不符合检测的个案编号，发送项目申报的相关电子文件及检测报告。项目建设单位根据项目实际情况决定是否重新选址和提交控制线修改方案申请。

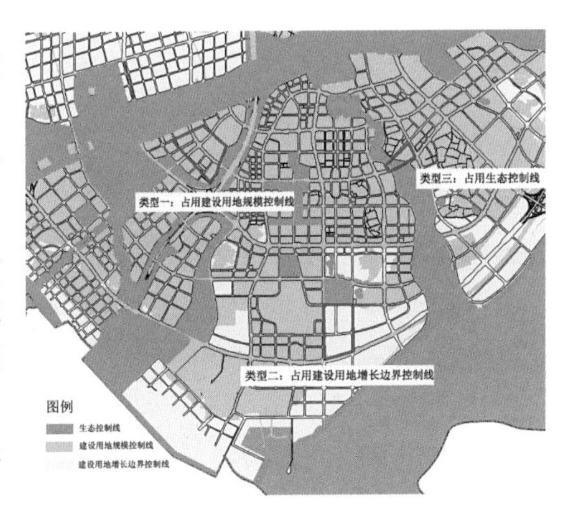

图 7-9 符合性检验的三类情况

“一张图”整合工作完成之后，“一张图”的规模边界即为国土和城规的法定规模边界，“一张图”的增长边界即为国土和城规的法定增长边界，符合性检验出现的情况会大为简化，但三种类型依然存在，处理方式依然相同。

“三规合一”的主要工作内容是统筹边界。统筹边界既包括蓝图边界的统筹，也包括边界动态更新过程的统筹。因此，我们需要两个机制，一个是静态协调机制，另一个是动态更新机制。

静态协调机制主要用于规划蓝图边界的统筹工作。蓝图工作完成的标志是我们能够得到全市域规划“一张图”。当我们开始用“一张图”进行行政管理的时候，静态协调机制的任务就基本结束，它需要等到下一轮规划编制开始才能再次发挥作用。

动态更新机制主要用于规划“一张图”的统筹修编工作，它伴随城乡发展全过程。动态更新机制需要统筹规划边界修编的政策法规、规范规划边界修编行为。同时还需要加强各个法定规划的联动效应，保证“一张图”与法定规划由始至终的一致性。

规划边界修编通常可分三种情况。

一种情况是新增建设用地需要使用规模边界外，增长边界内的土地，这属于常规边界更新范畴。其基本程序应当遵循：业主单位可提交相关申请材料，相关部门建立会审制度，确定审查意见，由城市作出最后决策。相关部门在审查中，不仅需要对突破规模边界的用地面积、位置和功能提出统一的意见；还要对规模边界内相应减少用地的面积、位置和功能提出统一的意见。规模边界的更新应通过政府网站、新闻媒体、公开展示等方式向社会进行公告，并征求利害关系人的意见。

第二种情况是新增建设用地突破增长边界。通常来讲，只有满足三个条件之一的才能将新增建设用地置于增长边界之外。一个条件是经国务院或省、自治区、直辖市人民政府批准的大型能源、交通、水利等基设施用地，需要突破增长边界的；另一个条件是由于上级规划的修改，需要逐级规划作出相应修改的。还有一个条件是城市政府不可预见事件的发生。比如，国家和省重点建设项目落户、行政区划调整、灾后重建、重大污染企业搬迁用地等。上述三种情况，应在履行相应手续，并同时提出规模边界内相应减少用地的面积、位置和功能后，方可修正增长边界。增长边界修改应制定修改方案的文本、图纸、电子数据文件等，并按规定开展征求部门意见、听证、专家论证及公示工作。

第三种情况是新增建设用地进入生态边界。这是在一般情况下不允许发生的情况。只有铁路、公路和高速公路等线性建设用地方可穿越生态边界。

在规划边界修正过程中，必须加强各个法定规划的关联度，保证“一张图”与法定规划的一致性。

动态更新机制应该起到的作用是：统筹统一各个法定规划，实现边界修正的一致意见。统筹启动各个法定规划的修正时间，保持法定规划修正同步进行。统筹“一张图”的修正时间和内容，保持和法定规划的一致性。

动态更新机制通常需要通过两种手段保证三个统筹：信息交换制度和意见表决制度。

在信息交换制度方面，建立统一的信息平台，消除部门之间信息壁垒，实现高度信息共享，对统一决策意见有至关重要的作用。同时，统一信息平台还有利于统一的边界修正时间和进程，有利于行政同步管理，有利于减少不必要的行政流程。

在意见表决制度方面，应突出首接部门责任制的作用。通过首接部门的主办功能，对接其他部门的核心意见，防止部门之间的推诿，有利于最终意见的统一，提高行政管理的效率。

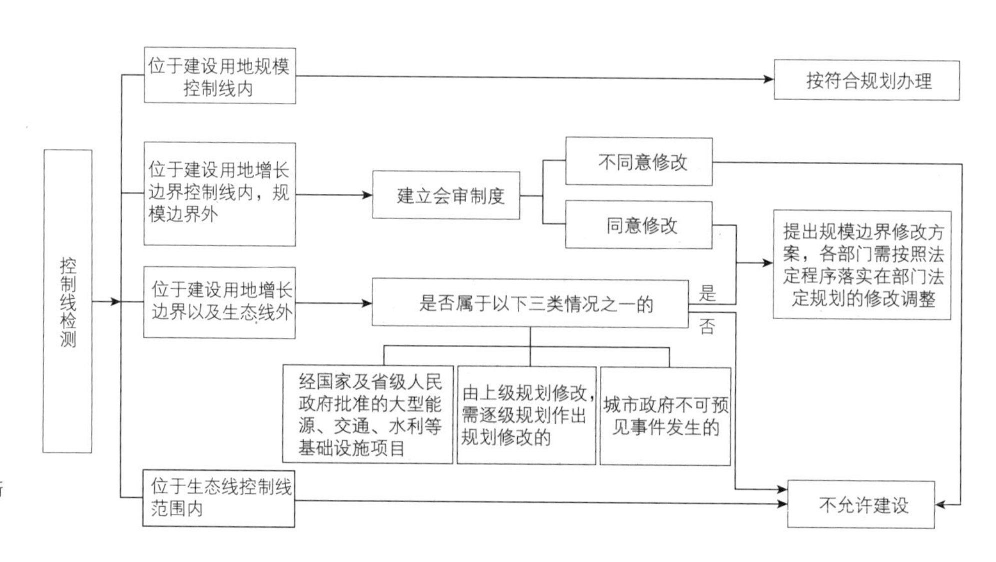

图 7-10 增长边界内外新增建设用地处理原则

规划纠偏源于城市规划实施的研究。对城市规划实施评价的系统研究始于马丘比丘宪章前后。当然，对规划方案和城市规划的评头论足自古有之。我们所说的实施评价是指以一种量化的手段，通过对比找出规划蓝图与城市现实发展之间的差异，找出产生差异的原因，并提出决策和建议的一种方式方法。

随着系统方法在城市规划运用的推进和经济学、政策以科学方法的进一步完善，对城市规划的评价研究得到了广泛的开展。

1978年，艾德曼和希尔运用空间迭加的技术，将土地利用规划和土地利用现状进行对比，得到了规划实施的“一致和不一致”，并对影响规划实施效果的政治等其他因素进行回顾和分析。这一研究开启了对规划实施结果进行定量分析评价的思路。

Calking提出的“规划监控体系”，即建立由一系列可量化的指标构成的反映城市发展变化的指标体系，即包括规划或预见到的城市发展变化，也包括未预见的城市发展变化。这个指标体系可以用来量化的反映规划和现状的差距以反映规划实施的效果。遗憾的是，这一研究方法仅限于理论阐述，并未提供可供借鉴的实际研究结果和指标体系。

Bryson等人在1990年时提出的对规划影响评价的定量研究。研究重点是确定影响规划目标实现的因素，涉及规划的整个历程，既包括规划实施之前的影响因素，也包括影响规划实践中的因素。在一定程度上，这一研究已经超越了规划实施效果的范畴，尤其是在对规划管理效率的评价方面的研究。

Talen于2001年在建构规划实施评价研究体系的背景下，提出了对于规划实施结果与编制成果间关系的看法。他认为，虽然日趋成熟的政策实施分析早已辨明了政策决议与实施结果间的差异，但是规划师仍然有必要细致地探究规划(Plan)是否被真正地实施、实施的程度又究竟如何等基本问题。在他所进行的美国科罗拉多州Pueblo市城市规划实施评价的研究中，通过比较现实中公共设施的布点是否与规划文本和图则中的描述相一致，力求探明规划的作用和实施影响。在研究中，Talen十分强调规划的实施程度以及规划方案与实施结果的一致性，但这并不是单纯地进行规划与现实间的空间比对。他对规划实施获得成功的定义是：规划实施后居民与公共设施间的空间关系应该近似于原来规划所要达到的。也就是说，评价工作不必拘泥于对公共设施具体位置的评判，只要其分布及服务半径符合规划的意图即可。因此，Talen首先采用线性分析的方法对规划方案与1990年时的公共设施可达性进行比较；其次，对规划进展和实施结果间的变化关系进行双变量分析；最后，再运用回归分析的方法，通过比较规划与现实间市民利用公共设施的可达性，评价此项规划最终的价值程度。

在我国，研究规划在宏观决策层面和空间总体发展过程中的作用，主要是从实际实施的状况和规划内容的比较上来确定规划的内容实现了多少，实现的程度如何。

孙施文和邓永成（1997）采用的方法是选择上海1980～1990年作为研究时段，在每一个调查抽样年度中选取两个月份（4月和12月）的所有批准案件进行调查和统计，再根据各类建设项目的性质，将全市的用地分为5类不同的地域：中心区、内城区、市区、毗邻区和郊区分别进行统计，调查出规划和实际用地之间的差异，然后通过对规划管理体制的分析，检讨规划在建设中的作用如何及主要原因。

蒲向军（2005）则采用GIS的方法，对天津市1984、1995和2002年的规划与实际用地的情况进行了比照，检查用地的吻合度，及用地吻合度在不同空间地域的分布，从

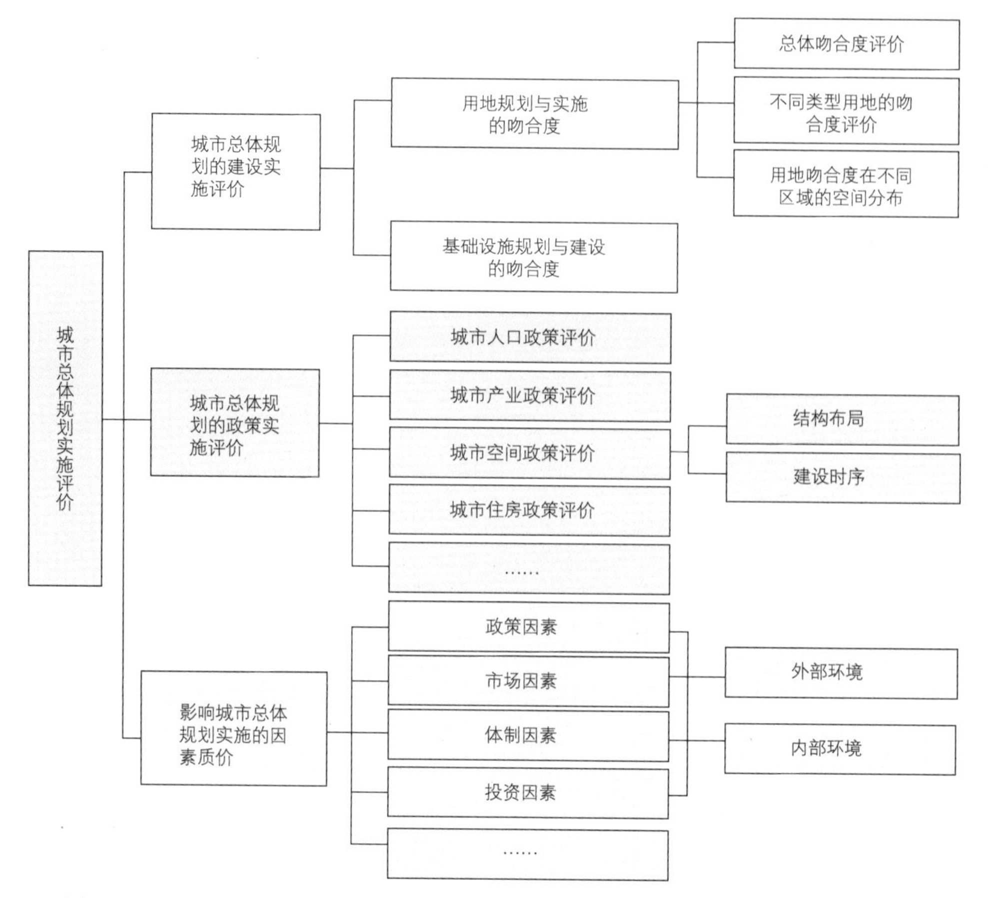

图 7-11 城市总体规划实施评价的框架

而分析评价其实施效果。然后通过调查问卷和访谈的方式，来分析影响总体规划实施的因素。

由以上比较可以看出，西方发达国家对规划实效的评价，较注重综合的效果，尤其是对规划意图和政策的评价。以政策分析为思想基础的城市规划实施评价分析研究，在西方城市规划已获得了较大的发展，有关规划的评价分析从最初单纯应用数理统计方法对规划内容及其要素分布的合理性进行研究分析，逐步转变到对影响和决定规划成效的城市规划实施的评价分析，表明了规划已经从以规划编制为核心的框架体系逐步地转移到对规划实施的关注，在这样的关注中，确立了规划是一个完整过程的理念，而一旦建立了规划过程的体系框架，就融入到了社会实践的基本范畴之中。在对规划实施进行评价分析的研究中，从侧重单一的“结果评判”向关注多元的“过程检测”的理性转变，以及伴随此过程中技术——道德—综合的评价价值观的演化路线，不仅完善作为方法的评价分析本身，同时也逐步完善了规划的总体知识架构。

我国由于规划信息、规划政策研究欠缺等原因，对总体规划的评价主要局限于对实际用地和规划之间的区别上。与综合的规划实效评价相比，这种评价方法可以对原有规划对城市建设的指导作用进行大概的评价，然而对原有规划成果的科学性则无法进行评估，也难以充分体现规划的政策属性。

边界管理研究应参照上述方法，对比静态边界与修正边界，评价边界确定的合理性。这种评价是动态更新机制工作的一项重要内容。其主要方法是比对实施了一段时间之后所形成的城市边界与原确定规模边界，分析差异的状况，差异产生的原因。进而对边界差异产生是否会影响规划成果，边界的刚性和柔性要求是否会影响规划内容的实施进行评价。这类研究倾向于运用实证技术的方法以分辨规划目标与实施结果间的对应关系，其分析的重点相应集中于规划实施前后关系的比对上和边界限定与规划实施的关系上。

通过边界修正的规模、位置及其发生频率等内容的研究，寻求客观规律，完善三个规划编制，同时也帮助完善“三规合一”的静态协调机制和动态更新机制。借鉴国内外规划实施评价的经验，我们可以借助GIS手段，沿用常规方法，检查城市发展边界与规模边界的吻合程度。也可以运用定性分析的方法，探讨规划中设定的政策目标是否实现，实现的程度如何及其原因，它们是否与边界设定关联、程度如何。

储备用地计划和重大项目计划既具有规划特征，又有具体用地要求，应在计划过程中进入符合性检验环节，以利于后续工作的顺利展开。

检验后的储备地块和重点项目及政府投资项目的建设用地，同样也可能出现三类情况，对于部分建设用地可能出现前两类情况的，既定计划内容可以不改变，但需增加前期工作的内容。对于部分建设用地会出现后一类情况的，三个部门应共同深入研究，需要改变计划的，则应改变计划，确属重要的应作出说明，并提出调整“一张图”边界的路径和方式方法。

为加强“三规合一”运行联动，发展改革、国土房管、规划部门根据各自职能分工，做好沟通协调。发展改革部门牵头同各有关单位建立投资项目储备制度，形成全市统一的项目库。年度市重点项目、政府投资项目和土地储备项目根据相关标准原则上从项目库中遴选，项目库本身实施滚动更新；牵头会同有关部门研究提出保障全市产业区块发展规模、促进布局优化的意见。国土房管部门结合“四线”运行管理，制定《土地储备计划》管理办法。通常情况下，储备地块和重点项目及政府投资项目的建设用地计划应纳入主动纠偏程序。

纠偏涉及对正在执行的规划调整，应该在年度计划、近期规划乃至于中长期规划中落实。如果规划纠偏涉及对三个边界的调整，则应该按年度或每五年修正法定规划内容，并同步对“一张图”进行调整。

规划纠偏对于提高政府的行政效率有着积极的意义。特别是年度计划和近期规划的纠偏工作发挥好的话，将会大大减少具体的新增建设用地项目对三个边界的冲击。

第三节　探索保障的体制

我们现阶段的“三规合一”工作是基于现有规划法律体系、现有规划编制体系和现有规划管理体系下的基于城乡空间的衔接和协调工作。通过“三规合一”工作，我们建立了一套完整的协调和衔接机制，让三个规划蓝图可以无缝对接，通过无缝对接的规划蓝图提高行政效率，减少规划摩擦。在统一的规划蓝图基础上，还可以制定游戏规则，进行动态管理，既保证规划的严肃性和刚性特征，又赋予其灵活变通能力，使其能够面对千变万化的世界。

但是，对于城市的长远发展来说，从前文第三章、第四章论述中我们知道，无论是大陆法体系的德国、荷兰，还是海洋法体系的英国，或是东亚文明的日韩，这些经济发达、土地利用高效的国家都拥有职能分工明确、体系设置完善、法律与规划密切配合的空间规划体系。也就是说，构建良好的城市空间规划体系对协调城市空间规划关系，发挥城市空间规划作用，促进城市高效运行具有重要的作用。

“三规合一”工作的核心内容是基于城乡空间协调国民经济和社会发展规划、城乡规划、国土规划之间的关系。在此基础上，继续融合农林水、科教文卫等空间专项规划，形成“多规合一”。由此，我们可以很明显地看到，“三规合一”工作与构建理想空间规划体系的关系：“三规合一”是构建理想城市空间体系的先行探索，理想空间规划体系的形成是“三规合一”工作的归宿。也就是说，“三规合一”工作还有一个非常伟大的意义，就是理顺城市中的经济、社会、土地管理、城市建设等各种空间规划之间的关系和职责，探索形成分工明确、组织有序的理想空间规划体系。

从另外一个角度讲，理想空间规划体系的形成是“三规合一”工作在更高层级的升华，是“三规合一”工作的终极保障和终极目标。

对于这种理想空间规划体系的构建，很多城市在“两规合一”或“三规合一”过程中，自觉或不自觉的都在进行探索，其中很多设想值得我们研究和借鉴。

重庆市是探索城乡大综合规划方面走得比较早的城市。重庆市充分利用全国统筹城乡综合配套改革试验区先行先试的政策，将产业发展规划、城乡总体规划、土地利用总体规划、生态环境保护规划进行叠合，整合成经济和社会发展总体规划。并称之为：“四规叠合”。

“四规叠合”与“三规合一”的宗旨十分接近，都在力促产业发展、城镇建设、国土管理和环境保护等方面的“衔接”和协调，都在探索突破大农村和大城市并存的城乡二元困境，都在极力避免部门利益之争，都在试图打破规划的部门割据状态。

在“四规叠合”的过程中，重庆强调建立各级各类规划定位清晰、功能互补、统一衔接的规划体系。规划体系按层级分为市级规划、区县级规划，按类型分为国民经济和社会发展总体规划、主体功能区规划、专项规划、区域规划、区县空间发展规划以及土地利用规划、城市规划和乡镇规划、村庄规划。国民经济和社会发展总体规划是行动纲领，是其他各类规划编制的依据。

重庆“四规合一”的特点是树立主体功能区规划的权威，明确主体功能区规划其战略性、基础性、约束性规划的地位，强调区域发展战略制定、发展规划编制必须要以主体功能区规划为依据。同时，“四规合一”还强调规划间相互衔接，在规划编制过程中，下一级规划确定的发展目标、空间布局和重点任务必须与上一级规划进行充分对接，下一级规划是对上一级规划的落实，通过衔接避免规划相互间的不协调。

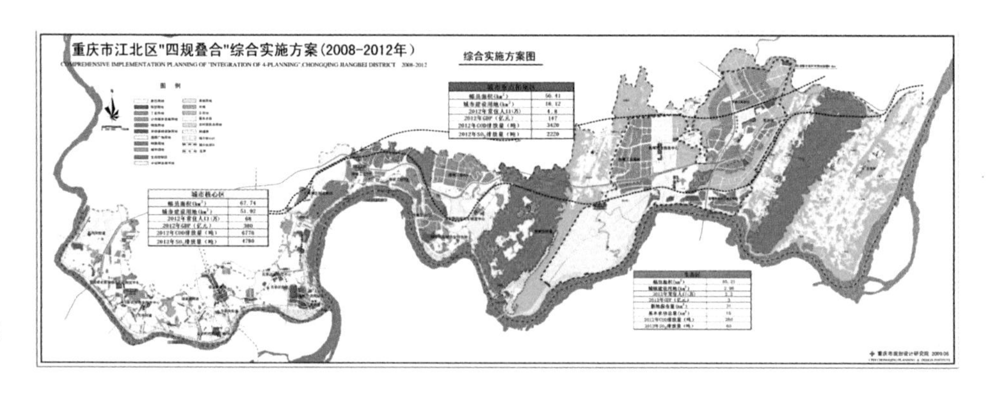

图7-12 重庆市江北区“四规叠合”综合实验方案

上海市在行政机构设置上就将国土管理部门和城市规划部门合并为上海市规划和国土资源管理局。因此，上海的成功经验特别突出地表现在“两规合一”的研究方面。

上海市规划和国土资源管理局重点提出了“三条控制线”管控方案和相关的配套设施。三条控制线包括规划建设用地控制线、产业区块控制线和基本农田保护控制线，根据不同控制线的实际运行特点，分别实行刚性管制。

上海市规划和国土资源管理局认为城市规划是政府调控城市空间资源，指导城乡建设与发展的重要依据。城市规划通过有效的管理手段和政策引导控制，规范土地利用和开发建设行为。突出强调统筹土地利用规划和城市规划，在推进土地利用总体规划修编中，同步开展了“两规合一”工作。

深化完善城市总体规划，逐步改变城市“外延式扩张”的发展模式，不断增强新城发展能级和“反磁力”作用，合理引导人口和产业布局，优化完善市域城乡规划体系。

增强控制性详细规划编制的操作性和有效性。重点推进“五个一”：形成一张全覆盖网络、完善一份法定图则、建立一套有效制度、搭建一个全要素平台、组建一个机构。制定实施《控制性详细规划技术准则》，坚持科学性，体现舒适性，强化安全性。强化项目实施管理，重要项目方案必须经过公众参与和专家论证，努力实现项目方案与城市空间的和谐统一。

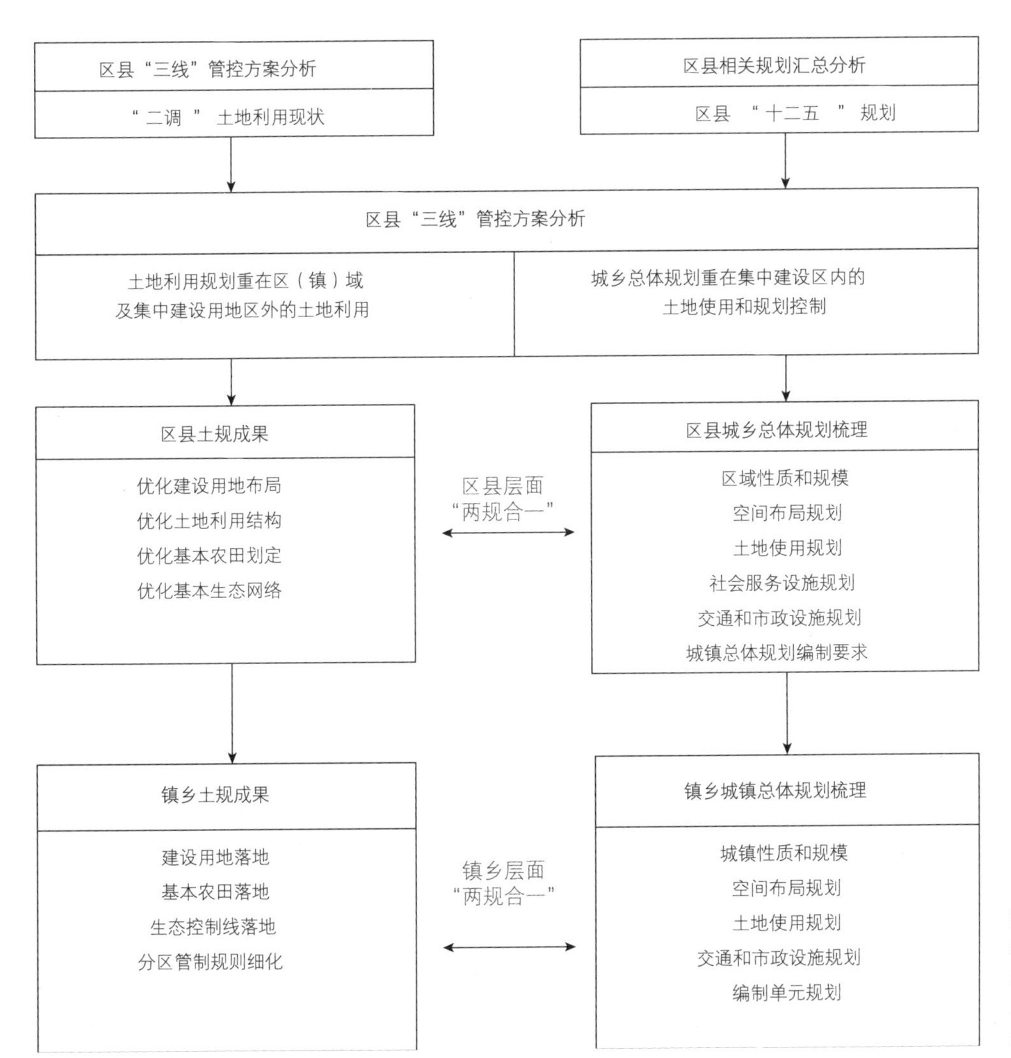

图7-13 上海市“两规”梳理编制工作流程框图

图片来源：上海市规划和国土资源管理局，上海市“两规合一”工作技术成果

完善规划管理体制。提升城市规划管理的理念、方式和运作机制。坚持规划决策、执行、监督三分离的管理模式：市主要负责前瞻性、全局性规划的编制和审批，加强对全市规划执行情况的检查和执法监督；区县主要实施建设项目审批和项目管理，推动城市全面协调可持续发展。

2009年，武汉市国土资源和规划局正式成立，为解决规划打架问题，探索“两规合一”工作，武汉市实行“两规”编制单位合署办公，构建“两规合一”的规划编制体系，建设一体化的基础研究平台，协调空间布局、建设规模，并探索弹性的规划实施机制。

在规划编制体系上，建立了“两段五层次、主干加专项”的“两规合一”编制框架。“两段”是指导控型规划+实施型规划，“五层次”是指导控型规划三个层次，即“城乡总体规划+市级土地利用总体规划”、“分区规划+区级土地利用总体规划”、“控规+乡级土地利用总体规划”；以及实施型规划两个层次，即“近期建设规划+中长期土地储备规划+功能区实施规划”和“年度实施计划+年度土地储备供应计划”。在具体编制过程中，同一层次的“两规”采取同步编制的方式，根据各自特点，循环对接规划内容。

在具体内容上，重点衔接空间布局和建设规模。功能布局以城乡总体规划为主，耕地保护以土地利用总体规划为主；不同区域进行差别化管理、实施，中心城区以存量用地为主，以控规导则进行管控，新区建设以增量用地为主，以乡镇土地利用总体规划、乡镇建设规划（一套成果，分别报批）进行衔接；确定“6+3”园区，并确保“两规合一”，使工业项目落地有保障。

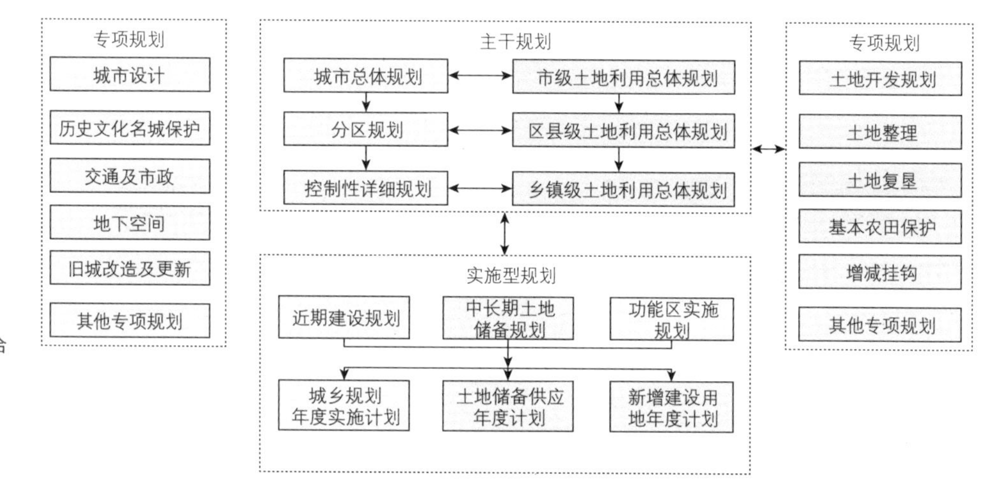

图7-14 武汉市“两规合一”规划编制体系
图片来源：武汉市国土资源和规划局《武汉市“两规”编制体系专题研究》

深圳市将规划、国土、房产、城市更新、测绘、海洋、土地监察、地质环境、地名等管理职能归口于深圳市规划和国土资源委员会。形成大一统的行政管理机构，解决了部门交叉打架的问题。

在行政架构改革的基础上，深圳市在城市总体规划修编的同时启动土地利用总体规划的修订工作，两个规划在理念和内容上均进行了衔接和协调。有关城市建设用地原则以城市总体规划为准，有关非建设用地方面原则上以土地利用规划为准。

特别值得一提的是，深圳市在编制《深圳市坪山新区综合发展规划（2010–2020）》时，以空间结构为主线，将城市规划与土地利用规划、国民经济和社会发展“十二五”规划等充分衔接，积极探索“多规合一”的综合性规划编制的思路。

河源市依托“三规合一”开展了城乡发展总体规划的编制工作。河源的城乡发展总

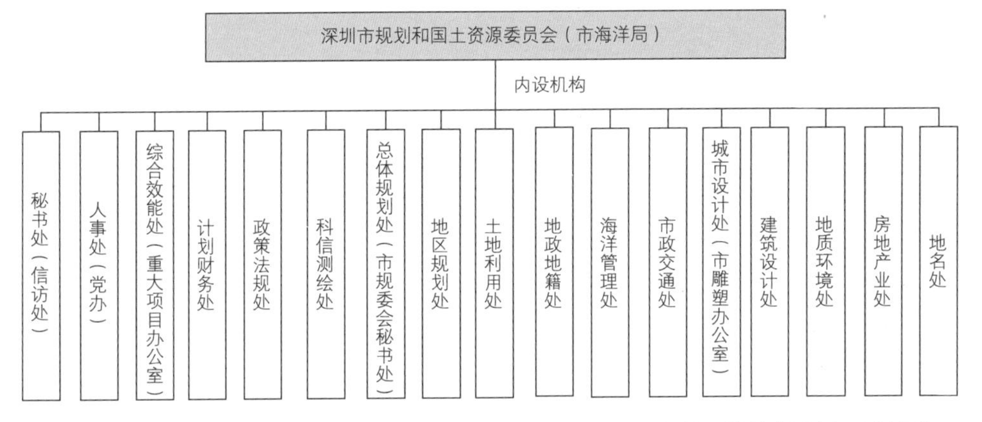

图 7-15 深圳市规划和国土资源委员会职能

体规划建立了以国民经济和社会发展规划定“目标”，以土地利用总体规划定“指标”，以城乡规划定“坐标”的概念。强调三个规划的融合关系，并力促三个规划融为一体。

河源的城乡发展总体规划确定了规划编制技术路线：统一基础数据、统一目标、统一标准；协调土地利用总体规划、协调空间管制；建立“三规合一”协调实施平台。简称为：“三统一、二协调、一平台”。

河源的城乡发展总体规划强调“城乡规划”与“土地利用规划”的协调。强调在城乡建设用地规模不变的前提下增加城镇建设用地规模，通过城乡建设用地增减挂钩策略，突出“三旧”改造中旧村更新改造的作用，通过减少农村建设用地的规模增加城镇建设用地。强调在城乡建设用地规模和城镇建设用地规模都不变的前提下调整城乡建设用地空间布局，通过低效园地、山坡地改造补充所占耕地，既满足城镇发展用地需求，又有效落实土地利用规划的控制指标，实现城乡规划和土地利用总体规划的有效衔接。

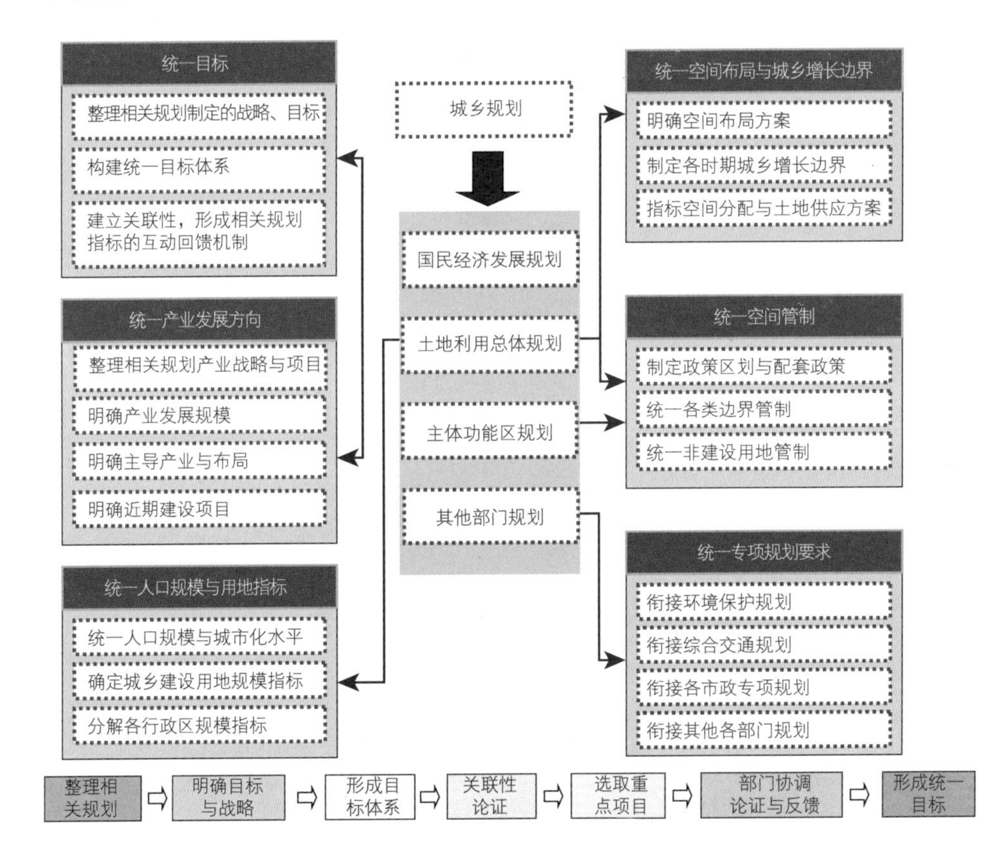

图 7-16 河源市“三规合一”统一路径

图片来源：河源市住房和城乡规划建设局，《河源市城市总体规划“三规合一”技术报告》

河源的城乡发展总体规划建立的“三规合一”空间管治体系侧重于通过协调主体功能区规划、城乡规划和土地利用总体规划等空间规划的管治要求，划定优先发展区、潜力增长区、限制开发区和禁止开发区等四条控制线，实施相应的管治措施。

云浮市在广东省率先推行市规划编制委员会统筹整合规划编制的工作机制。根据2009年《云浮市委、云浮市人民政府关于印发云浮市人民政府机构改革方案的通知》，云浮市人民政府组成部门中增加了规划编制委员会。

云浮市规划编制委员会几乎包揽了所有与规划有关的工作：包括组织制订全市资源环境、城乡区域统筹发展规划。国民经济和社会发展规划、城乡规划、土地利用总体规划、产业布局的规划。和负责牵头组织各部门开展专项规划编制和规划调整工作，并对各项规划及规划调整进行审核。

在行政改革过程中，云浮市以资源环境城乡区域统筹发展规划为基础，以国民经济和社会发展纲要为指导，以城市总体规划为依据，以土地利用总体规划约束性指标为限制，理顺三个规划关系。综合空间层次、规划内容和行政管理等方面内容，借助于GIS技术，建构“三规合一”基础地理信息平台。借助基础地理信息平台协调三个规划。提出了“一套规划、统一编制、统一平台、分头实施”的思路。

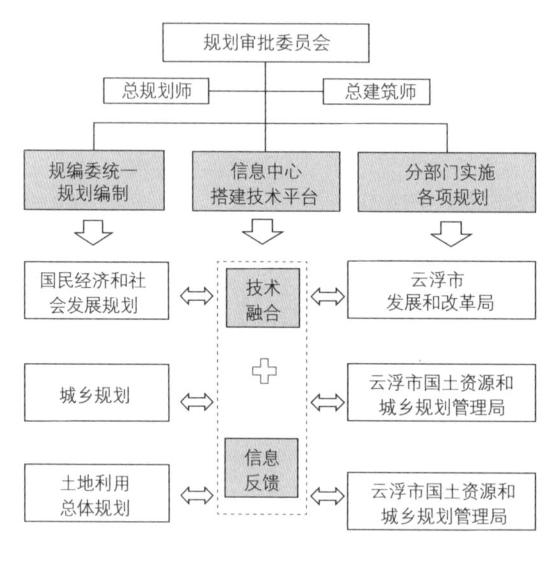

图7-17 云浮“三规合一”规划管理行政结构
图片来源：参考赵嘉新，黄开华《“三规融合”视角下的城乡总体规划编制实践——以广东云浮市为例》绘制，出自《多元与包容——2012中国城市规划年会论文集(02.城市总体规划)》

云浮市的机构改革无疑是对如何组织有效综合大规划探索，具有较大的现实意义和历史意义。当然，改革绝非一蹴而就的事情，它需要一个长期探索和研究的过程。

这些城市的探索给我们构建理想空间规划体系提供了有益的借鉴。这些城市有的从改革空间规划行政管理架构入手，探索规划管理体制的新模式；有的从探索规划编制体系衔接关系入手，探索规划编制体系的对接关系。这些基于“两规合一”或“三规合一”、“多规合一”的尝试为我国形成理想空间规划体系提供了很好的实证经验。

下面，我们再来回顾一下国外空间规划体系的设置情况，希望通过他山之石，为研究我国的空间规划体系提供启示。

本书前文已经详细论述了各国规划体系的特点，总结起来包括以下几个特点：

第一个特点是空间规划层次合理清晰，各种规划分工明确、相互衔接。例如，德国空间规划体系分为国家层面的空间规划政策指导纲要，州层面的州发展规划、区域规划和地方层面的预备性土地利用规划、建设规划，规划层级清晰，各层级规划的编制必定以上一层级规划的编制为依据，构成连续有序的规划体系。这种规划体系的设置方式使得每个层级的规划既能从整体区域的角度考虑问题，同时又可以在进行下一层级规划时可以根据空间发展侧重点的不同进行各种利益之间的协调。

日本的空间规划体系中，国土综合开发规划、国土利用规划是协调国家与地方空间关系的核心。其中日本的国土利用规划分为国家、省、市町三级，彼此衔接密切。

在国土综合开发规划、国土利用规划的指导下，地方政府编制土地利用基本规划，明确城市土地空间分区，在城市土地空间分区基础上，对于不同地域制定不同的土地利用详细规划，如在城市区域，制定城市规划，在农业发展区域制定农业发展规划。这种体系连续、职责清晰的空间规划体系，有序的引导了日本的国土空间发展。

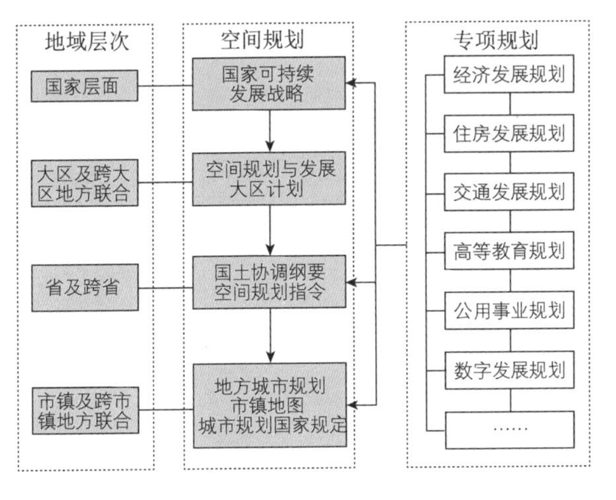

图 7-18 法国空间规划体系示意图

法国的空间规划体系包括国家、大区、省、城市四个层面。国家层面制定国家可持续发展战略；大区层面制定空间规划与发展大区计划；省层面的空间规划有两种，分别为国土协调纲要和空间规划指令；城市层面的空间规划有三种，分别为地方城市规划、市镇地图和城市规划国家规定。在这些主干的空间规划的基础上，每个层面都有若干专项规划相配合。

国外空间规划体系的第二个特点是空间规划法律体系完善，并与空间规划编制体系密切配合。我们再以德国、日本为例。

德国的每个层次的空间规划都具有相应的法律支持。德国联邦层面的空间规划以《联邦宪法》和《空间规划法》为依据，州层面的空间规划以《空间规划法》、《空间规划法条例》，以及依据《空间规划法》制定的《州空间规划法》为依据；而地方层面的空间规划则以《建设法典》、《建设利用条例》和《州建设利用条例》为依据。与空间规划编制体系完全配合的空间规划法律支持体系，为空间规划的编制、协调、实施提供了法律保障，体现了空间规划的法定性和强制性特点。

日本的国土综合规划、国土利用规划、土地利用基本规划依据《国土综合开发法》、《国土利用计划法》进行编制，而土地利用基本规划划分的城市区、农业区、森林区、自然公园区和自然保护区又各自对应《都市计划法》、《农业振兴区域整治法》、《森林法》、《自然公园法》、《自然环境保护法》。都道府县或市町政府依据这些法律，按照不同规划编制权限，在土地利用基本规划划定的不同区域并制定城市规划、农村综合发展规划等规划。可以说，日本的空间规划法律体系与编制体系是完全穿插在一起，法律明确了规划的地位和作用，规划界定了法律的适用范围。

除德国、日本外，英国、美国、加拿大、韩国等国家都有完善的空间规划法律体系。

法国空间规划体系中与之对应的是国土开发的空间政策体系。其政策体系包括综合政策、分区政策和专项政策。分区政策是综合政策的补充，专项政策是综合政策的细化。与综合政策对应即前文提到的主干空间规划，与分区政策和专项政策对应的是专项规划。

由此可见，与空间规划体系相配合的完善的空间规划法律体系或者政策体系可以说是空间规划体系得以顺利运行的重要保证。

国外空间规划体系的第三个特点是空间规划管理机构的职能分工明确，相关部门衔接顺畅。如德国的联邦空间规划管理部门是联邦政府城市发展房屋交通部、州和地方的空间规划管理部门是州和地方规划部门。涉及区域协调的问题时，会由上级规划部门及利益方的规划部门组成联席会议进行协调。

日本的空间规划行政管理体制与空间规划体系配合，从国土规划到城市规划是一个从上而下的过程。

针对整个日本国土的国土利用规划由日本国家土地署负责编制，编制过程中要与中央政府的有关部门(包括建设省、运输省、农渔业省和内务省）和地方政府进行磋商和协调。

而城市规划的编制和审批采用分级制度。中央政府建设省的都市局是城市规划和城市建设的主管部门，主要职能是协调全国层面和区域层面的土地资源配置和基础设施建设，和负责城市规划区内的城市化促进地域和城市化控制地域的划分、指定地区（大部分25万或25万以上人口的城市）的土地使用区划、大型公共设施和大规模的城市开发计划的审批工作[①]。

①唐子来，李京生.日本的城市规划体系[J].城市规划，1999,（10）.

都道府县和市町村两级政府则负责不同类型城市规划的编制工作。其中，都道府县政府负责具有区域影响的规划事务，包括城市规划区中城市化促进地域和城市化控制地域的划分、25万或25万以上人口城市的土地使用区划等。区市町村政府负责与市利益直接相关的规划事务，包括25万人口以下城市的土地使用区划和各个城市的地区规划，跨越行政范围的规划事务则由上级政府进行协调。

一般来说，在空间规划行政管理体制中，中央政府负责制定法规、提出国家空间规划方向，并对重要地区的空间规划进行审批。中间层级的省、州等政府负责区域协调型规划的编制工作，地方政府负责涉及本辖区的空间规划的编制，并负责具体的规划实施。

对于我国来说，无论是国民经济和社会发展规划、城乡规划，还是土地利用总体规划经过多年发展，都各自形成自上而下的规划体系。但是对于整个国家或者整个省，再或者整个城市来说，这些规划体系是相对独立的，彼此之间是不协调的，规划体系之间的矛盾会给城市空间管理带来诸多问题，而这些问题就是“三规合一”工作的缘起原因之一。理顺空间规划体系之间的关系，建立理想的空间规划体系必将是“三规合一”后续工作中不可回避的问题。

我们知道，当前决定我国城市顶层设计的内容都隐藏于国民经济与社会发展规划之中。无论是经济增长速度、人口流动趋势、产业发展模型，还是基础设施布局，公共资源分配、无一不决策于发展规划中。另外，我们常说，土地利用总体规划是一个由上至下的规划，说明土地利用总体规划是一个高于城市视野的规划。无论土地利用总体规划具体操作有多么微观，都不能掩饰它宏观规划的特征。当城乡规划遭遇这两个规划并与之合并为一个完整的规划时，这个综合规划应该是最完整、最权威、最有现实意义的规划。

但现实中，我们往往看不到这种效果，其本质原因是它们还没有真正合成为一个有机的、完整的综合规划。造成这种现象的本质原因是三个规划在表面上对接之后，还有一个实质内容的对接。

我们知道，城乡规划是一个空间属性十分明显的规划。土地利用总体规划虽然也具有空间属性，但土地利用总体规划更注重指标属性。因此，在城乡规划与土地利用总体规划对接并实施一段时间之后，我们需要对土地利用总体规划的指标属性进行评

图 7-19 三个规划形式与内容的对接

价，如果评价结果令人满意，则说明两个规划“衔接”的比较充分。如果不满意或不太满意，则需要检讨对接的方式方法，需要研究土地利用总体规划的指标为什么不能得到无障碍地落实。连续不断地评价及其反思，连续不断地纠偏，才可能使两个规划在磨合中真正融为一个综合规划。

国民经济与社会发展规划也是如此。国民经济与社会发展规划的空间属性极弱，甚至缺失空间属性。我们需要主动地，也需要主观地赋予这个规划的空间属性。无论是经济增长速度、人口流动趋势、产业发展模型，还是基础设施布局、公共资源分配，我们不仅需要它们的定性与定量的规划，还需要这些定性与定量的规划增加空间属性的特征。即，定性定量之外，要加上定点。只有通过定点，才能将国民经济与社会发展规划与城乡和土地利用总体规划有机地结合起来。“三规合一”中的发展规划不仅仅是落实几个重点项目那么简单，我们需要在三个规划实施一段时间之后，对经济增长、人口流动、产业发展、基础设施，公共资源进行评价。如果评价效果令人满意，同样说明规划“衔接”比较充分，反之，亦应检讨反思。

经过不断的纠偏和修正，国民经济和社会发展规划、城乡规划、土地利用总体规划之间的关系将进一步理顺，在空间领域的表述将合三为一。但是，这只是构建理想空间规划体系的第一步，在此基础上，我们将规划合一的理念和方法向上、向下延伸，建立一个空间规划体系的蓝图。

我们设想的理想空间规划体系与我国现有的国家——省——市的行政管理架构相契合，也分为三个层级。在国家层面，需要编制全国国民经济和社会发展中长期规划，进行全国经济社会各方面的顶层设计，在此指导下，我们需要整合全国主体功能区规划、全国土地利用总体规划纲要、全国城镇体系规划等空间规划内容，编制全国空间发展纲要，形成统领全国空间发展的空间规划指引。

在省层面，按照全国国民经济和社会发展中长期规划和全国空间发展纲要的相关要求，首先编制省国民经济和社会发展中长期规划，然后在此指导下，编制省域空间发展战略规划，明确省域范围内空间发展的战略方向、政策分区等相关内容，将省层面的主体功能区规划、土地利用总体规划、省域城镇体系规划等内容整合进来，在省层面统一空间发展政策方向。

在市层面，在国家、省的上位规划指导下，先行编制城市国民经济和社会发展中长期规划、城市空间发展战略规划，明确城市发展的目标、方向、战略和策略。然后在发展战略指导下，整合城市建设、村庄发展、生态保护、农地保护、产业发展等相关要求，形成城市空间发展综合规划。这个城市空间发展综合规划实际上可以说是“多规合一”的结果，是我们大家希冀的“一张蓝图”。在这张蓝图中，综合了经济社会发展、空间发展战略、土地利用保护、城市建设发展、生态培育等方方面面的内容。有了这张蓝图，我们可以说，在城市层面我们的空间规划完全合一了。

除了和行政区域完全挂钩的空间规划外，理想空间规划体系还应包括跨省的空间协调规划和跨市的空间协调规划，这些协调规划重点解决的是跨行政辖区的空间协调问题，这些协调规划也应作为下一层面空间规划编制的依据。

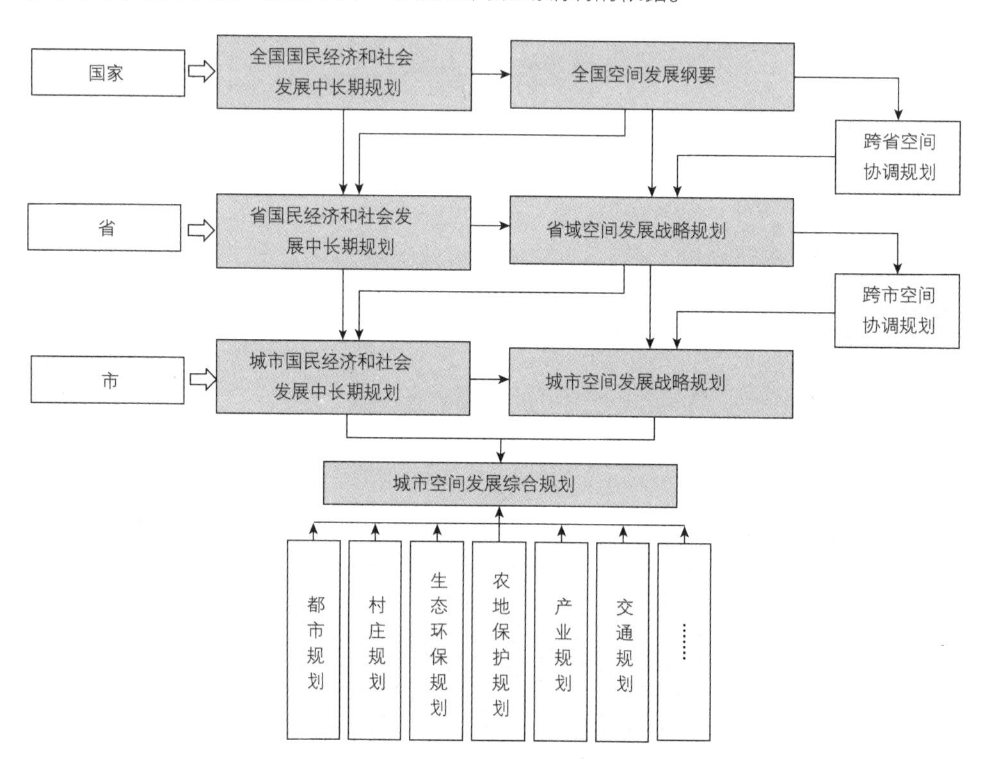

图 7-20 理想空间规划体系构想

当然，与这个空间规划体系相配合，我们还需要改革我们的空间规划法律体系，变革我们空间规划管理的行政体制。这些内容就更为博大精深，我们希望法律和行政管理方面的专家学者能进一步研究这方面的内容，与规划工作者们一起共同推进我国空间规划体系的构建。

协调机制产生了“三规合一”的静态成果；更新机制保证了“三规合一”的动态维护；保障机制理顺了空间规划的关系，促进了“三规合一”长远发展。由“三规合一”到理想空间规划体系的构建是一个必然的发展过程，我们呼唤空间规划“一张图”的尽快产生。

第八章

新秩序的智能化畅想

数字技术、网络技术、信息技术已经成为我们城市生活中不可分割的重要方面，数字化已成为发展趋势，我们已经步入大数据时代。

这里有四个概念值得注意：

首先是数字技术和数字化的概念，这个概念的核心词汇是：Digital。这是一项将图、文、声、像等复杂多变的信息转变为可以度量的数字、数据，并通过相应的数字化模型把它们转化为电子计算机能识别的二进制数字"0"和"1"后，进行运算、加工、存储、传送、传播、还原的技术。我们把这个过程称为数字化过程。

其次是信息技术的概念：Information Technology。就是我们通常说的：IT。信息技术的核心是获取、加工、表达、交流、管理、评价和处理信息。

再者是网络技术的概念，网络技术的核心是：无论规模大小，都应消除资源孤岛，实现资源共享。

数字技术让数字国民经济和社会发展规划、数字土地利用总体规划、数字城乡规划成为可能。只有规划数字化了，才能谈到信息技术和网络技术的应用。就目前的规划数字化进程来看，数字土规和数字城规已经开始走向成熟，国民经济和社会发展规划数字化工作还需要加大力度。

信息技术将改变以定性分析为主，定量分析为辅的传统规划方式。规划作为对未来发展进行谋划的手段，必然需要与信息技术结合，通过大数据分析、共享和利用促进规划的科学合理性。大数据时代的信息技术的广泛使用，必将使得规划一体化成为可能。空间数据和非空间数据[①]的"衔接"是"一张图"智能化的关键所在。

网络技术让发展、国土和城乡三个数字规划共享于一个平台成为可能。三个规划的矛盾与不衔接是资源割裂造成的，"三规合一"工作就是要消除资源孤岛。因"三规合一"工作而生成的"一张图"只有与三个规划共生、共存于统一、共享、共管的平台，才能实现资源共享。

最后是大数据时代的概念，这个名字源于英国学者维克托·迈尔·舍恩伯格同名著作《大数据时代》。维克托认为大数据时代将颠覆千百年来人类的思维惯例：我们只要知道"是什么"，而不需要知道"为什么"。也就是说，对相关关系的关注将取代对因果关系的关注。因此，大数据带来的信息风暴正在变革我们的生活、工作和思维，大数据开启了一次重大的时代转型。

①空间数据是指用来表示空间实体的位置、形状、大小及其分布特征诸多方面信息的数据，它可以用来描述来自现实世界的目标，它具有定位、定性、时间和空间关系等特性。空间数据是一种用点、线、面以及实体等基本空间数据结构来表示人们赖以生存的自然世界的数据。非空间数据是指与空间不直接关联的信息数据。

维克多所说的对相关关系关注所表现出来的现象与我们传统的模糊思维、板块思维和混沌思维所产生的现象颇为接近。大部分长江以北的孩童，都很喜欢数九歌谣："一九二九不出手，三九四九冰上走，五九六九沿河看柳，七九河开八九燕来，九九加一九耕牛遍地走。"一个冬天，就这样数着数着就过去了。其实，对于大部分百姓来讲，他们真的不知道为什么只要进入三九时节，河面就会结冰，为什么到了七九的时候，河面的冰块就会融化。对于大江南北的中国百姓来讲，几乎无人不知晓"清明时节雨纷纷"，这个我们日常生活的节令。但我们的百姓几乎无人知晓为什么"清明时节雨纷纷"，无人知晓欧美大陆是不是"清明时节雨纷纷"。

"为什么"，也就是因果关系，远古是巫师的事，过去是专家学者的事，现在是计算机的事，我们只需要知道相关关系就可以了。按照这个思维线索走下去，我们对"三规合一"工作智能化的描述将会变得轻松、清晰。因为，我们可以避开那些生僻拗口的专业词汇和高深莫测的专业知识，只需要提出一个简单明了、触手可及的相关关系就可以了。

随着大数据时代的到来，数字化狂潮已经席卷世界。数字地球、数字城市、数字规划不再是一个概念，而是一种现实。如今，数据挖掘、云计算和环境模拟等技术在城乡规划领域的应用逐步深入，在目前和可预见的未来，智能化都将是"三规合一"工作的必由之路。

但是，我们不得不面对这样一个现实：城市中空间数据分散在多部门手中，且数据标准等差异显著，因此对各部门现有空间数据的整合和统一管理需要时间和财力支持，在现阶段无法一蹴而就。信息联动的需求与信息孤岛的存在是"三规合一"信息建设工作必须面对的问题。

第一节　资源孤岛与空间管理

数字技术、网络技术、信息技术的发展为消除资源孤岛提供了可能。消除资源孤岛有两层含义：现行孤岛如何消除，未来孤岛如何避免。

在城市的日常管理中，发改、规划、国土等部门的具体管理人员会面对大量的个案，在审批这些个案时需要随时查询规划、现状和已审批、土地权属等各种信息数据，这就产生了各种信息数据及时、快速调用问题。同时办案人员对个案处理和审批会成为新的信息数据需要进行存储和管理，也就产生了数据存储和备案的问题。

在非信息化的时代，往往采用纸质存储和查询方式解决以上两个问题，但是这种方式效率低，常常会出现无法及时处理海量数据的现象。随着数字时代的到来，各部门都积极建立起了OA办公系统，在一些较为发达的城市和规划、国土等具有空间管理职能的部门根据自身的需要，纷纷建立起了独立的空间地理信息系统，将各种空间资源整合在独立的空间地理信息平台上，方便行政管理人员在日常工作中使用。

但是，目前这些部门与部门之间的空间地理信息平台没有建立相互关联的直接通道。部门沟通较好的城市，一般采用硬拷贝的方式，即人工通过光盘进行复制方式，进行信息的相关交流和沟通。部门沟通不良的城市，甚至出现数据隔绝、互相保密的情况。这些互不连通的空间地理信息平台孤岛各自发展壮大，常常出现数据采集重复、精确度不统一、甚至于“打架”现象。资源孤岛现象给城市管理带来巨大的隐患。

资源孤岛产生的原因主要包括保密制度制约、部门保护影响、坐标系统混杂和数据标准不统一等四个方面。

保密制度制约是指受地理空间数据的保密制度的限制，国家、省和市三级地理空间数据网站未实现链接，部门之间地理空间数据网站未实现链接，无法实现全国或省市的地理空间数据共享。

部门保护主义影响特指在部门利益的驱动下，城市内部的基础地理空间数据被人为地隔断，共享问题难以得到解决。因此，城市内部各部门、各行业具有空间定位或具有空间分布特征的专业数据无法实现连续空间化整合。很多城市存在多个“地理空间数据孤岛”现象，而且这种现象基本处于常态化。

空间数据坐标系统混杂是指一些城市因历史原因，往往存在多个坐标系并存现象。坐标系是数字规划中空间数据的重要属性，统一的坐标系是进行空间分析、查询、统计和信息表达的基础。目前我国土地利用总体统一采用西安80坐标系进行行政管理[①]。城乡规划主要以城市独立坐标系为主，也有部分地区采用西安80坐标系或北京54坐标系。解决坐标系之间的转换问题，是建立城市空间地理信息共享的基础。自2008年7月1日起，中国将全面启用2000国家大地坐标系。统一城市空间数据坐标系统将是未来的方向。

数据标准不统一是指标准化质量不高。数据的标准化和规范化是提高数据质量，实现数据共享，建设数字城市的基础。我国目前已成立了国家地理数据标准化委员会，并制定完成了一系列的地理数据标准。但是与国外信息技术先进国家相比。我国现行标准过于强调手工处理，缺乏对信息化、数字化的适应，尚缺乏数字规划的空间数据标准和属性数据库标准，而且各种类型规划数据库标准的对接问题也尚缺乏统一的规定。

为防止资源孤岛的产生，我国正在应用开源地理信息系统（OPenGIS）[②]的理念，大力推进“数字城市”公共平台建设，通过统一的网络接入、统一的信息存储、统一的信息处理、统一的信息管理与服务，在建立城市地理空间数据库、城市人口数据库、城市法人数据库和城市宏观经济数据库四大公共基础数据库基础上，推进城市信息共享机制的建设。

从上述事实中可以得到一个明显的结论，那就是建立城市信息共享共建的新体制是何其的重要和紧迫。解决这一问题的主要手段之一是做好地理空间数据的管理工作。

地理空间数据管理与“数字城市”公共平台建设息息相关，我国的地理空间数据采用的是“集中+分布”的管理模式。该模式的主要思路是数据库由统一机构集中统一管理，各数据生成部门通过网络对相应的数据进行更新维护，数据集成应用系统从一个系统中读取数据，采用高速网络进行数据传输。即建立一个由市级集成地理信息中心和多个部门或行业及信息分中心组成的数据中心群，实现由数据管理机构、数据提供者、数据使用者、数据集成者和数据分析者组成的多节点的分布式网络系统。

“三规合一”工作关于信息共享的构想是：在数字城市公共平台搭建成功之前，首先实现信息资源和管理平台的互通和联动。三个规划的关联是基于城市空间的管理内容的一致性，通过信息资源和管理平台的互通和联动，联系发改、规划、国土三个部门的日常管理工作，同时确保三个规划的互动。具体内容是：根据发改、国土、规划等各相关单位职能及应用需求，利用高速业务专网进行对接，基于数字城市地理空间

①张晓瑞.数字城市规划概论［J］.合肥工业大学出版社，2010，8.

②Open GIS联盟（OGC）是一个由一些政府机构、研究组织、软件开发商成立的，为了发展开放式地理数据规范、研究地学空间信息标准化以及处理方法的一个非营利组织。它多年来致力于开放的地理信息规范的研究，并且制定了一套空间数据表达的规范化模型。它鼓励软件开发商和系统集成者坚持OGC的标准，逐步地开发出一系列符合规范的工具、数据库及其他空间数据互操作的产品，以最大限度地共享资源及信息交互。

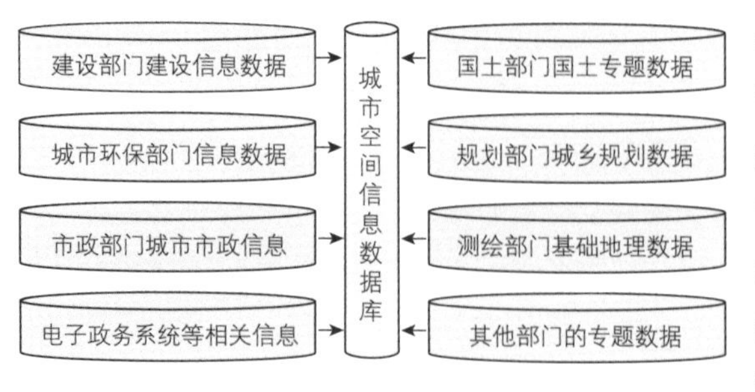

图 8-1 城市空间数据管理模式示意图

框架，建设适合各单位工作实际需求的，覆盖市、区两级的“三规合一”信息联动机制，颁布施行“三规合一”信息联动平台运行维护管理政策文件，充分发挥发改委引领，国土、规划支撑的协同效益，利用数字城市地理信息公共服务平台作为统一基础空间信息平台，共享、维护、更新和管理好“三规合一”规划“一张图”成果。

“三规合一”信息建设的过程中，需要采用统一的数据库建库规范和服务接口规范。所有的数据必须符合规定的标准才能建库,确保信息的完整与准确。平台是开放的，可以对外提供服务，也可以接入符合标准的服务。

以天河区“三规合一”决策平台服务接口规范为例，该规范适用于天河区地理信息系统空间数据服务的定制、发布、应用和管理等工作。标准中空间数据服务发布共享是指基于网络的分布式资源环境下利用地理信息基础服务软件实现的空间信息服务。标准中的服务是共享的内容和实现手段。天河区基础地理信息系统的共享与服务除应符合这个标准外，还应符合国家现行有关强制性标准的规定。

在目前情况下，建立地理空间数据联动平台，简称“联动平台”。“三规合一”工作涉及多部门、多规划，需要数字化技术支持。“联动平台”是维护“三规合一”成果并跟踪其动态发展的基础，通过“联动平台”可以调用和联系各部门数字化数据，实现数据的共享共用。待条件成熟后，可以将所有涉及地理空间的信息孤岛连为一体，形成全市统一的地理空间数据统一平台。

抛开繁杂的技术来说，从规划专业的角度来看“三规合一”工作和“联动平台”，其实质不过是更有效、更高效、更科学地解决了空间管理问题，而后者恰恰是以前城市规划界一直没有解决得很好的问题。何以言之?

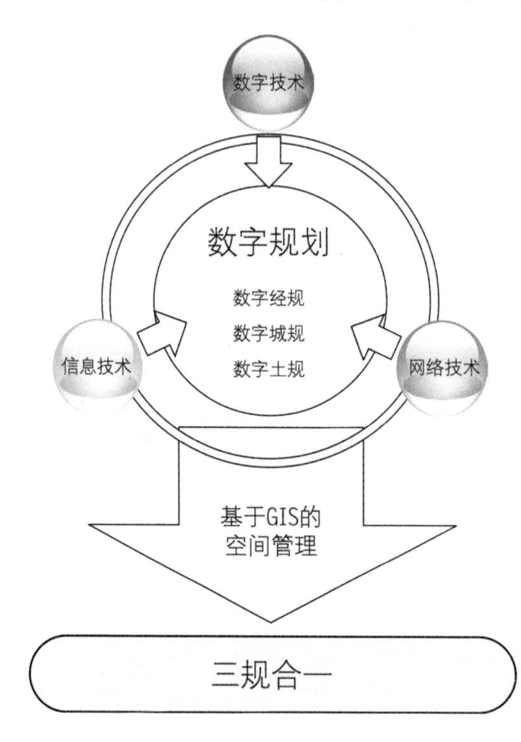

图 8-2 以空间管理为核心的“三规合一”

“三规合一”的主要工作是协调各种规划，使之互为兼容，互为补充。工作中还涉及对土地利用现状、各种审批信息和规划数据等海量数据的分析整理，对各种边界的整合，以及“一张图”的形成等都离不开数字技术和信息技术。

同时，发改、规划、国土等部门审批信息、空间数据的互通和协调，行政管理和规划的互通和协调，都要以网络技术为基础，形成统一的信息联动平台，才能有效地推动“三规合一”工作效果的落实。其中，数字技术是基础、信息技术是手段，网络技术是平台，三位一体，不可分割。“三规合一”的设计构建和实施最直接应用到的是GIS技术。它作为一门交叉学科，结合了以上诸多先进技术的特点和优势。地理信息系统（Geography Information System. 简称GIS）是一种用来捕捉、储存、合成、处理、分析和表示具有地理坐标属性的空间数据的操作系统。它具有以下三个特征：一是能够数字化采集、管理、分析和输出多种空间信息和非空间信息，具有空间特性和动态特性；二是以地学研究和地学决策为目的，以地学模型方法为手段，具有区域空间分析、多源信息综合分析和动态预测的能力，并能产生深层次高质量的派生信息，快速准确地提供科学决策依据；三是依托计算机硬软件的支持和相关人员的操作管理，能达到资源信息的分布式管理，操作以及共享，更高效更系统的为使用者提供服务。

协调三个甚至更多的专业规划，其实质就是在空间管理上采用统一的技术和管理体系与标准。实现这一目标目前最常用的有效手段是充分应用以地理信息技术为核心的空间技术体系。这也是广州、河源、云浮、上海、厦门等城市探索未来规划发展智能化之路所遵循的路径。

第二节　联动平台的数字化基础

就规划数字化而言，国民经济和社会发展规划必将是一个重要的话题。

国民经济和社会发展规划，是政策导向性规划。传统的国民经济和社会发展规划采用文字描述的方式体现对城市发展目标、指标、策略的规划和指引。国民经济和社会发展规划中与空间挂钩最多的建设项目，也不是通过空间坐标的描述，而是通过列表方式，明确建设项目名称、投资、建设单位等内容。其中建设项目的建设规模是大概念的数值，由于没有明确具体的空间位置和坐标，在实际的建设项目落地操作中往往大于建设项目的实际用地需求。

由于国民经济和社会发展规划空间性较弱的特性，往往使得规划实施者不能直接将国民经济和发展规划的目标与实际的空间发展策略联系起来，从某种程度上减弱了该规划对城市空间发展的引导作用。随着数字信息技术的不断推行，发改部门也逐渐开始应用数字技术探索项目库建设方式和空间管制的规划方法。同时，量化非空间数据也是发展规划建库的重要内容。

其中，项目库建设主要是依托地理信息系统技术、数据库技术、网络技术、信息安全技术等将国民经济和社会发展规划中确定建设项目中的各种非空间数据和空间数据挂钩起来，形成建设项目数据库，在此基础上，通过信息平台建设，实现建设项目的查询、管理、使用等功能。数字技术的运用使发改部门的项目立项管理与空间管理有机联系起来，为实现三个规划的边界契合度分析奠定了基础。

主体功能区规划是发改部门积极运用数字规划技术，划定空间管制分区，进而进行城乡空间精细化规划的重要尝试。

城乡规划的数字化问题也不容忽视。

城乡规划，包括城市总体规划、控制性详细规划和村庄规划等多种类型。传统的城乡规划编制过程中，城市总体规划由于编制区域面积太大，一般采用非矢量数据的概念化表达方式，控制性详细规划和村庄规划则一般采用的矢量数据，因此会造成总

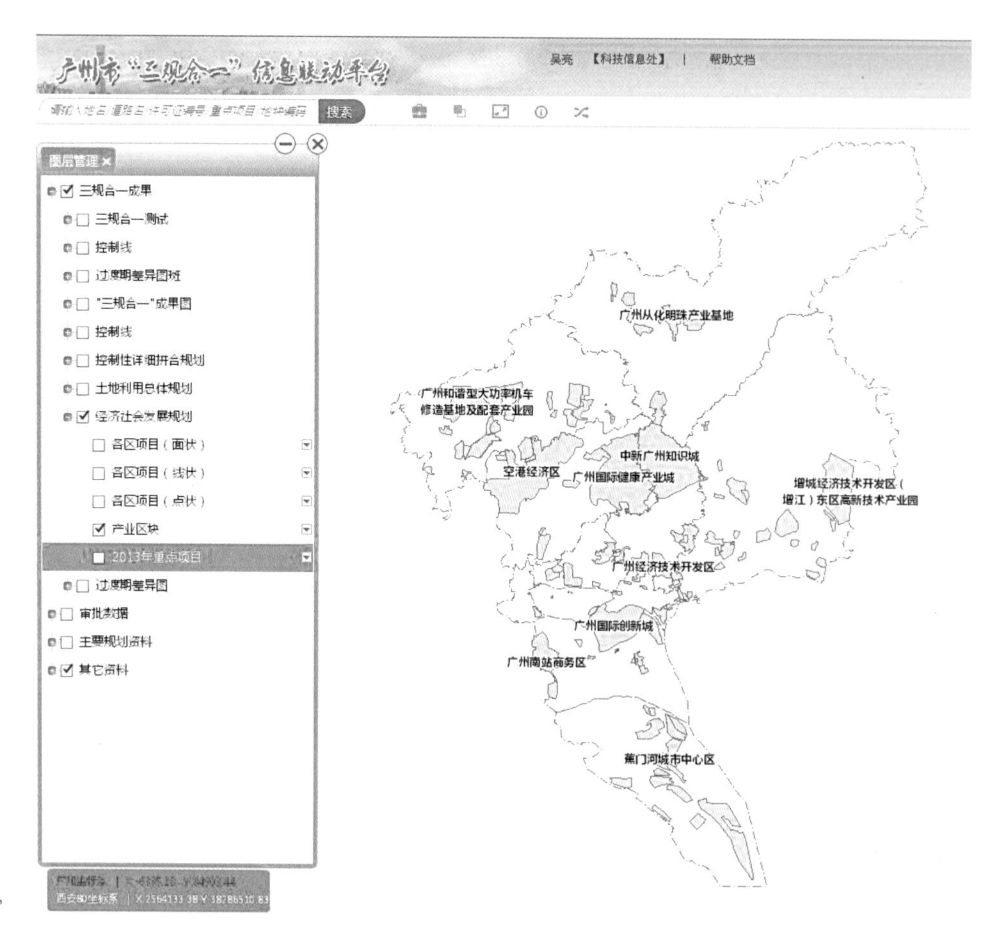

图8-3 产业园区的"落地"

体规划控制的建设用地规模与控制性详细规划和村庄规划合计的建设用地规模不对应的问题。

造成这种问题的原因有很多，其中规划技术手段的欠缺是其中重要的原因之一。大数据时代的到来提升了规划成果表达的精度，超强的计算能力使得城市总体规划成果可以实现矢量方式表达。也就是说城市总体规划的规划图纸不再是一个没有空间坐标的图画，而是一个带有多种空间数据的数据库。随着数字规划技术、大数据挖掘及处理技术的不断发展，数字总规正在变成现实，以致困扰城乡规划管理部门的总规与

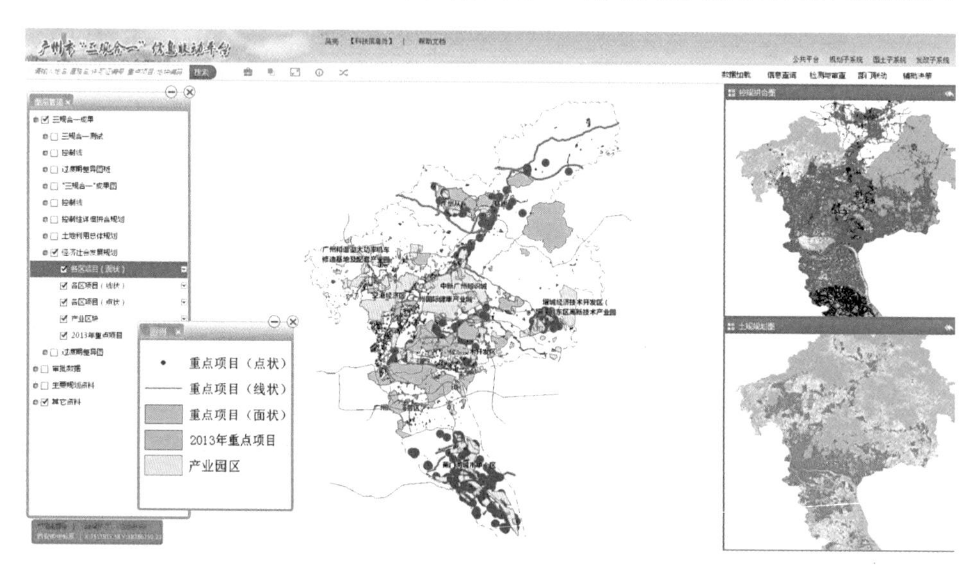

图8-4 国民经济和社会发展规划的数字化管理

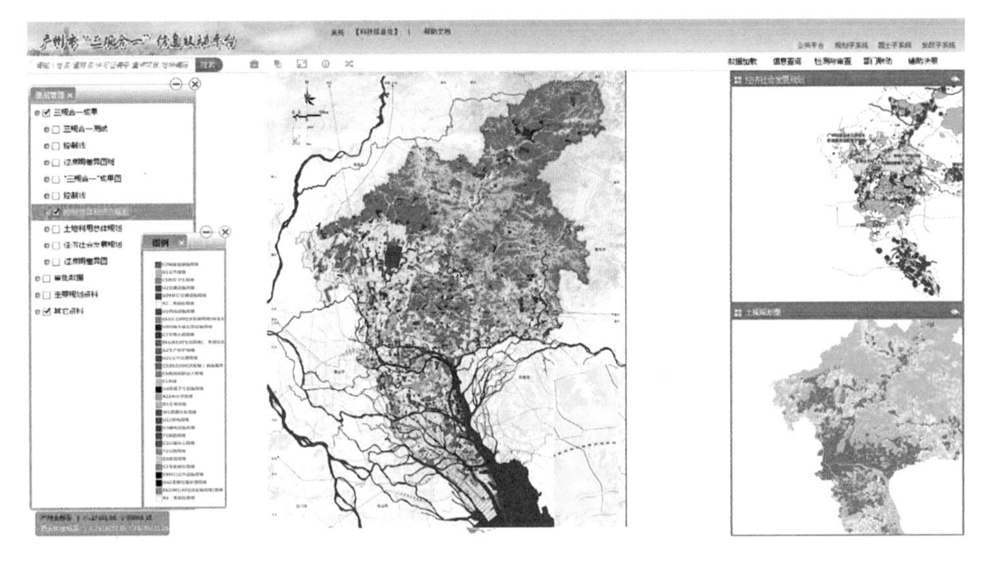

图 8-5 城乡规划的数字化管理

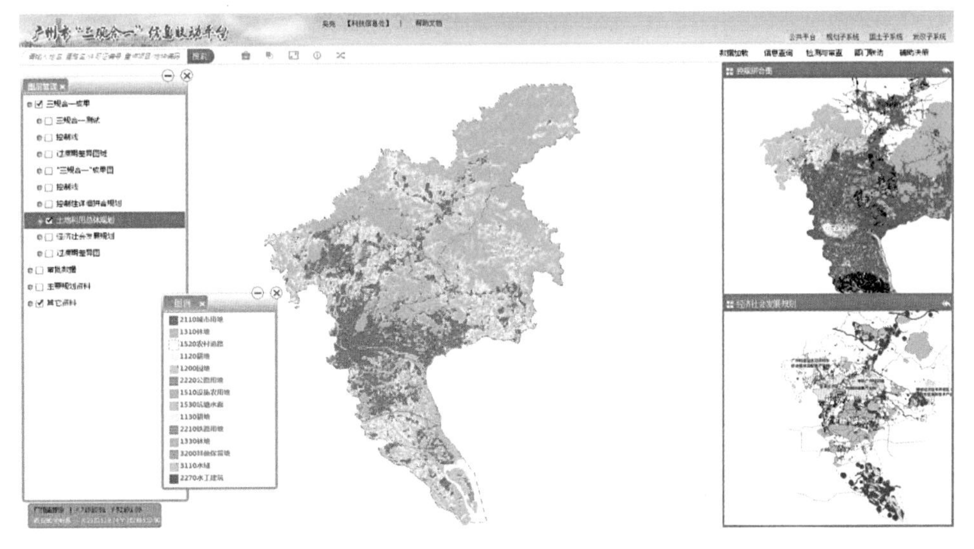

图 8-6 土地利用总体规划的数字化管理

控规不一致的问题也将迎刃而解。

土地利用总体规划在全国范围已编制了三轮。这三轮规划编制过程也是土地利用总体规划随着技术进步不断变革的过程。第一、第二轮土地利用总体规划的编制与城市总体规划类似，图纸采用非矢量化的示意性表达，建设用地、基本农田、耕地等重要的指标在图纸中无法准确表达。这种规划编制深度，与我国最为严格的土地管理制度极其不匹配，为此，第三轮土地利用总体规划的编制，强调了规划的数据库建设，制定了《市（级）土地利用总体规划数据库标准》，明确了“图数一致”的具体规划要求和技术手段。

按照统一的数据库标准，土地管理部门在全国范围内开展了土地利用总体规划编制工作，形成了覆盖全国的土地利用总体规划数据库，并在国家土地督察局备案，成为土地监督检查和执法的重要依据。在此基础上，土地管理部门开发了建设用地预审、报备等多种土地管理信息平台，强化了土地管理的科学性和规范性。

“联动平台”建立之后，需要运行数据的支撑，这些数据主要分为三部分内容：

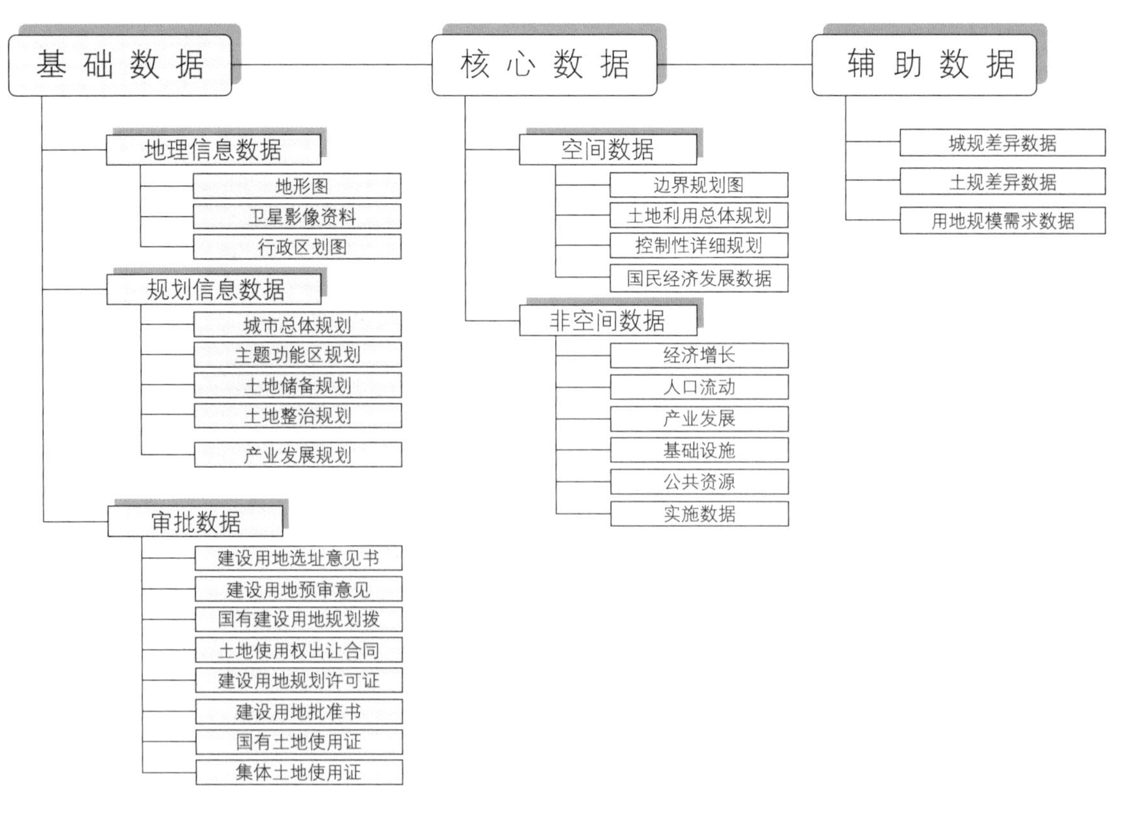

图 8-7 “联动平台”信息数据构成

基础数据、核心数据和辅助数据。

“联动平台”的基础数据是指地理信息数据、规划信息数据、审批数据和其他相关信息数据；核心数据是由空间数据数据库和非空间数据数据库两部分构成；辅助数据则主要包括城乡规划、土地利用总体规划差异分析与处理数据、建设项目建设用地规模需求数据等。辅助数据主要用于规划静态衔接和动态更新工作过程中的分析性数据。

在明确了“联动平台”的数据构成后，需要进行统一数据标准的工作，这是保障数据质量，保障平台运行的关键。

在“联动平台”数据库中许多数据，如土地利用总体规划数据、土地利用变更数据等，已经有国家和省的规范化的数据标准，在进行“联动平台”数据建设工作时只需要按照实际需求选择国标或省标作为“联动平台”此类数据的标准即可。而对于城市总体规划、控制性详细规划、村庄规划等城乡规划采用CAD格式进行存储的数据，需要制定数据CAD格式转换为ArcGIS格式的转换标准。并且转换后各规数据需利用空间分析技术进行拼合，对海量用地图斑进行冲突检测，发现差异图斑并生成差异分析图，以作为平台其他辅助规划编制的基础。而对于“联动平台”中这些新增特有的数据，如“三规合一”差异分析数据、“三规合一”差异处理数据、边界数据等，同样应制定统一的数据标准，确保这些数据能在“三规合一”信息平台上运行。

为保障“三规合一”数据库的数据质量和数据逻辑的合理性，应对入库的数据进行数据检测。数据检测包含两方面的内容，一是数据拓扑关系检查，保障“联动平台”上的空间数据无缝不重叠；二是进行数据符合性检查，对空间数据与非空间数据表进行关联性检查，保障数据逻辑的合理性和准确性。具体的检测工作应通过编制检测软件进行。

比如，广州市“三规合一”工作研发了“三规合一”“一张图”数据检测软件。检测工作的程序包括：

编制单位自检。“三规合一”编制单位在完成“三规合一”工作和“一张图”数据库建设后，应使用下发的“三规合一”工作要求和“一张图”数据检测软件进行自检，自检过程中发现错误，应按照检测提示进行修改，直到通过自检为止。自检完成后应形成自检报告。自检报告应包括自检基本情况、成果整体性检查、规划信息检查、规划数据库检查，以及相关说明问题等。

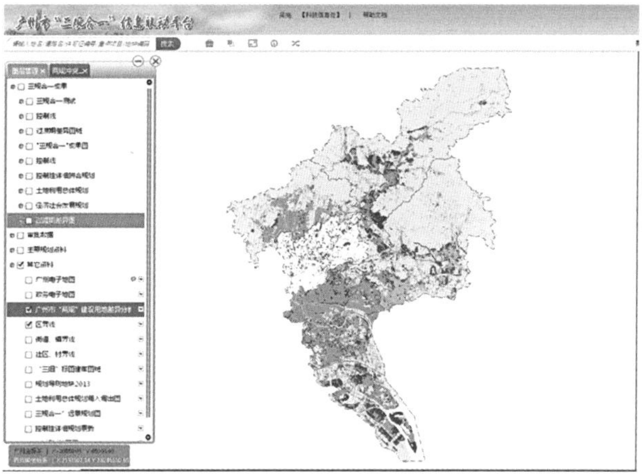

	图斑数(万块)	面积(km²)
土规建设用地，城规非建设用地	7.9	245
土规非建设用地，城规建设用地	19.7	687
“两规”均为建设用地	22	1532
“两规”均为非建设用地	40	4800
合计	89.6	7264

图 8-8 “两规”海量用地图斑冲突检测

审查部门检测。审查部门在收到“三规合一”工作上报成果后，第一时间应开展数据库检测工作。检测的内容包括成果整体性检查、规划信息检查、规划数据库检查三个方面，数据库审查通过后，方可进行下一步的行政审查工作。

验收检测。“三规合一”工作成果经审议通过后，应对数据库成果进行验收检测，保障最后成果可以在“联动平台”上运行。

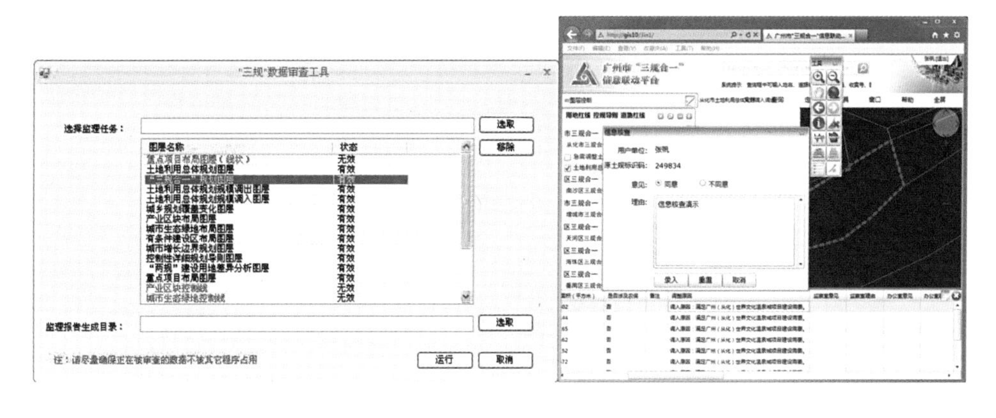

图 8-9 广州市“联动平台”成果审查系统

“三规合一”规划成果数据主要以电子地图和表格的形式展现，包括了核心数据和辅助资料：其中核心数据即“三规合一”规划成果“一张图”，包括土地利用总体规划图，控制性详细规划拼合图，“两规”建设用地差异分析图，重点发展区域、产业园区、重点项目布局图，“三规合一”规划图，“三规合一”远景规划图这六张电子成图。经过数字化后的规划成果能够更加真实直观的、更加详细具体的、更加准确定量的体现规划的科学性、合理性和规范性，同时有利于各项规划成果的共享和更新，也有利于各类决策和分析的实施开展。

通过明确“三规合一”数据构成，选择和制定相关数据标准，并对形成的数据进行检测，保障了进入“联动平台”数据的规范性和合理性，形成“联动平台”运行的

图 8-10 “三规合一”规划成果的数字化管理

数据基础，而后的“三规合一”的规划成果同样以数字形式体现，使得各部门能在“一张图”的总体指导下，更科学有效的开展自己的工作，及时共享更新数据，达到三规联动的效果。

第三节　联动的空间信息平台

“联动平台”的最大作用是能够实时跟踪规划实施状况，实时评价规划实施效果。我们对“联动平台”的基本要求是：融合各类数据。我们需要融合的数据是：对经济增长、人口流动、产业发展、基础设施，公共资源的实施动态和效果评价，对经济、社会、文化规划实施效果的评价。还有一部分数据则来自于城乡规划、国土规划和重点项目规划。各类数据的融合是年度计划和近期规划纠偏的基础。

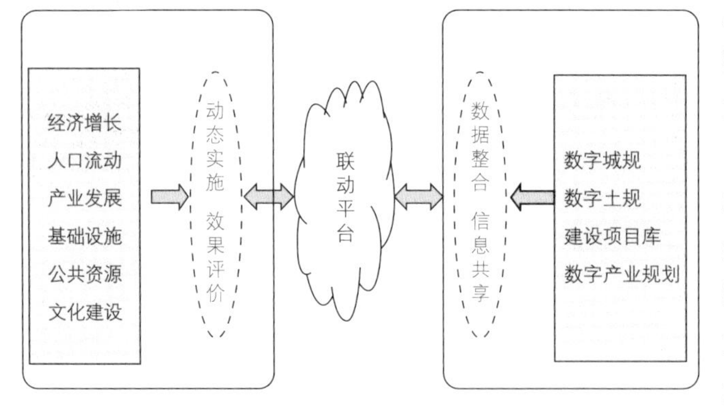

图 8-11 联动平台的信息交换

为方便平台建设的组织实施，根据工作需要，并兼顾各部门的工作基础和优势，将平台建设内容划分为三个子项：由市规划局组织实施公共平台中软件开发；由市规划局组织实施公共平台中的“三规合一”数据支撑（规划与发改部分）、规划业务子系统；由市国土房管局组织实施公共平台中的“三规合一”数据支撑（基础地理信息与国土部分）、国土业务子系统。

其一，公共平台（数据支撑平台）。通过“联动平台”可以让三个规划的规划修正和三个部门行政管理同步。“联动平台”有助于改善城乡建设行政管理水平的问题。从城乡建设管理的角度来讲，“联动平台”建设应该按照“资源整合、共建共享，业务稳定、分类管控，信息联动、动态更新”思路进行建设。

"联动平台"有以下功能：提供基础地理数据、发改、规划、国土业务数据的共享与交换功能；基于"一张图"的成果基础，实现"三规合一"各类成果的展示与分析；通过"三规合一"成果审查、重点项目控制线管控、智能选址、协调会议来落实"三规合一"协调机制和控制线管控规定。其具体功能模块分为数据加载、信息查询、检测与审查、部门联动、辅助决策五大部分。

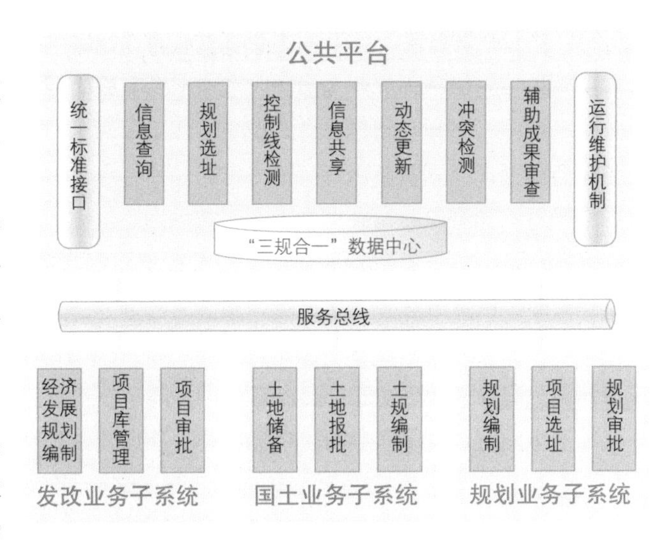

图 8-12 信息联动平台总体架构图

"联动平台"为各区、各委办局提供进行成果审查的信息化平台支撑，通过调用GIS功能进行互动筛选，使各相关局委办、业务处室能根据各自职能，参考诸如新增调出图斑的区位、土规情况、控规情况、现状、历史审批情况等等，摸清国民经济和社会发展规划、土地利用规划、城乡规划在建设用地上存在差异的情况，方便、快捷地对图斑进行数据检测、比对、审查；提供"三规合一"成果审查意见录入功能，增加成果的审查通过率，提高审查效率，辅助对建设用地的调入调出进行总量控制。比如，广州市"三规合一"工作研发的"三规合一"一上二上三上成果审查系统。共18个局委办及业务处室在审查平台上直接审查，处理数据2075条，处理图斑个数13万多，涉及面积达27635公顷。

公共平台的功能模块列表　　表 8-1

功能模块	主要内容
数据管理	三规合一规划图
	重点项目专题图
	图层管理
	导入 dxf 文件
	导入 shp 文件
	打印输出
	坐标信息输出
	截屏输出
	打开图例
	界面刷新
	修改密码
	退出
信息查询	属性查询
	按地名查询
	按道路名查询
	按重点项目查询
	按管理单元查询
	按坐标查询
	按审批信息查询

续表

功能模块	主要内容
检测与查询	产业用地控制线检测
	城乡建设用地控制线检测（非产业）
	交通水利风景旅游用地控制线检测
	两规冲突检测
	审查意见录入
	检测记录查看
部门联动	四线协调
	四线更新及信息发布
	三规合一规划图更新
	联动信息查看
辅助决策	智能选址
	城乡总体规划统计分析
	土地利用总体规划统计分析
	国民经济和社会发展规划统计
	建设用地发展趋势统计分析
	公建配套统计分析

其中，选址辅助决策功能具有很强的实用性。其主要实现根据建设项目的选址指标，采取定量与定性相结合的分析方法，确定候选地址，生成选址报告，实现建设项目选址一目了然。

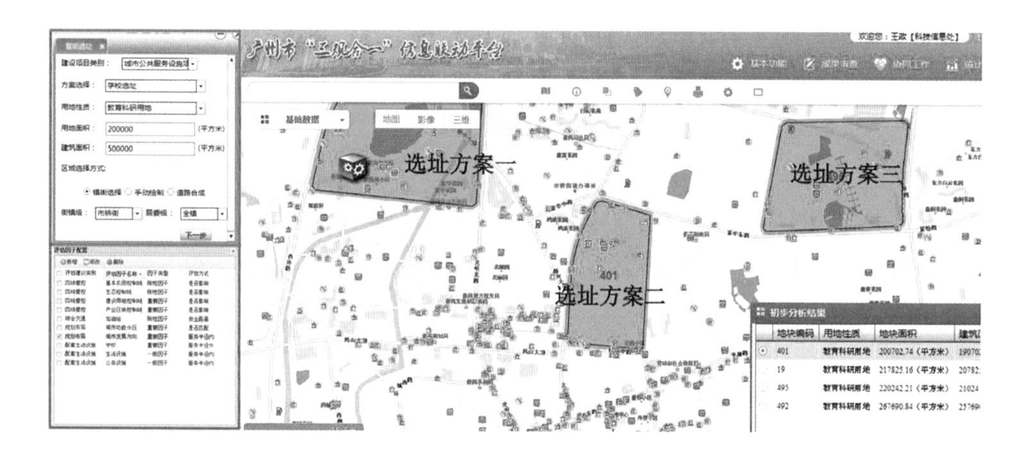

图 8-13 智能选址

其二，规划、国土和发改部门的专业子系统。除以上功能外，公共平台为各业务子系统提供控制线管控相关功能保障，可供子系统调用功能包括控制线检测、智能选址、冲突检测、审批信息查询、控制线更新信息发布等。

规划业务数字系统的功能是以规划局内部业务办公系统（OA）、城乡规划空间资源平台（GIS）等为载体，建立与公共平台的信息联动，实现规划局与其他部门数据的交换与共享，实现控制线管控要求在城乡规划编制和审批中的落实。国土业务数字系统的功能是根据公共平台统一的接口规范，建立由“信息联动配套系统”及“土地储备智能系统”组成的国土业务子系统，向公共平台提供国土规划及审批数据，并实现控制线管控要求在土地储备业务、规划编制和行政审批中的落实。发改业务数字系统的功能是根据公共平台统一的接口规范，建立发改业务子系统，向公共平台提供发改业务专题数据，并实现控制线管控要求在发改业务中的落实。

以通过“三规合一”联动平台划定某类规划边界线为例，规模边界、增长边界和生态边界是城乡与国土规划编制、修改、审批的依据，是发展与改革、规划、国土等行政主管部门制定年度计划和近期规划的依据，是重点建设项目审批的前置条件。通过计算机语言对边界管控规则建立规范，进一步明确各类建设项目与控制体系的关系；同时，通过公共平台进行多部门联合协商和审查，实现“联动平台”的动态维护，保证规划调整与边界调整协调一致。最后通过边界方案修改审查，由各部门负责各自规划数据和审批数据调整更新，并把边界数据调整数据更新到数据库。

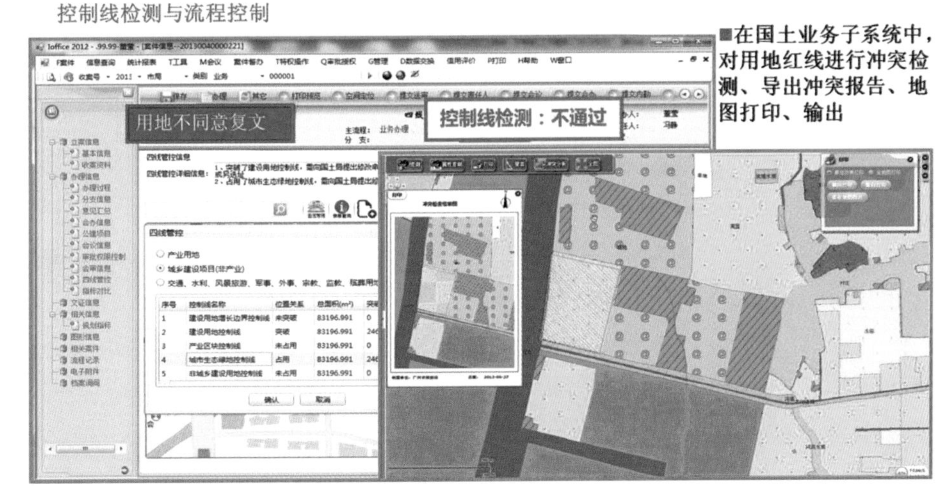

图 8-14 信息技术在控制线管理审批中的应用

其三，必须重视保障机制建设。

为了保证“三规合一”可持续发展，保证平台的数据得到及时更新，制定了决策平台的运行管理办法。

“三规合一”的实施采用“政府负责、部门落实”的垂直管理方式。三规合一“联动平台”的管理政策，按照“建设、运行、维护”三统一原则，信息联动平台暂由市规划部门管理维护，信息联动平台的基础地理信息支撑系统由市国土房管部门管理，与信息联动平台关联的部门业务审批信息管理系统由各部门自行管理，各部门之间的信息实现共享。

为了保证“三规合一”的可持续发展，建立了运行保障机制。其中包括部门联动的工作机制（专人服务和联络制度、及时协调制度和信息联动共享制度）、信息中心工作机制（组织机构、工作职责和工作规则）和监督工作机制（定期督查及报告制度和建立以信息平台为依托的全流程协调跟踪监管制度）。

广州市各区按照广州市三规办的统一部署全面推进“三规合一”工作。例如，天河区的信息平台建设通过整合“三规”信息，将“三规”所涉及的用地边界、空间信息、建设项目参数等多元化的信息融合统一到“一张图”上，实现市区联动，跨越区政府部门，实现了区“三规”部门间信息共建、共享。

回顾本章内容，读者或许可以感受到智能化规划的脚步离我们越来越近了。随着

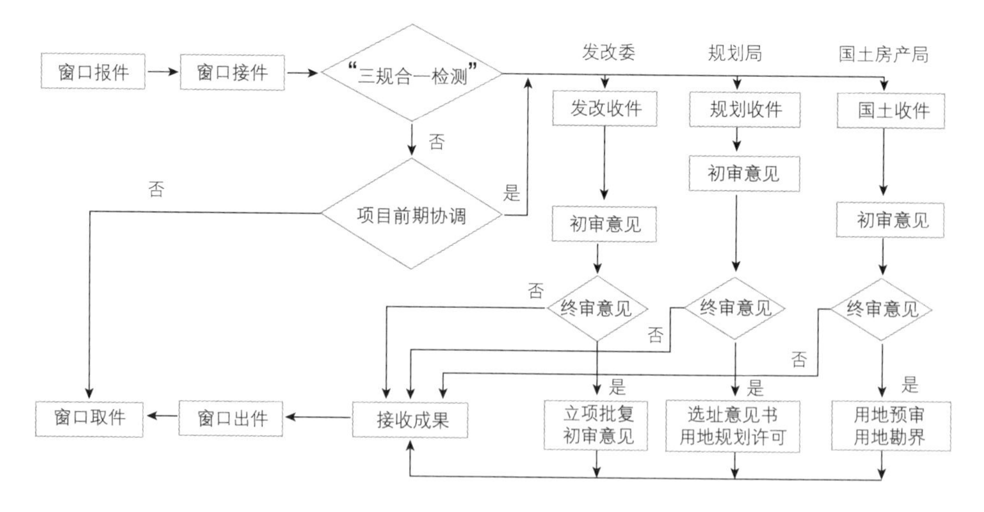

图 8-15 协同审查流程图

信息时代的到来，“数据”已经是现代生活的一部分。可靠的规划基础数据的获得，是实现科学规划的基础。“三规合一”的及时提出，也是基于空间数据和非空间数据爆发式增长所导致的种种信息利用困境，各部门难以从功能引导、组织协调和管理完善等方面单独应对大数据时代的到来。面对信息技术的高速发展，规划建设的过程中能快速地获得高空间分辨率和高时间分辨率的空间数据，如何应用信息处理技术，尤其是GIS技术，来为“三规”服务，是“联动平台”管理完善、运行维护、探索规划合理性重要的一环。

“十二五”期间，我国不少大城市都有望建成新一代网络和宽带移动无线网络，有的计划在重点领域建成透彻感知、泛在互联、高度智能的感知网络。例如，广州计划建成1个具有国际领先水平的国家超级计算中心和若干个云计算中心，成为汇聚华南、辐射全国的信息资源中心。就当前全国规划领域的信息化建设发展水平而言，规划办公几乎实现了信息技术的全覆盖，从规划编制、行政审批到批后管理的规划生命周期里，数字化、网络化和信息化无处不在。

大数据时代，我们可以从海量的数据中得到用于规划的基础数据，通过结合新的信息处理和数据挖掘技术，对规划基础数据进行分析，现有规划进行相关补充、合理解释和科学指导，我们可以期待非空间数据与空间数据关联应用在大数据时代实现，大数据时代将会给“联动平台”带来更为广阔的空间。

新技术应用对规划方式、规划理念等也产生了较大的冲击。GIS技术与元胞自动机（CA，Cellular Automata）的结合，虽然在土地利用规划布局方面仍然不成熟，但越来越多的实例已经应用在城市增长边界的模拟中——城市CA模型考虑了土地本身（可作为“元胞”）的属性、所处的区位、交通条件和地理条件、邻近范围土地利用类型等的作用，政府规划因子、保护区等对城市发展的空间结构有重要的影响，可通过GIS的结合提高城市土地利用规划的科学性、合理性。微环境生态模拟和评估在城市规划领域应用前景广泛，城市规划中，环境分布格局，如日照、噪声、绿化、遮阳、污染源、地标等都对人为的居住舒适度构成较大的影响，通过微环境的模拟规划，我们可以得知人为最为舒适的规划最优方案。由此可见，在大数据时代逐渐把横向规划内容纵深化，由“人为规划”转变成“人本规划”，由“数字规划”转变为“智能规划”。

第九章

探索规划治理新模式：广州市“三规合一”实践

2013年中国城市化水平已达到53.7%，我国已经跨越了传统意义上的由量变到质变的临界点（城市化率为50%），城市时代已经到来，经济社会发展的格局正在发生变化。工业化、信息化、城镇化、农业现代化的同步发展，城市之间、城乡之间、城市与区域之间、区域与区域间的协调发展，社会管理的方式会不断调整，需要创新社会治理体制。

广州位于我国改革开放的前沿，三十多年来，本着“敢为人先，经世致用”的岭南精神，直面城市空间管理的问题，立足实际，不断进行着规划治理体制的创新和探索工作。

1987年的街区规划探索了市场经济对城市规划管理带来冲击的解决之道，成为我国控制性详细规划发展历程中重要的节点。

2000年的战略规划探索了城市发展的大格局和大框架问题，引领了战略规划时代的到来。

而2012年的“三规合一”则是进行城市发展中最为重要的三种规划基于城乡空间的合作与协调工作，这种政府、社会、市场之间的对话和协同工作方式，代表着规划编制的前行方向，必将引领新一轮的空间规划编制体系和方式的变革，并将带来规划治理体系的革命。

广州作为经济发展速度较快的特大城市，多年的城市发展和城市建设积累了众多的问题，国民经济发展与城乡空间发展、土地资源管理等方面存在较大的差异。据分析，广州的城乡规划与土地利用总体规划在建设用地空间布局差异图斑29.4万块，面积935平方公里；而国民经济和社会发展规划确定的建设项目，有1100多项不符合城乡规划或土地利用总体规划。这些差异给广州经济社会发展和城乡空间管理带来了诸多问题。

针对这些问题，广州“三规合一”以“战略规划”为引领，严格落实战略规划“南拓、北优、东进、西联、中调”的十字方针，以城市空间功能错位发展为基础，面向管理，突出底线管控思维，运用“协同规划”手段，在衔接城乡规划不同层级规划基础上，协调国民经济和社会发展规划、城乡规划、土地利用总体规划等不同类型的规划，形成“三规合一”边界管控控制线体系。广州“三规合一”通过全市统一的建设用地规模控制线、建设用地增长边界控制线、生态控制线和产业区块控制线的划定，强化了对城市功能和空间布局结构的引导，在优化城乡空间布局的同时，创新了规划

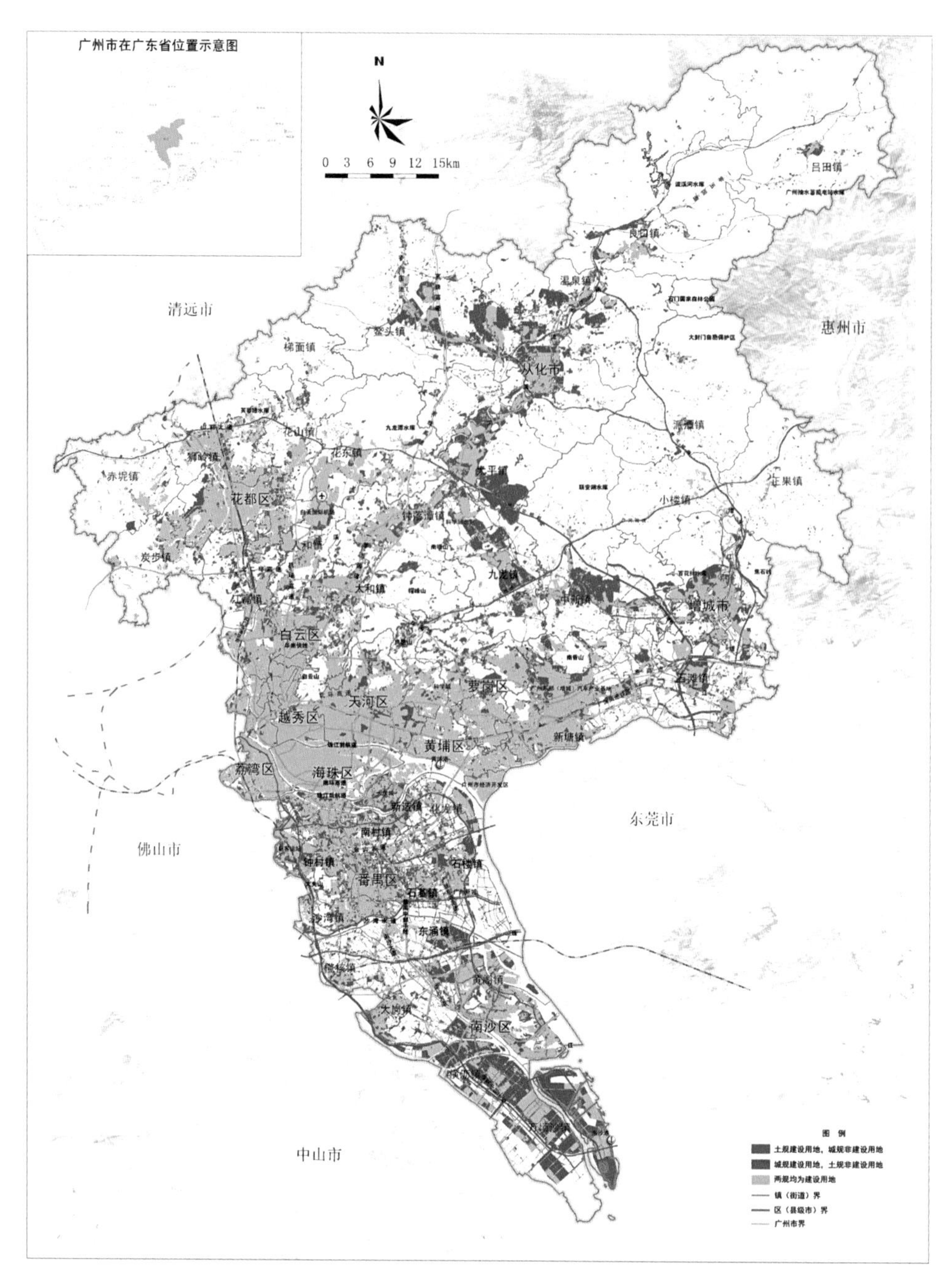

图 9-1 广州市城乡规划与土地利用总体规划建设用地布局差异图

编制新方法，探索了规划治理新模式。

广州“三规合一”通过“三上三下”市区联动工作路径的设计，明确每一步市级与区级的工作内容和联动方法，强化了市区联动的过程，同时，在明确“发改定目标、国土定指标、规划定坐标”“三规”关系的基础上，建立发改、国土、规划、建设、林业、园林等多部门之间的沟通协调机制。

战略引领、错位发展、面向管理、底线控制、市区联动、部门协调，广州市“三规合一”经过两年多的探索，走出了一条特大城市、资源紧缺型城市开展“三规合一”的实践之路。

“三规合一”工作刚刚拉开序幕，广州将继续前行。

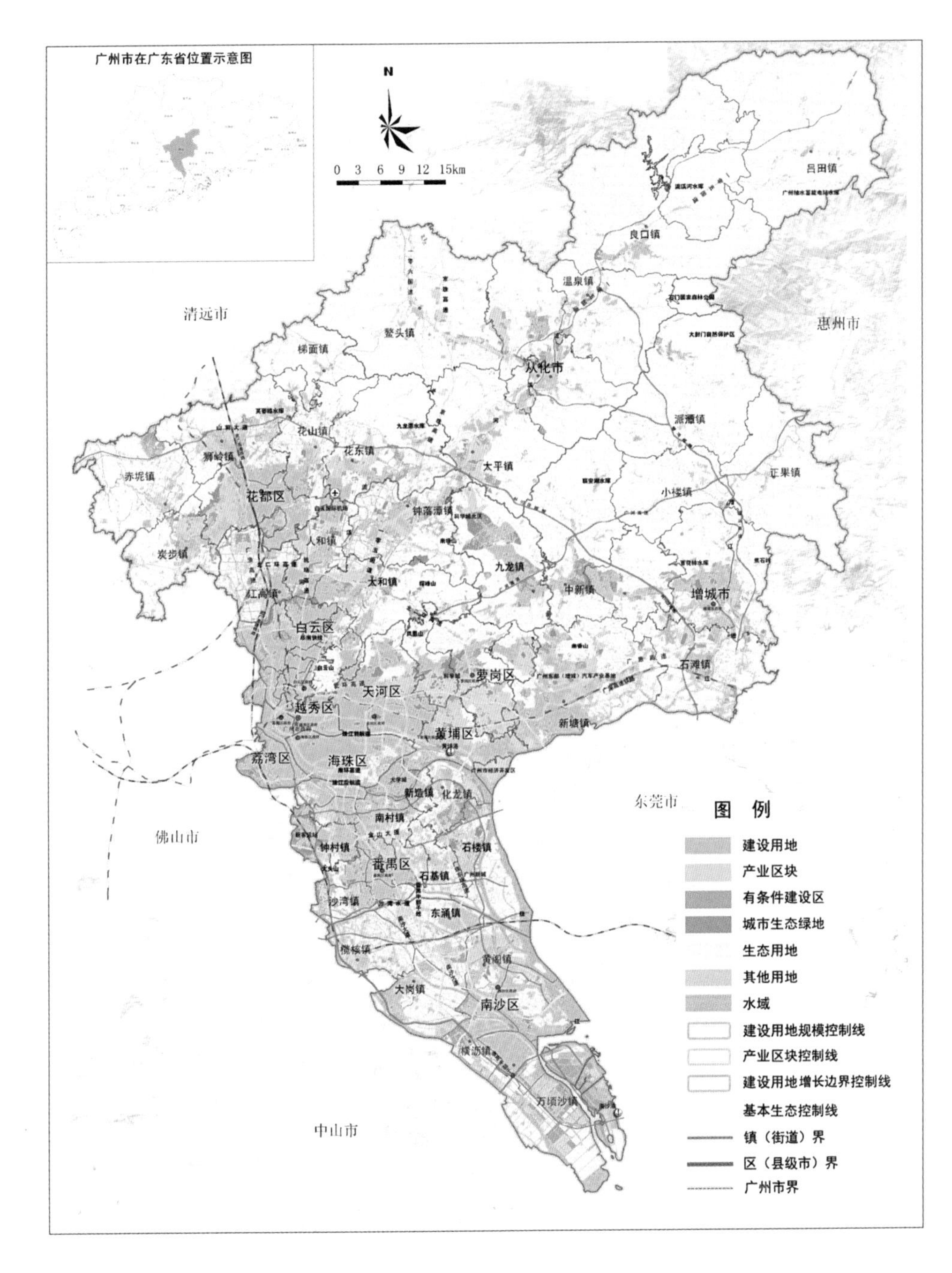

图 9-2 广州“三规合一”控制线规划图

第一节 审时度势 因时而起

国民经济和社会发展规划、城乡规划、土地利用总体规划是我国城市管理中最为重要的三种规划。改革开放三十年，广州市在经济社会各方面的长足发展和进步离不开这三种规划在各自领域发挥的重大作用。

国民经济和社会发展规划五年为一个编制周期，目前实施的是《广州市国民经济和社会发展第十二个五年规划纲要》(以下简称“十二五”规划)，该规划于2011年4月由广州市人民政府颁布实施。

广州市的城乡规划，特别是城市总体规划是明确广州城市空间发展方向的重要依据。新中国成立以来，广州市共做了17个城市总体规划方案。

目前广州市正在进行《广州市城市总体规划（2011—2020）》，即第17个方案的编制工作。此方案中确定广州市城市性质为国家中心城市之一、国家历史文化名城、广东省省会、我国重要的国际商贸中心、对外交往中心和综合交通枢纽、南方国际航运中心。确定城市总体发展六大战略：从城市到区域，强化区域中心；从制造到创造，发展现代产业；从实力到魅力，建设文化名城；从安居到宜居，构筑宜居城乡；从二元到一体，实现城乡统筹；从粗放到集约，强化组团发展。

规划市域建设用地规模1772平方公里。规划形成“都会区—外围城区—重点镇—一般镇”的城镇空间体系。规划确定城市空间发展策略为“南拓、北优、东进、西联、中调”，形成“一个都会区、两个新城区、三个副中心”的多中心组团式网络型城市空间结构。

此方案正在报批过程中。

在城市总体规划编制过程中，广州市同步进行了大量的控制性详细规划的编制工作，指导具体的用地使用。目前，广州市已批和在编未批控制性详细规划129项，建设用地面积2217.18平方公里。

图 9-3 广州市城乡总体规划与控制性详细规划图

广州市土地利用总体规划的编制与全国土地利用总体规划同步，也已编制了三轮，目前正在实施的土地利用总体规划是2005年开始编制的，2012年9月经国务院正式批复。

广州市土地利用总体规划结合广州市土地利用特点，提出了“坚守耕地红线、节约集约用地，构建保障和促进科学发展的新机制”的原则，确定了“优化、协调”土地利用战略，落实了《广东省土地利用总体规划（2006—2020年）》下达的各项土地利用指标要求。

在编制广州市土地利用总体规划的同时，按照土地利用总体规划国家—省—市—县—镇的五级编制体系的要求，广州市各区、县级市同步开展了区（县）级土地利用总体规划和镇级土地利用总体规划的编制工作。

虽然广州市的国民经济和社会发展规划、城乡规划和土地利用总体规划在各自编制过程中都十分注意与其他规划的协调和衔接，但是在实际实施过程中还是存在差异与矛盾，给广州市经济社会发展带来一定的困扰。

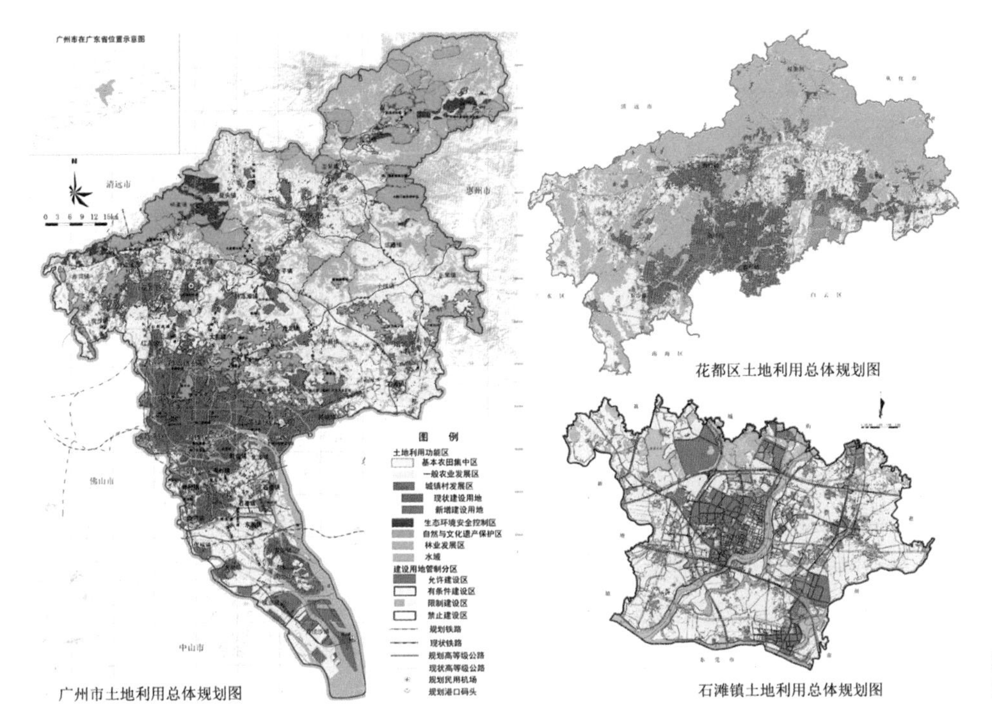

图 9-4 广州市市一区一镇三级土地利用总体规划图

通过广州市“三规合一”工作，我们发现广州市城乡规划与土地利用总体规划建设用地布局存在较大差异。这些差异给广州的经济社会发展、建设项目落地带来了困扰，总结起来主要表现在以下几个方面。

第一，“三规”存在差异，浪费土地资源。

前文提到广州市城乡规划与土地利用总体规划建设用地布局存在巨大的差异，造成了248.26平方公里建设用地指标不能使用。按照广州市2005～2012年年均建设用地增量28.57平方公里，此部分差异用地如果盘活可以用8～9年。“两规”建设用地布局上的差异导致土地资源的浪费。

第二，审批流程复杂，项目落地困难。

建设项目落地涉及发改委、规划局、国土局等多个部门的协调，审批流程包括项目立项、用地审批、规划报建、施工许可、竣工验收等多个环节。传统做法需要经过近百个行政审批环节，这些审批环节互为前置、来回调整、串联审批，常常需耗时数百个工作日。

第三，信息共享不足，降低行政效率。

与建设相关的信息分别涉及发改、国土、建设、市政等20多个部门，这些部门的信息分头管理、彼此查阅困难，为查阅资料文来文往的现象严重，极大影响了行政审批效率的提升。

第四，保护缺乏统筹，影响生态安全。

“三规”的分立与相互矛盾，使得生态保护的区域缺乏有效的统一，如广州市城市总体规划划定的生态用地5140平方公里，土地利用总体规划划定的生态用地5600平方公里，且两个规划在生态用地的边界上也存在较大的差异。另外发改建设项目选址时也未注意避让生态用地，导致建设项目触及生态用地的现象时有发生，对城市急需保护生态敏感用地造成一定程度破坏。生态用地保护范围缺乏统筹，不利于城市生态用地保护，严重影响了城市生态安全建设。

第五，依规行政不足，削弱规划的权威性。

“三规”的差异和规划相互打架，使得某个部门规划得不到其他部门的认可。在具体建设时造成无法直接依规行政，进行规划修改时，往往领导直接决定修改方向，主观意识强，削弱了规划的严肃性和权威性，导致“规划规划墙上挂挂，不如领导一句话”。

第六，配套建设脱节，阻碍民生发展。

“三规”和“多规”的不协调，使得规划无法紧扣城市经济社会发展的脉搏，往往造成公共服务设施、市政设施建设配套不足，既造成了投资的浪费，又不利于民生的发展。

面对这些城市管理中实际存在的问题，广州市“三规合一”开始了探索之路。

第二节　艰难跋涉　荆棘中探路

“路漫漫其修远兮，吾将上下而求索”这句出自屈原的名作《离骚》，我们应该很熟悉了。意思是说：在追寻真理（真知）方面，前方的道路还很漫长，但我将百折不挠，不遗余力地（上天下地）去追求和探索。广州市“三规合一”工作也如在荆棘中行走，需要百折不挠的求索精神。

广州市“三规合一”工作的第一步是统一思想，明确工作思路。

广州市“三规合一”工作思路的确定是在总结国内许多城市经验基础上的提炼和升华。

“三规”的矛盾由来已久，也不仅仅是广州的独有现象。实际情况是，我国各地区城乡规划与土地利用总体规划规模边界不一致、国民经济和社会发展规划的重点项目布局超越城乡规划和土地利用总体规划的现象十分普遍。面对这个问题，一些城市也正在从不同角度利用不同手段开展统筹协调三个规划或者两个规划的（城乡规划与土地利用总体规划）的工作。

广州市在开始“三规合一”工作之初，开展了大量的调研工作，总结出我国城市开展规划合一研究的主要经验。目前大致可以分为两种类型：第一种类型是借行政架构改革之机，进行规划融合工作如上海、武汉、深圳、云浮等。第二种类型，是在不进行政府机构改革的前提下，从技术角度对三个规划进行融合，如河源。

通过调研，我们发现鉴于对“三规合一”工作的不同理解，不同城市会制定不同的工作目标。有的学者理解“三规合一”是一种城乡统筹的综合性规划，是将所有规划内容融为一体的规划，如深圳市在编制《深圳市坪山新区综合发展规划（2010—2020）》时以空间结构为主线，将城市规划与土地利用规划、国民经济和社会发展“十二五”规划等充分衔接，积极探索“多规合一”的综合性规划编制。

而广州的“三规合一”是什么呢？是一个综合统筹的规划吗？立足于广州市发改、规划、国土三家的行政架构现实特点，广州“三规合一”强调的“三规合一”是一种“工作”，而非一种“规划”。这种工作的目的是通过“三规合一”，消除“三规”之间的矛盾，达成三个部门在城乡空间发展方面的共识。此项工作的核心目标就是通过划定“三规合一”的建设用地边界、建设用地增长边界、生态保护边界和功能区块边界，形成统一的建设、保护、生产空间，并在此指导下，三个法定规划按照各自的法定要求形成各自的规划成果，保障“三规合一”共识的落实和实施。

在此种认识的指导下，广州市“三规合一”工作目标表述为：“三规合一”以战略规划为引领，以国民经济和社会发展规划为依据，统一城乡规划和土地利用总体规划边界，加强“三规”衔接，同时优化“三规”内容，建立信息平台，形成协调机制和理顺行政管理。在统一建设用地规模边界的过程中有效统筹城乡空间资源配置，优化城市空间功能布局工作，保障耕地资源和节约集约用地，保障国家、省、市重要发展片区、重点建设项目顺利落地实施，保障经济、社会、环境协调发展。“三规合一”的未来是“多规融合”。“多规融合”将以“三规合一”为基础，逐步实现环保、文化、教育、体育、卫生、绿化、交通、市政、水利、环卫等专业规划的统筹，最终实现城乡交融的空间格局。

与其他城市“三规合一”研究等相关工作比较，广州市“三规合一”工作面向实施，直接为规划管理服务。工作重点对控制性详细规划和镇级土地利用总体规划等实施性规划进行差异分析，在划分协调分区基础上，制定差异处理措施，针对差异图斑进行“合一”工作，使“三规合一”工作落到实处，并指导后期城乡规划和土地利用总体规划的修改。广州市“三规合一”工作是“落地”的协调工作，具有面向规划实施这个特点，这个工作特点使得整体工作不再是阳春白雪的理论研究，而是对“三规”，特别是“两规”差异图斑的具体处理和协调。

在达成了共识，明确了工作目标之后，在广州市委市政府的高度重视下，广州市“三规合一”工作按照“规划引领、平台整合、市区联动、试点先行”的工作思路，进

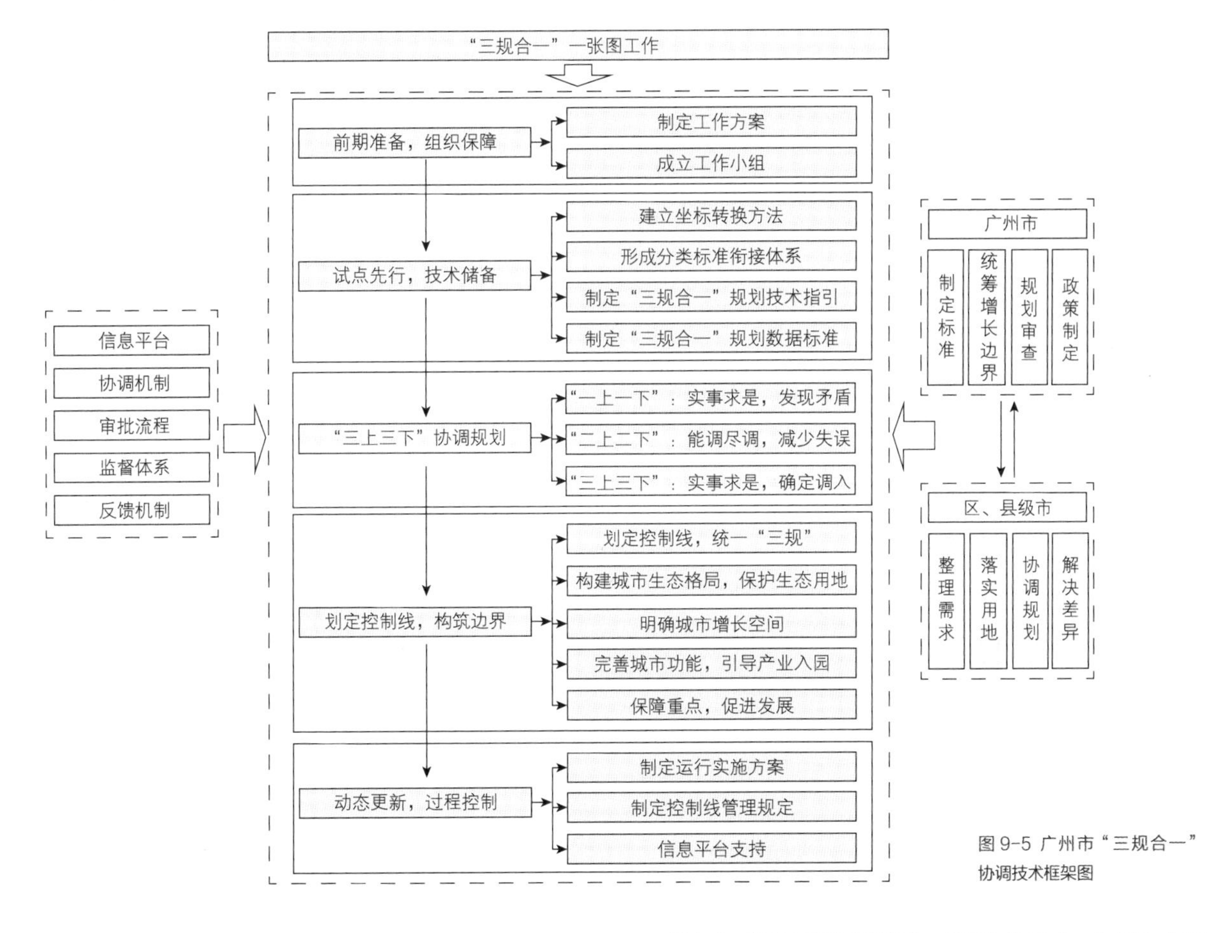

图 9-5 广州市“三规合一”协调技术框架图

入了规划协调阶段。在这一阶段，我们将领略到协调规划的魅力。

作为协调规划，广州市“三规合一”工作探索出了一套规划协调的方法和机制，这套协调方法和机制从某种意义上来说是大于这项工作本身创造出的“五个一”成果的（“一张图”、一个信息联动平台、一个技术标准、一个管理办法和一个运行实施方法）。

下面将详细介绍广州市“三规合一”工作的协调方法和机制。

第一，明确利益协调方和协调组织架构。在“三规合一”工作中，利益相关方包括纵向的市、区两级政府和横向的发改、规划、国土三个行政部门。也就是说，通过整个工作，要使得两级政府和三个部门的利益在城乡空间安排上达成一致。

为保障利益协调方的参与度，调动两级政府、三个部门的工作积极性，在开展“三规合一”工作之初，广州市制定了“三规合一”工作方案，明确了组织架构，成立了以市长为组长、发改、规划、国土等11个局委和12个区（县级市）为成员的“三规合一”工作领导小组。该工作领导小组的成立标志着“三规合一”工作是市、区两级政府和发改、规划、国土多部门的共同责任，明确了参与“三规合一”规划协调的相关利益方。

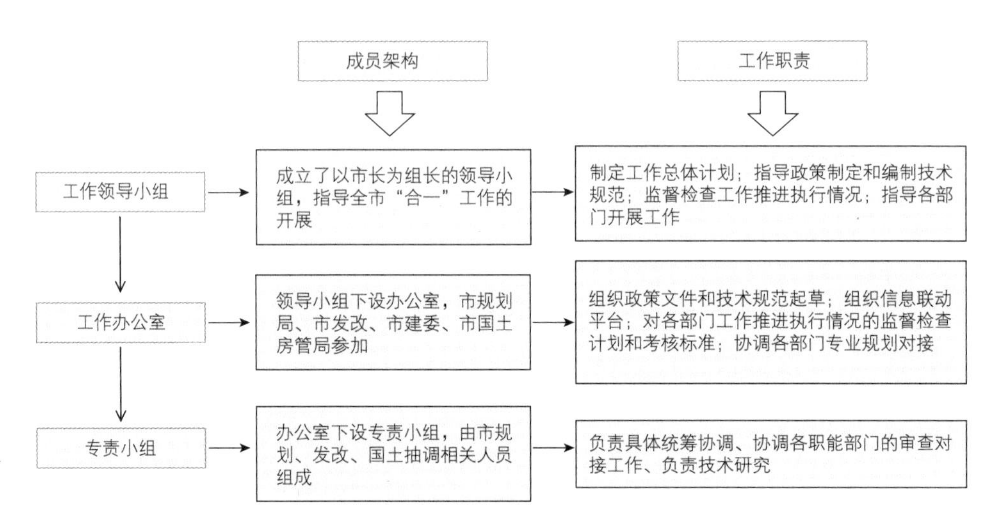

图 9-6 广州市“三规合一”工作组织机构图

第二，明确协调的内容。“三规合一”不是取代国民经济和社会发展规划、城乡规划和土地利用总体规划，而是在战略规划引领下，进行涉及城市保护和发展底线的协调，因此广州市“三规合一”工作协调的核心内容是建设用地边界，在形成统一的建设用地边界的基础上，进一步拓展协调内容，形成统一的建设用地增长边界、生态保护边界和产业区块等功能区块的边界。也就是说，广州市“三规合一”工作的协调内容是有限的，是针对底线的协调。

在进行具体协调工作之前，广州市建立了“三规合一”概念体系，进行了规划用地分类对照和控制线划定标准等技术准备工作，为完成协调工作奠定了技术基础。

“三规合一”概念体系分为两个层面。一是“三规合一”用地概念体系，这个体系主要是作为与城乡规划、土地利用总体规划等相关规划用地分类标准进行对照的用地分类体系，目的是在用地这个层面形成概念对接。二是控制线体系，这是“三规合一”的主要内容，控制线体系是在分区层面与相关规划管制分区的对接。

“三规合一”用地概念体系主要包括建设用地、城市生态绿地、生态用地、产业用地、基本农田。广州市在进行“三规合一”工作时，面向管理，考虑到广州市城乡规划管理和土地利用规划管理的现实情况，建立了《广东省县级土地利用规划数据库标准（试行）》与城市用地分类与建设用地标准（GBJ137-90）和城市用地分类与规划建设用地标准（GB50137-2011）的对照关系。

其中广州市“三规合一”工作中建设用地的概念与土地利用总体规划基本一致，而将城乡规划中部分符合要求的公园绿地（G1）和防护绿地（G2）视为了非建设用地，[①]这些非建设用地在广州“三规合一”工作中称为城市生态绿地。

①按照《国土资源部关于广州市城乡统筹土地管理制度创新试点方案的复函》（国土函资［2012］635号）中的相关要求，广州市制定了《广州市城市生态用地差别化管理实施方案》，明确了2公顷以上的公园绿地和防护绿地可进行非建设用地管理的相关政策。

“三规合一”控制线体系包括建设用地边界、建设用地增长边界、产业区块边界、生态边界。

其中建设用地边界与建设用地概念相吻合，是视为“三规合一”的建设用地的围合线。在建设用地边界范围内包含土地利用总体规划的允许建设区和限制建设区中的规划交通水利用地（水库水面除外）及其他建设用地。在城乡规划中基本为适建区的范围。

建设用地增长边界范围内不全为建设用地，在土地利用总体规划中为允许建设区、有条件建设区和视为非建设用地管理的城市生态绿地；在城乡规划中，按照广东省有条件建设区的使用要求，为控制性详细规划的覆盖范围。

产业区块边界是与产业用地相对应的，此类用地在土地利用总体规划中没有具体的对应要求，在城乡规划中主要是指连片的工业、仓储和与之配套市政设施和服务设施用地。

生态边界是生态用地的围合线。在生态保护边界范围内包括土地利用总体规划的禁止建设区和部分的限制建设区，城乡规划的禁建区和部分限建区。

“三规合一”用地和控制线概念体系的建立，使得“三规合一”协调内容更为明晰和具体。

第三，明确协调程序和步骤。组织利益协调方，针对协调内容进行相关工作，需要明确协调程序和步骤。广州市“三规合一”工作的协调方法是市区联动，具体的协调步骤是“三上三下”，也就是进行了三个阶段的协调工作。整个协调工作共历时1年半的时间。

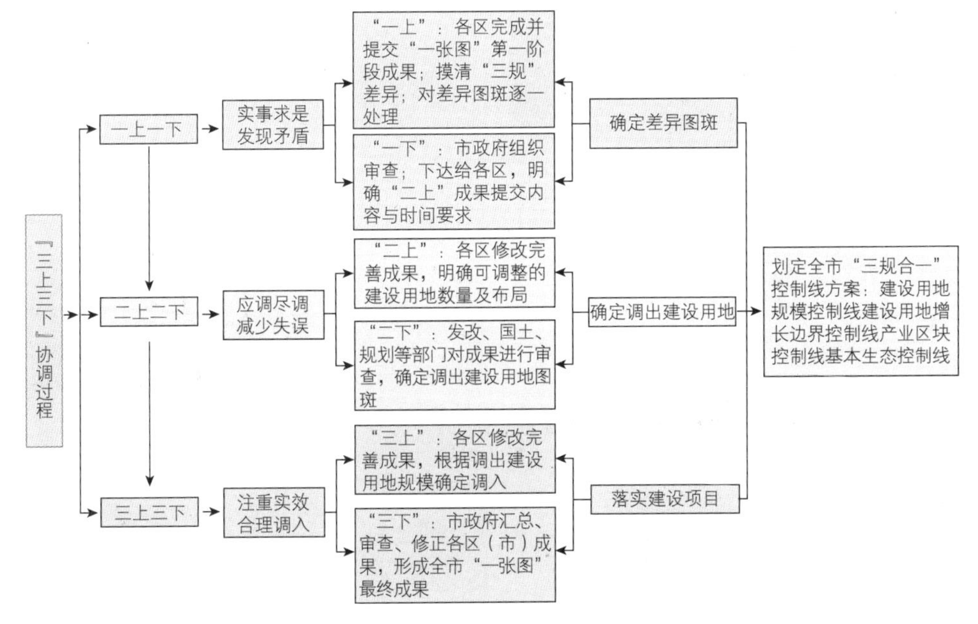

图9-7 “三上三下”协调步骤

第一阶段（“一上一下”）：实事求是，发现矛盾。

“一上一下”的工作重点是摸清全市“三规”差异，制定差异图斑处理措施，并对差异图斑进行逐一处理。通过第一阶段工作，发现广州市城乡规划（主要是控制性详细规划）与土地利用总体规划的差异图斑是29.4万块，差异面积是935平方公里。实际上，在矛盾发现的过程中，也经历了多次的局部协调和沟通，十二个区（县级市）每个区都有对成果进行了调整，最后市“三规合一”领导小组认可的是经区政府名义上报的成果。

第二阶段（“二上二下”）：应调尽调，减少失误。

“二上二下”的工作重点是本着“应调尽调、减少失误”的原则，明确可调整的建设用地数量及规模，并形成“三规合一”的框架性文件。

第二阶段工作是在协调“两规”差异基础上，通过摸清建设现状、产权情况、建设项目建设情况和相关规划情况，从优化城市空间布局，盘活存量用地，促进土地高效利用的角度，对土地利用总体规划中建设用地布局进行调出安排，解决可利用土地资源的问题。经过第二阶段工作，全市明确了近130平方公里的调出用地。

第三阶段（“三上三下”）：注重实效，合理调入。

“三上三下”的工作重点是按照第二阶段确定的可调整建设用地规模，依据发改委确定的建设项目排序，布局建设用地，确定“三规合一”的建设用地规模控制线及相关控制线，形成“三规合一”最终成果。

在“三上三下”过程中，主要体现了四个方面的特点：

理念创新，突出战略引导和底线控制。

广州市“三规合一”“三上三下”工作过程中，本着“求同存异，协调一致”的原则，在尊重“三规”各自的技术规程、管理模式的基础上，以广州市“南拓、北优、东进、西联、中调”的城市空间发展战略为引领，突出底线思维，抓住城市空间管理里中建设与保护的核心问题，明确“三规合一”的突破点和关键性内容，通过建立以

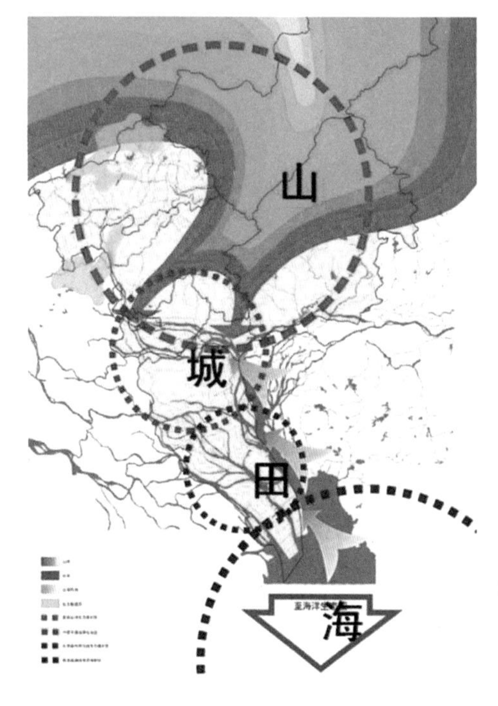

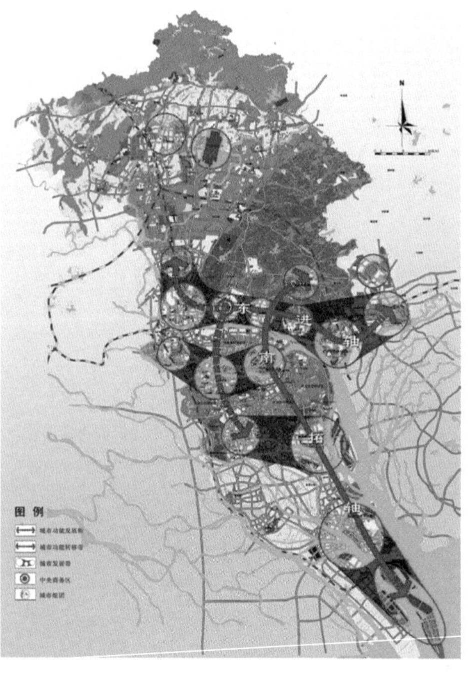

图 9-8 广州市城市空间发展战略

建设用地规模控制线、建设用地增长边界控制线、产业区块控制线和基本生态用地为代表的控制线，管控“三规”共同关注的建设用地边界、生态用地边界、产业用地边界等内容，达成“三规”共识。并以此为基础，通过土地利用总体规划和城乡规划的修改调整，以及项目优先机制的建立，形成全市空间发展和管理的合力。

第二，机制创新，强化市区联动和部门协调。

广州“三规合一”工作强调市区联动和部门协调，通过“三上三下”工作过程探索了“三规合一”的协调机制，为构建城市规划治理新模式奠定基础。

“三规合一”的工作需要市区两级政府合力打造。其中，市级政府重点在于制定游戏规则，确定城市发展方向，制定一张图、一个信息联动平台、一套技术规程、一个管理办法和一个运行方案。区级政府重点在于明确实际需求，落实市级统筹意图，形成“三规合一”、“一张图”的技术方案。

市与区（县）的联动主要表现在工作机构对接、工作过程互动、工作成果共享等方面。

工作机构的对接。广州市“三规合一”在市与区（县）都成立了“三规合一”工作领导小组，其中市“三规合一”领导小组由市长任组长，下设的办公室位于规划局；与此相对应，区（县）的“三规合一”领导小组由区（县）长任组长，其下设办公室位于规划分局。工作机构的对接，在工作组织和人员方面保障了市与区（县）良好的衔接，是“三规合一”工作顺利推进的基础。

工作过程的互动。在广州市“三规合一”“三上三下”工作中，市区联动始终发挥着重要的作用。“三规合一”每一个工作阶段开始时，先由市“三规合一”领导小组发文，提出此阶段的工作要求和重点，并配套相关的技术要求；在每一阶段的工作过程中，区（市）人民政府都积极响应，按照市级统筹的要求，结合本地实际作出响应的工作成果，并以区（县）人民政府的名义上报市“三规合一”领导小组，完成“上”的工作；市在接到区（县）上报成果后，组织相关审查工作，形成审查意见，下发区（县），完成“下”的工作。“三上三下”的工作重点是市区的联动，市、区（县）共同努力完成“三规合一”成果。

工作成果的共享。“三规合一”成果经过“三上三下”之后，形成全市“三规合一”、“一张图”，并建立“三规合一”信息联动平台、制定相关的配套实施政策。市与区（县）可以共同使用该项成果，分享“三规合一”的成果。

成立“三规合一”专责小组，集合规划、发改、国土三部门相关人员专职办公。在部门协调方面主要表现为：“三规合一”工作涉及发展改革、规划、国土、建设、水务、林园等多个行政主管部门，其中最为重要的是发展改革、规划、国土三个部门。在广州市“三规合一”工作中，注意充分发挥部门优势，通过协助和合作，形成部门共识，共同完成该项工作。

在广州市“三规合一”工作组织过程中，在规划、国土、发改三部门抽调专业技术骨干，成立“三规合一”专责小组，负责协调各职能部门的审查对接、“三规合一”技术研究等具体工作。专责小组的成立对顺利完成“三规合一”工作具有重要的作用。在广州市“三规合一”工作过程中，专责小组成员主要负责了以下工作：指导各区“三上三下”完成区三规合一的成果，现场走访、指导40多次；协调市发改、规划、国土开展审查工作，组织会议近百场；组织全市各阶段审查会、汇报会20多次，向市领导汇报10多次，领导小组全体大会3次；组织“三规领导小组”成员单位、其他委办局单位征求意见活动3轮，征求意见100多条；组织设计咨询单位、大中型企业及社会各界代表咨询会。组织市“三规办”周例会30多次；组织全市审查会、各类协调会60多次；记录、拟写工作简报22期；主动发文协调各区、各委办局30多次；办理各区、各委办局来函、来文等政务按440多件；组织各地来访、学习10余次；组织外出调研、学习6次。

明确部门任务，明确责任分工。在“三规合一”工作过程中，结合部门职责，明确发改、规划、国土三个部门的任务是十分重要的。广州市“三规合一”将“一张图”的具体审查工作、信息联动平台的建设工作，以及配套政策的制定工作都落实到了部门，保障了整体工作的顺利完成。在“一张图”审查过程中，发改委重点落实建设项目的核定和排序工作；规划局重点审查市政基础设施的落实情况、城市功能的完整性、生态用地划定合理性、图斑调整的合理性等工作；国土局重点审查图斑调整与土地权属是否有冲突、图斑调整的合理性、基本农田保护、有条件建设区划定的合理性等相关内容。通过各有侧重点的审查，保障了“一张图”成果的科学性和合理性。在信息联动平台建设过程中，规划牵头制定“三规合一”公共平台，规划、国土、发改分别改造各自的信息平台，搭建与公共平台联系的桥梁，共同构筑“三规合一”信息联动平台。配套政策制定方面关键是发挥发改在政策方面的优势，有其牵头，完成运行实施方案、管理规定等相关政策保障文件的制定工作。

达成部门共识，联合上报成果。广州市“三规合一”成果经过部门审查，形成发改、规划、国土三个部门共同认可的成果，并以三部门的名义共同上报广州市“三规合一”工作领导小组审议。可以这样说，对“三规合一”“一张图”成果的部门审查的过程是三个部门进行协调和衔接的过程，通过“三上三下”中的三次审查，部门意见充分协调，达成了共识，形成了合力，并都承诺了将“三规合一”“一张图”成果落实到各自的法定规划中，保障了“三规合一”工作的落地实施。

第三，技术创新，行政与技术的紧密结合。

“三规合一”工作是对城乡空间土地资源的优化，涉及了大量的利益分配和协调的问题，不是单纯的技术问题，需要通过行政协调保障利益分配的合理和可行；同时，行政手段还可有效保障“上下”沟通和部门协调的严肃性和可行性。因此，“行政”+“技术”是广州市“三规合一”工作的重要特色。“技术”提供“合一”基础分析和技术合理性的判断，“行政”进行利益分配判断和可行性保障，“行政”与“技术”的完美结合，才能保障“三规合一”工作的有效推进。

广州市在开展“三规合一”时，一直强调“三规合一”是一项工作，而非是一种“规划”，也就是说，在“三规合一”的具体工作过程中已不是传统意义上的技术工作，而是行政+技术的完美结合。在具体进行“三规合一”“一张图”制定时，技术人员也不再是在办公室中埋头做方案，而是走出去，参与区、市的各种协调会，在协调会议中，通过协商达成共识，形成方案。同时，在方案的认定过程中，行政的认可也是十分关键的要素，前文也提到，“三上三下”过程中，每一步都要经过地方行政首长的认可后方可上报或下发，行政的力量是推动“三规合一”工作不可忽视的手段。技术的基础，行政的保障是广州市“三规合一”工作顺利、快速推进的重要环节，缺一不可。

经过以上“三上三下”的协调过程，在利益协调方的共同努力下，广州市“三规合一”有效完成了协调工作。广州市“三规合一”以战略规划为引领，根据土地利用总体规划确定的建设用地规模，在协调城乡规划、土地利用总体规划建设用地布局基础上，衔接国民经济和社会发展规划重点发展区域、产业园区和建设项目布局，划定统一的建设用地规模控制线。在此基础上，进一步划定建设用地增长边界控制线、基本生态控制线、产业区块控制线，形成“三规合一”控制线管控方案。

（1）建设用地边界：全市划定建设用地规模控制线1832平方公里，其中包括原“两规”一致用地1440.33平方公里，原“有土规无城规”用地188.97平方公里，原“有城规无土规”用地137.63平方公里，原“两规”均不符的用地64.94平方公里。

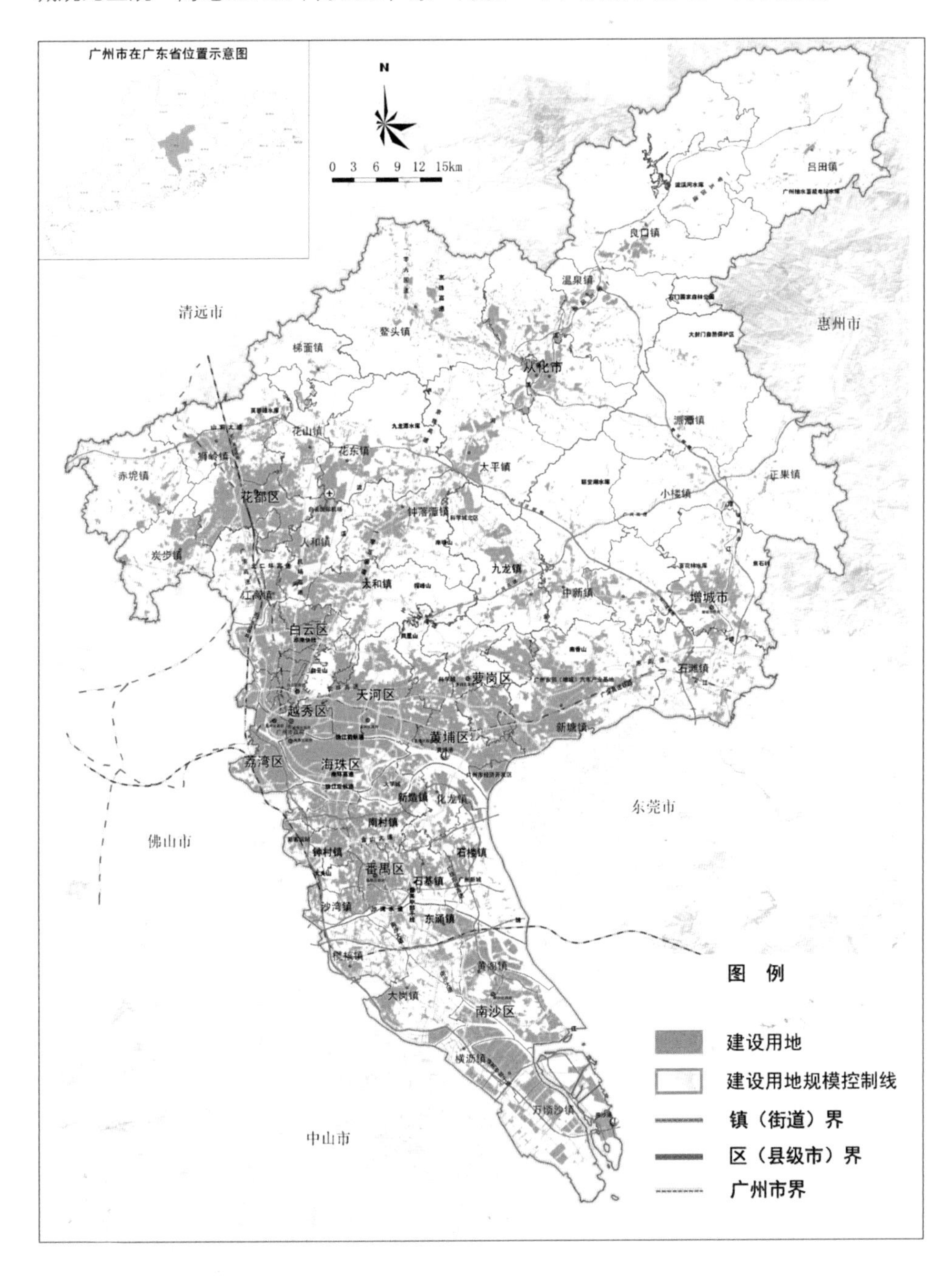

图9-9 建设用地边界

（2）建设用地增长边界：全市划定建设用地增长边界控制线2440平方公里，其中建设用地规模控制线1832平方公里，城市生态绿地314平方公里，有条件建设区293平方公里。

为引导城镇空间发展，划定城市增长边界，面积为2156平方公里。

（3）产业区块边界：本次“三规合一”工作共划定产业区块共95个，产业区块控制线面积325平方公里。

（4）生态保护边界：本次“三规合一”工作共划定基本生态控制线面积4426平方公里，占市域总面积的60%。

在制定“三规合一”“一张图”的同时，广州市开展了“三规合一”信息联动平台的建设工作。

广州市“三规合一”信息联动平台针对“三规合一”运行管理要求，在各部门已有业务系统的基础上，分别进行改造或新建，实现与“公共平台”的对接，形成三个新的业务系统（发改、国土、规划），形成“1+3”总体架构，即一个公共平台和发改、

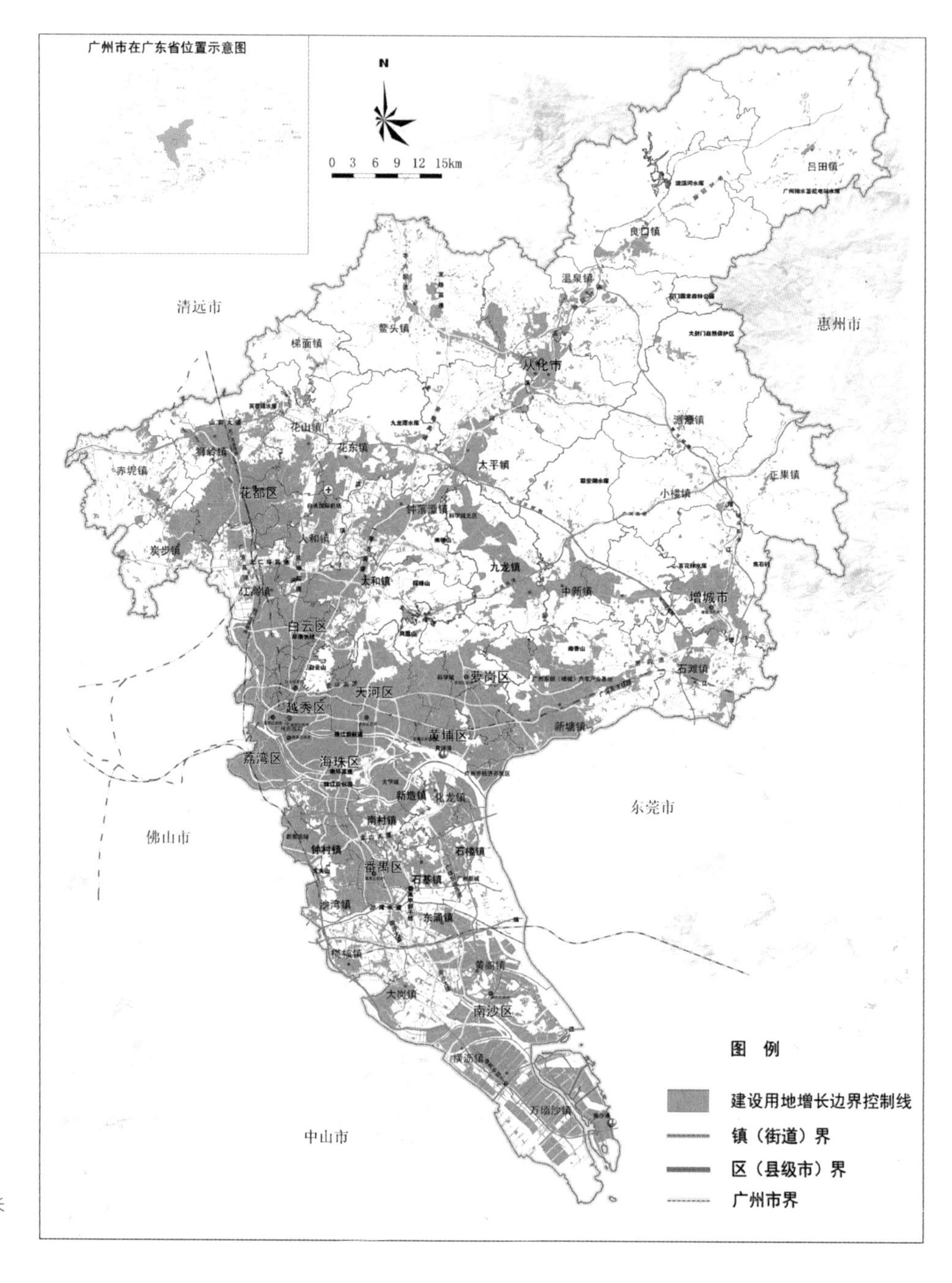

图 9-10 建设用地增长边界

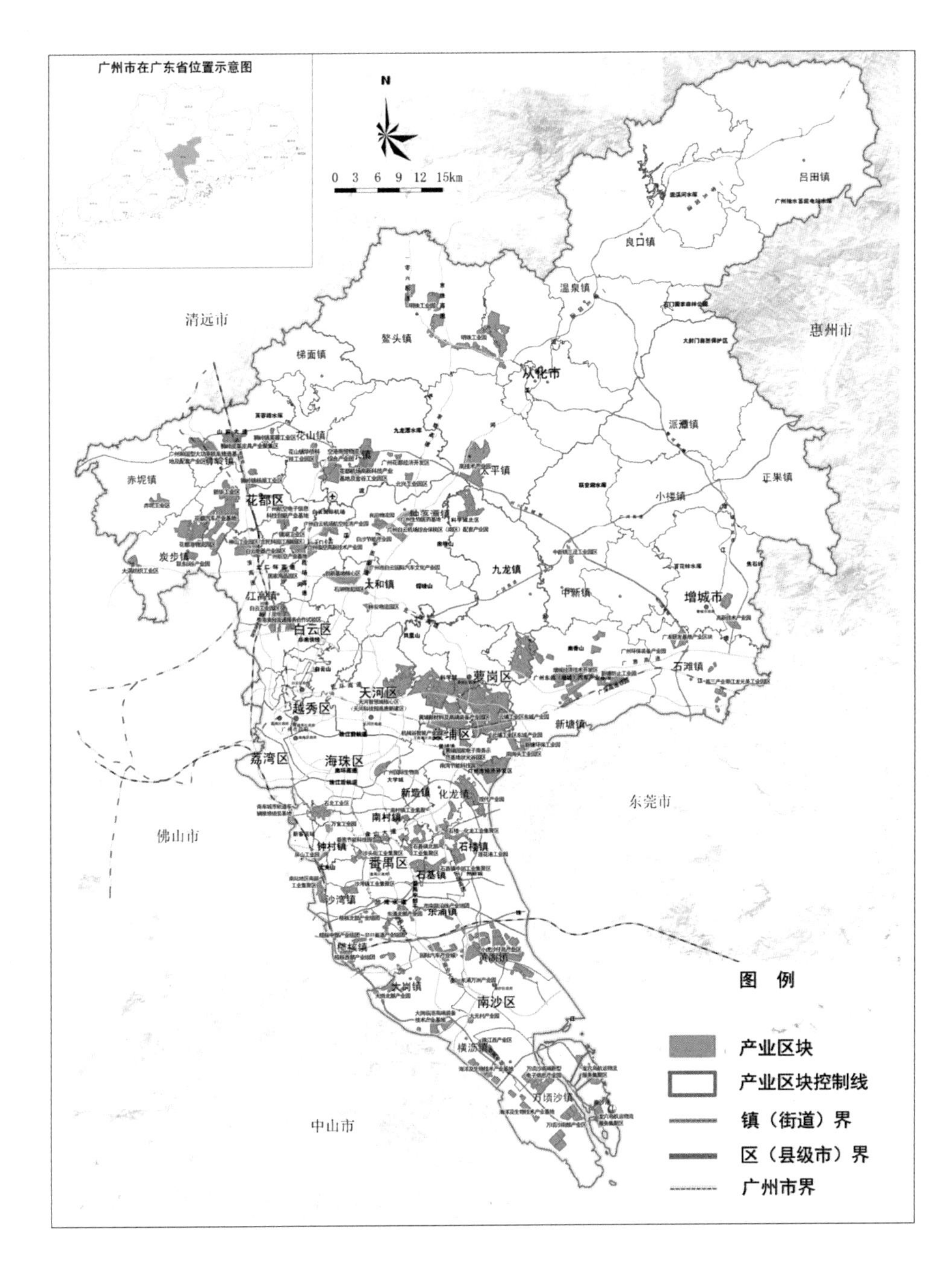

图 9-11 产业区块边界

国土、规划三个业务子系统。

公共平台是“三规合一”信息联动的枢纽，统一管理和维护“三规合一”规划成果数据，为各部门控制线管控提供统一的管控数据和检测功能，通过与各业务子系统进行数据交换，实现跨部门规划信息和审批信息共享，并向各业务子系统提供选址查询、规划协调等功能服务。

各业务子系统是“三规合一”信息联动的根基,它在充分利用各部门现有信息化成果的基础上，通过升级改造或新建，将控制线管控要求植入到部门规划编制和项目审批业务办理流程中，调用公共平台的管控数据和检测功能进行控制线管控，并通过各自的工作库向公共平台提供本部门的规划数据和审批数据，供其他部门调用。

信息联动平台是“三规合一”运行和动态维护的基础，通过信息联动平台可以实

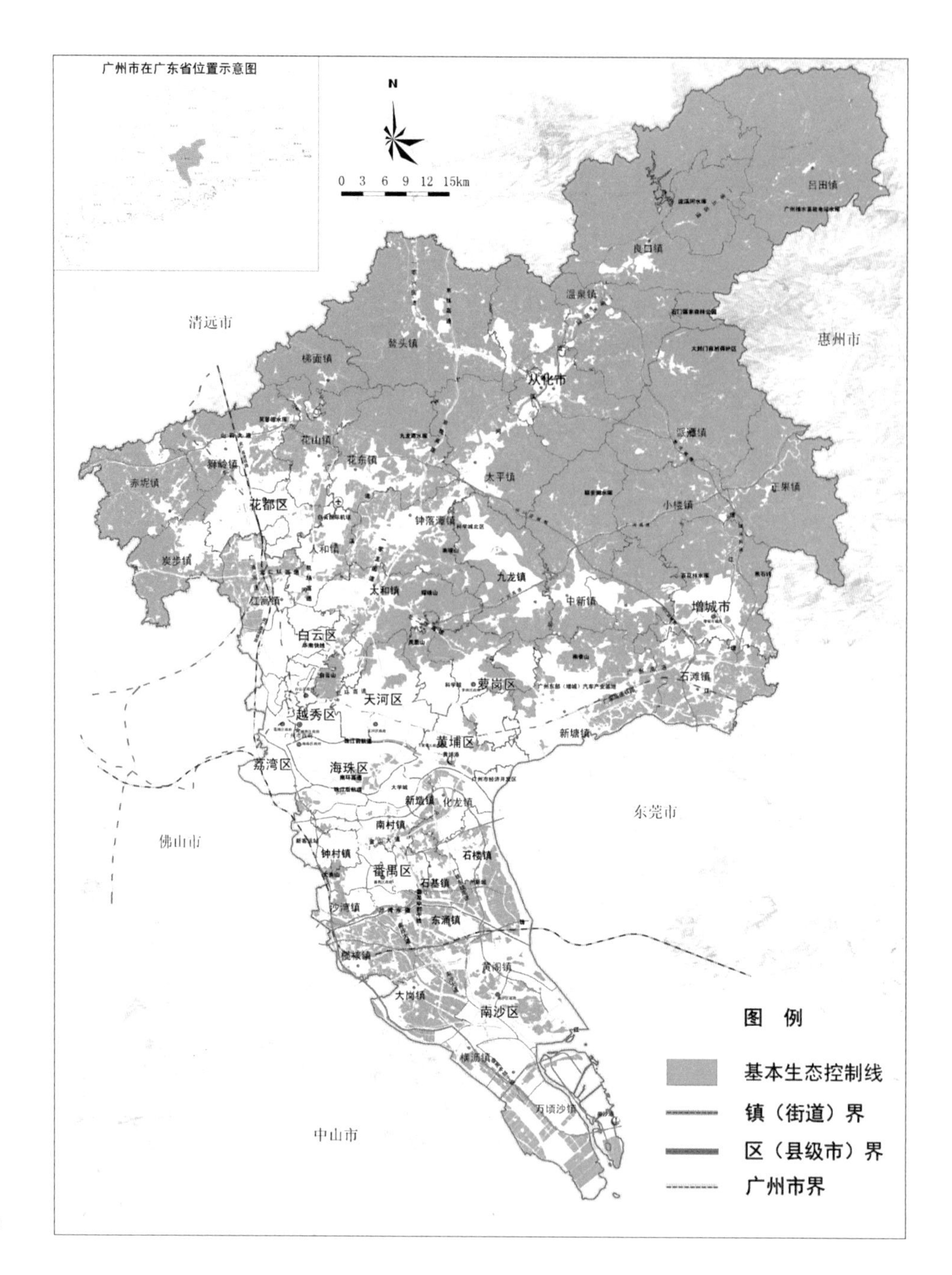

图 9-12 生态保护边界

现数据对接，资源共享；实现从立项到竣工验收全部事项的网上申请、办理的全网络审批和确保审批全过程透明公正。

广州市“三规合一”信息联动平台的特点包括：

（1）海量数据分析，快速发现差异。

基于“三规合一”土地分类衔接标准和空间拓扑分析，利用地理信息技术对城乡规划数据和土地利用总体规划海量图斑数据进行比对，快速发现“两规”之间存在的差异，辅助“三规合一”成果编制及成果审查。

（2）源头管控，提升审批效率。

通过将控制线管控要求植入到各部门的业务流程，从源头确保建设项目进入正式审批流程前符合“三规合一”符合性审查，避免产生新的矛盾，加快项目审批速度，提升审批效率。

（3）“1+3”分布式架构，有效支撑“三规”协调联动。

采用“1+3”分布式平台架构，“三规合一”成果及行政审批信息可跨部门查询与调用，实现了市区联动、部门协同，有效满足了“三规合一”条块结合的管理需求。能够方便地扩展为“1+N”结构，为“多规融合”的应用奠定了基础。

为保障“三规合一”实施，广州市制定了运行管理的配套政策性文件。

第三节　风雨过后是彩虹

历时2年，广州市“三规合一”经过“三上三下”的工作过程，形成了“五个一”工作成果。

广州市“三规合一”“五个一”成果包括：

图 9-13 “五个一”工作成果

“一张图”。全面梳理“三规”内容，对“三规”各自确定的发展目标、发展规模、用地指标、用地布局空间差异等进行分析，设计“三规”衔接的规划编制标准、编制体系、编制路线；将“三规”所涉及的用地边界、空间信息、建设项目参数等多元化的信息融合统一到一张图上。通过规划整合，形成以建设用地规模控制线、建设用地增长边界控制线、基本生态控制线、产业区块控制线为一体的控制线管控方案。实现在明确事权划分的前提下，统一了三个规划的核心内容，构筑统一管理边界，为各部门在“一张图”中协同管理城市土地和空间资源奠定了技术基础。

一个信息联动平台。依托广州超级计算中心，搭建信息联动平台。近期充分利用“广州市建设项目审批信息共享平台”和“数字广州地理空间框架”的现有成果，建立一个“三规”管理信息互通机制，实现部门间信息共享，建成包括一个公共平台和规划、国土、发改三个业务子系统的“三规合一”信息联动平台（简称“1+3”信息联动平台）。远期充分整合全市各部门空间信息管理手段，构筑覆盖城乡全域，涵盖各个部门的空间资源管理的“1+N”信息联动平台,便于发改、规划、国土、建设、环保、水务、交通等部门审批过程中及时沟通，为建设“智慧城市”、实现“多规”统一、高效的管理提供信息技术支撑。

一个运行管理实施方案。按照优化行政审批制度的要求，以全市“一张图”为基础，以统一的信息联动平台为技术支撑，以控制线管控为手段、以制度监督为保障、以动态更新为补充，将“三规合一”成果与行政管理流程整合，明确控制线管控运行方案和以年度前期项目计划和土地储备计划制定为依托的“三规合一”运行机制，保障“三规合一”成果顺利运行，进一步优化建设项目审批与规划用地管理的流程，缩短行政审批时间，改善整个城市投资环境；加强部门规划编制、实施、管理及更新过程中的有效衔接，提高行政运行效率和公共服务水平，保障经济社会发展重大平台有序开发和项目顺利实施。

一个技术标准。在制定土规、城规用地分类标准对照体系基础上，针对广州“三规”差异的主要特点，借鉴相关经验，明确影响用地管理的主要问题，形成控制线体系及划定标准。通过协调各部门规划编制及实施管理中出现的矛盾等问题，制定可操作的技术解决方案。明确“三规合一”技术要求和成果要求。

一个管理规定。明确管理主体，确定“三规合一”控制线管控规则、修改的条件和程序，规范“三规合一”成果的使用和维护，保障“三规合一”规划实施。广州市“三规合一”规划实施过程强调动态更新，旨在通过与信息联动平台结合，通过规划的动态更新，使规划不断调整与完善，保障规划的有效性和可实施性。

经过两年多的努力，广州“三规合一”初见成效:

（1）协调矛盾，提高了规划管控能力。

实现三个规划“一张图”管理、一个平台审批，既确保了规划“落地”，维护了规划严肃性，又有效提升政府依法行政和科学行政的水平。特别是科学划定城乡基本生态、基本农田保护、建设用地、产业区块等“四条控制线”，有效实现了发展目标、人口规模、建设用地指标、城乡增长边界、功能布局和土地开发强度等“六统一”，解决了规划“打架”问题，实现了各类建设项目用地需求的统筹安排，更好地发挥了“三规”管控和引领作用，体现了严守底线、调整结构的改革思路，落实了生产空间集约高效、生活空间宜居适度、生态空间山清水秀的总体要求。

（2）节约集约，盘活了存量土地资源。

广州作为一座特大城市，2013年常住人口已达到1292.68万人，实际管理人口超过1600万。国土资源部下发《关于强化管控落实最严格耕地保护制度的通知》要求，除生活用地及公共基础设施用地外，原则上不再安排城市人口500万以上特大城市中心城区新增建设用地。资源环境紧约束形成的倒逼机制，促使转向以盘活存量、优化结构，提升效率的发展模式。通过“三规合一”，对用地现状和城市空间功能布局进行整理和优化，强化土地的节约集约利用和对低效用地的二次开发，着力突破土地资源的制约。

（3）精明增长，优先保护了生态环境。

按照中央城镇化工作会议划定特大城市开发边界、把城市放在大自然中、把绿水青山保留给城市居民的生态文明理念，在“三规合一”图上，全市划定增长边界，首次在空间上明确了城市开发边界，控制了城市的无序增长。特别是将市域范围的水库、湿地、水源保护区、自然保护区、森林公园等重要生态用地，以及其周边控制区域划定为保护性生态控制线，切实保障了城市的生态安全。

（4）民生为重，保障公共设施落地。

以往由于“三规”差异，医院、学校、市场、变电站等民生基础设施的邻避效应被放大了，经常处于“落地难”的困境。“三规合一”对全市2016年前的2611项建设项目进行认真梳理。特别对重大民生和公益性基础设施，包括新增中小学等教育设施项目、综合性及专科医院等医疗卫生设施、儿童公园项目、各项文化设施以及市政设施及道路交通项目等给予优先保障，并以规划的形式“固定”下来，从而确保了这些项目的落地建设，切实做到坚持为民、民生为重。

（5）便民利民，提高行政服务效率。

通过“三规合一”构建的信息联动平台，改革内部工作流程，实现了一个“窗口”受理，实现了数据的对接，并联审批，信息共享，限时办结，大幅度减少了审批环节，避免因规划不一导致的来回调整，有效解决了市民群众要跨过“多道门槛”才能办成事的问题，加快政府职能转变，提高行政服务效率，降低行政成本和市民办事成本，令市场活力得到释放，促进人民满意政府建设。同时，通过公众参与和信息公开，接受全社会的监督，做到“阳光规划”，对提高政府科学决策水平具有重大意义。

（6）推广应用，逐步探索多规融合。

“三规合一”后，各职能部门在编制专项规划时，可以此为基础，在同一张底图上作业，避免不协调问题的发生，确保规划落地实施。目前，积极探索在保障各类法定规划协同工作的基础上，加快实现环保、文化、教育、体育、卫生、绿化、交通、市政、水利、环卫等专业规划的“多规融合”的途径，逐步打破部门条块分割和局限，最终实现“一张蓝图”干到底。

“三规合一”的关键在于实施，广州市“三规合一”的实践和探索虽然取得了一定的成效，但如何在未来的规划实施中，保障三类法定规划协同工作，实现“三规合一”工作的常态化，是必须面对的现实难题。

广州“三规合一”起于城市空间管理的矛盾，通过对技术标准、协调机制的研究和创新，广州正以“三规合一”为依托探索城市规划治理的新模式。“三规合一”任重而道远。

第十章

构筑理想城市空间：厦门市“三规合一”实践

厦门，一个美丽温馨的城市，一个充满活力的城市，一个构筑理想的城市。这里山海交融、林海互通；这里闽侨风情、文化多元；这里经济繁荣、文明和谐；这里领风气之先，开创新之先河。

美丽的城市，需要构筑美好的蓝图。2013年，为深入贯彻落实科学发展观，立足新起点、新条件，站在国家战略高度，厦门市以“美丽厦门”为主题开展了战略规划工作。

《美丽厦门战略规划》可以说是引领厦门今后若干年城市发展的顶层设计。规划提出了“把厦门打造成为国际知名的花园城市、美丽中国的典范城市、两岸交流的窗口城市、闽南地区的中心城市、温馨包容的幸福城市”的城市定位；提出了“两个百年”的美好愿景——到建党100年时，建成美丽中国的典范城市；到建国100年时，建成展现中国梦的样板城市，在全国全省发展大局中发挥更大作用；提出了“大海湾、大山海、大花园”的城市空间发展战略和产业升级、机制创新、收入倍增、健康生活、平安和谐、智慧名城、生态优美、文化提升、同胞融合、党建保障等“十大行动计划”。

图10-1 “美丽厦门”空间发展战略

以跨岛发展战略为核心，拓展形成“一岛一带多中心”的空间格局。“一岛”即厦门本岛；“一带”即环湾城市带，串联漳州开发区、角美、龙海、海沧、集美、同安、翔安、金门、南安等区域；“多中心”即厦门岛市级中心、东部市级中心以及海沧、集美、同安、翔安四个区级中心。图片来源：《美丽厦门战略规划》

厦门市“三规合一”以“美丽厦门”战略规划为引导，充分落实“美丽厦门”战略规划的目标、定位、战略方向和实施举措，以打造城市空间发展平台和城市空间管理平台为目标，通过建立结构控制线、用地控制线两种类型的控制线体系，对厦门市行政审批流程进行梳理分析，形成了“战略先行——空间落实——流程再造”的厦门“三规合一”工作三部曲，实现目标控制与实施路径的完美结合，推进“三规合一”工作。

厦门“三规合一”“一张图”工作以构建理想城市空间为目标，落实战略规划确定的“大海湾、大山海、大花园”的城市空间发展战略，通过生态控制线、建设用地增长边界控制线等结构控制线的划定，落实城市山水格局和城市功能组团布局，打造城市空间发展平台，引领城市未来发展。

在结构控制线划定基础上，“一张图”工作面向用地管理、协调城乡规划与土地利用总体规划建设用地空间布局差异，落实“美丽厦门”战略规划近期实施项目和国民经济和社会发展规划建设项目，划定建设用地规模控制线、基本生态控制线、生态林地控制线和基本农田控制线等用地控制线，保障“三规”在用地上衔接和协调。

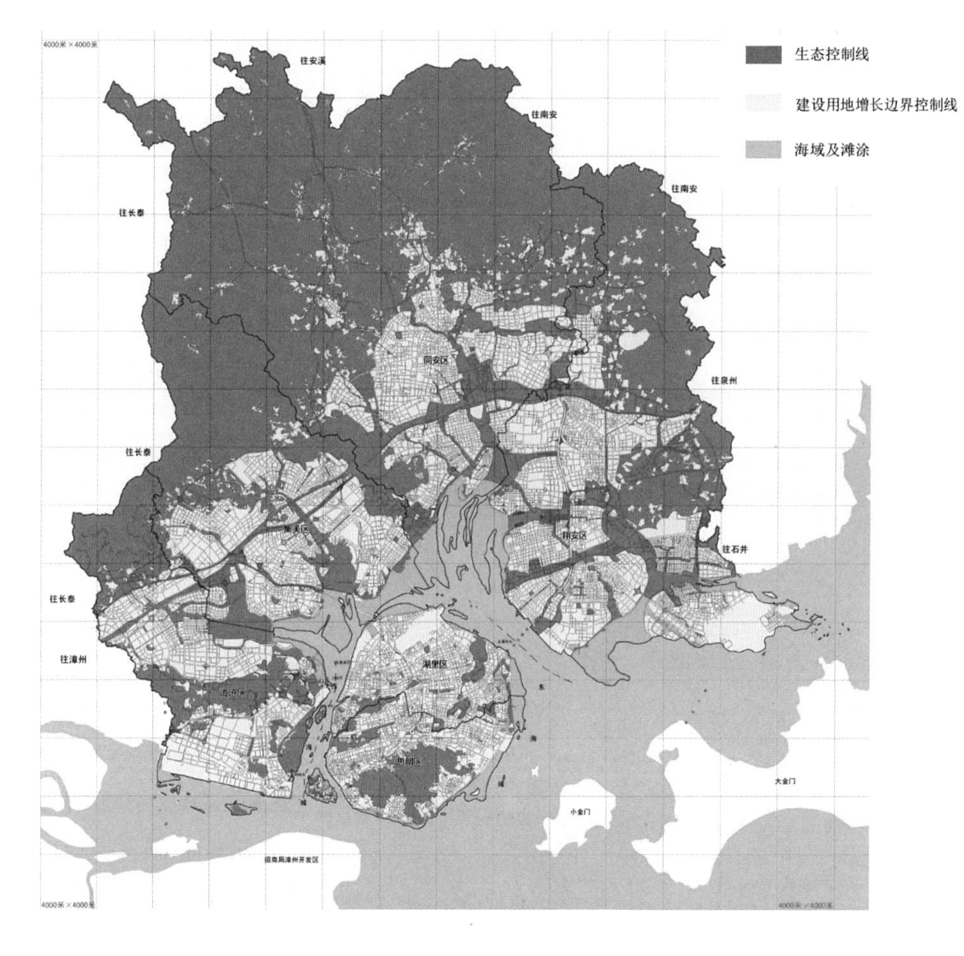

图10-2 厦门“三规合一”结构控制线规划图
图片来源：《厦门市“三规合一”“一张图”工作》

厦门“三规合一”信息平台构建工作以“一张图”为依托，以建设用地审批流程再造为核心，开拓创新项目报审模式，提高行政审批效能，促进政务公开，转变政府职能，重构城市空间管理体系，推动统一的城市空间管理平台建设。

“美丽厦门”战略引领下的“三规合一”，将成为全面深化改革、建设美丽厦门的重要抓手，整合发改、规划、国土等资源，落实“五位一体”全面协调可持续发展的重要手段。

第一节　战略先行，统一思想

城市发展需要顶层设计，而《美丽厦门战略规划》正是对厦门城市发展路径的全方位的描述。它是对厦门历史和现在的总结，更是对厦门未来的描述。

《美丽厦门战略规划》面对厦门面临的“小”的制约、岛内外发展不平衡、发展有待转型、交通压力巨大、生态环境脆弱等“五大压力”，把握城市发展机遇，明确城市发展定位、发展目标，提出“大海湾、大山海、大花园”空间发展战略。

“美丽厦门”大海湾城市战略的核心在于从厦漳泉区域层面，以国家的海西发展战略为契机，发挥经济特区制度创新的优势，扮演其他任何地区都无可替代的国家对台战略角色，促进海峡两岸共同发展；打破行政壁垒，通过区域基础设施一体化，加快厦漳泉的同城化进程，建设大湾区都市区；通过“小三通”和旅游发展，深化厦漳泉与金门的协同发展；以厦漳泉为核心，促进沿海发达地区和西部山区的区域协调发展。

大山海城市战略主要以厦门湾的空间为载体，通过制度创新，探索以人为本的新型城镇化道路，提高城市化质量，统筹城乡发展；通过构建以“山、海、城”相融为特点的“一岛一带多中心”格局，打造理想空间结构；通过构筑湾区导向的、贯通组团的城市交通系统，拉开城市骨架；实施严格的生态保护策略，构建“山海相护、林海相通”的生态安全格局。

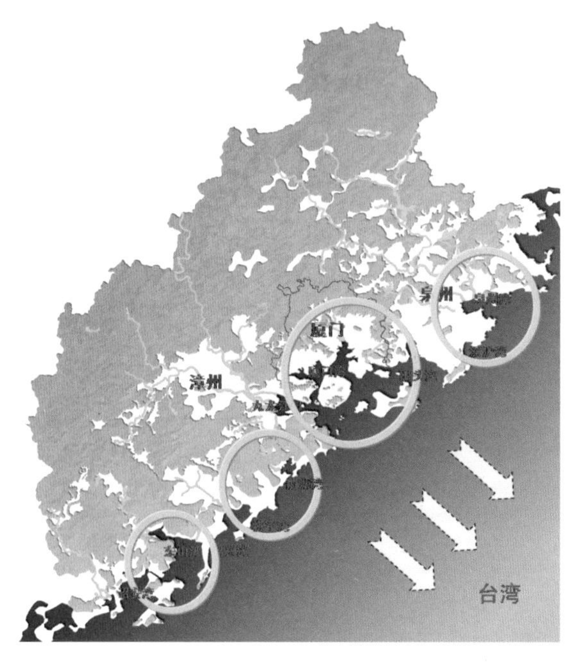

图 10-3 大海湾城市格局图
图片来源：《美丽厦门战略规划》

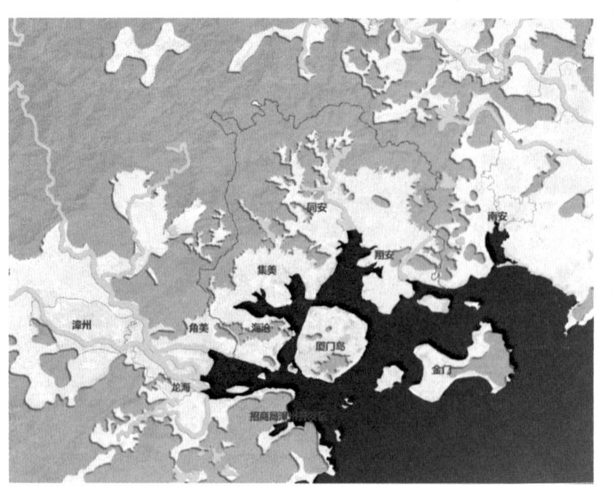

图 10-4 大山海城市格局图
图片来源：《美丽厦门战略规划》

大花园城市战略关键是从市民身边的“衣食住行”做起，以人性化的尺度，建设多样化、多层级的花园；以绿色发展的理念促进经济发展和环境优化，完善城市功能布局；以美好环境建设为载体，加快健全均衡发展、覆盖城乡的基本公共服务体系；以完整社区为理念，建设温馨包容的幸福城市，让城市处处散发国际花园城市的美丽气息。

建设“美丽厦门”的核心是“五位一体”，要在经济不断发展的基础上，协调推进政治建设、文化建设、社会建设、生态文明建设和其他各方面建设。

建设“美丽厦门”的动力在全面深化改革，完善体制机制，实现治理体系和治理能力的现代化。

建设“美丽厦门”的方法在坚持共同缔造，充分发挥群众的积极性、主动性、创造性，让人民群众更多更公平地共享发展成果。

战略明确，思想统一，行动路径清晰，需要寻找战略落实的突破点。

国民经济和社会发展规划、城乡规划、土地利用总体规划是城市中最为重要的三种规划，战略目标的实现，需要这三个规划落实。

但现实不容乐观。目前厦门市的城乡规划、土地利用总体规划与战略规划提出的“大海湾、大山海、大花园”城市发展战略的空间布局存在较大差异。

以生态用地的布局为例，在战略规划指导下，通过城市山水格局的研究和生态线的划定工作，厦门市初步划定了生态控制线989平方公里，但是生态控制线与现行的法定规划具有较大的矛盾，其中与土地利用总体规划差异面积72平方公里，与空间布局规划（相当于控制性详细规划）差异面积40平方公里，与发改规划确定的建设项目用地需求的矛盾面积10平方公里。由此可见落实《美丽厦门战略规划》需要对国民经济和社会发展规划确定的建设项目、城乡规划、土地利用总体规划进行重新整合。

我们再看看空间格局实施问题。战略规划提出以跨岛发展战略为核心，拓展形成“一岛一带多中心”的空间格局，加快岛外公共服务设施建设，推进岛内外一体化。“一岛”即厦门本岛；“一带”即环湾城市带，串联漳州开发区、角美、龙海、海沧、集美、同安、翔安、金门、南安等区域；“多中心”即厦门岛市级中心、东部市级中心、海沧、集美、同安、翔安四个区级中心。但在战略具体落实过程中,包括马銮湾新城、集美新城、同安新城、翔安新城以及各组团的产业园区等有助空间格局形成的用地安排却存在困难，空间布局优化缺乏调控手段。

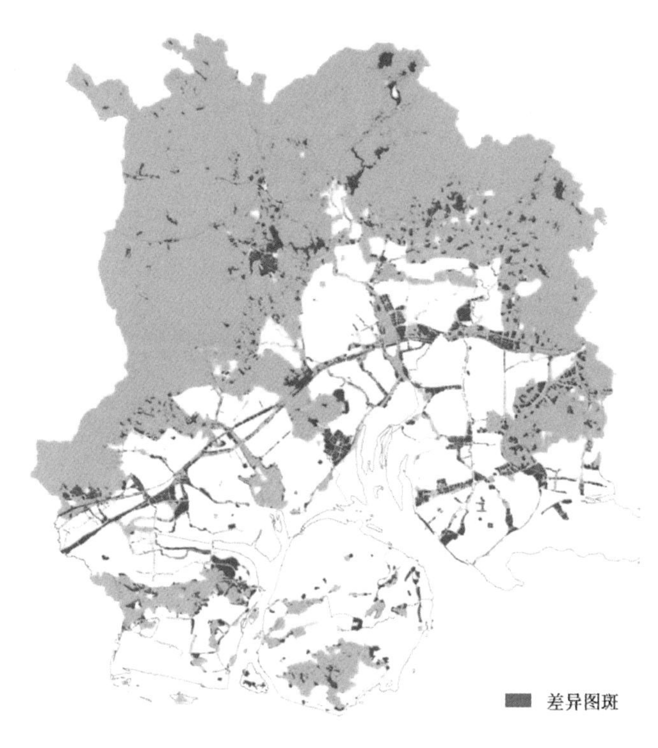

图 10-5 厦门市生态控制线与“三规”矛盾图
图片来源:《厦门市“三规合一”“一张图”工作》

国民经济和社会发展规划、城乡规划、土地利用总体规划除与战略规划的发展构想存在矛盾外，这三个规划之间也存在较大的差异。作为用地审批依据的空间布局规划与土地利用总体规划差异图斑为12.4万块，面积307平方公里，其中城乡规划超出土地利用总体规划的建设用地图斑10.8万块、面积251平方公里；土地利用总体规划超出城乡规划的建设用地图斑1.6万块、面积56平方公里。

理想很丰满，而现实很骨干。理想与现实的差异需要一种方法去解决。

“三规合一”是国民经济和社会发展规划、城乡规划、土地利用总体规划基于城乡

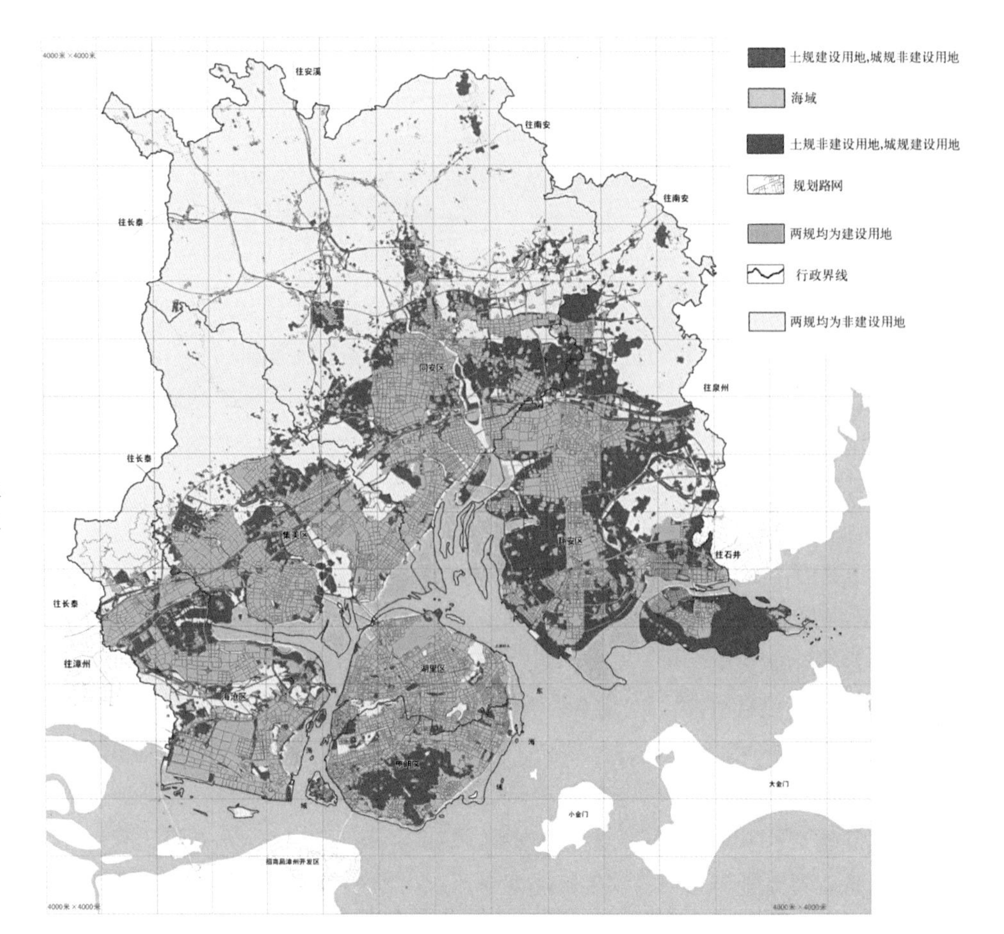

图 10-6 厦门市“两规”差异分析图
图片来源:《厦门市“三规合一”“一张图”工作》

空间的协调，它是构建理想城市空间，促进城市空间发展战略形成的基础，同时以“三规合一”为基础，通过审批流程的再造和信息平台的搭建可以促进城市治理体系的改革和空间管理机制的变革。

战略引领下的“三规合一”工作是促进全面深化改革、建设美丽厦门的重要抓手，是整合国土、规划、发改等资源，落实“五位一体”全面协调可持续发展的重要手段。可以这样说，厦门市“三规合一”工作是落实《美丽厦门战略规划》的行动规划或者实施规划。

以“美丽厦门”战略为引领的厦门“三规合一”，从形成城市发展平台和城市空间管理平台的角度明确工作内容、技术路线和工作成果。

厦门“三规合一”的工作分为两条线。从引领城市空间发展的角度，以城乡空间为依托整合“三规”，底线思维，消除差异，落实“美丽厦门”空间发展战略，形成全市统一的“一张图”，奠定城市空间发展平台；从理顺城市空间管理职能角度，依托信息联动平台建设，结合建设项目审批流程再造，打造城市空间管理平台。

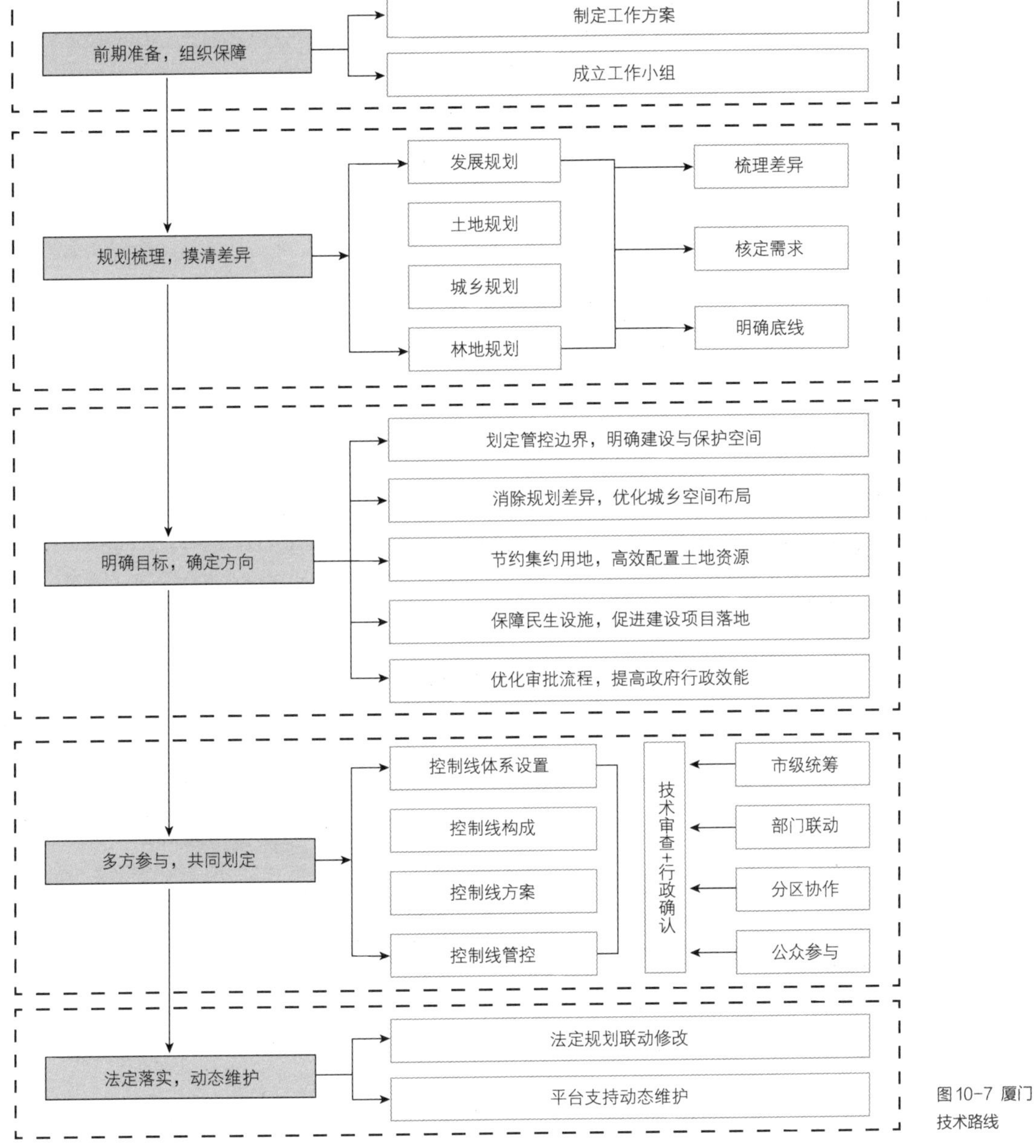

图 10-7 厦门“三规合一”技术路线

第二节　底线控制，打造城市空间发展平台

“三规合一”“一张图”是落实“美丽厦门”空间发展战略的基础和抓手。“三规合一”“一张图”的形成过程，是市区联动和部门协调的过程，是城市发展目标在空间上达成共识的过程。“一张图”形成后，将成为城市空间发展平台，因此厦门“三规合一”“一张图”兼具引领城市理想空间发展和保障“三规”达成共识的双重作用。

基于这个目标，与广州市划定的以用地控制为前提的控制线不同，厦门“三规合一”工作对控制线体系进行了有益的探索，配合“一张图”的双重目标，将控制线体系分为结构控制线和用地控制线两种类型。

所谓“三规合一”结构控制线是从构建城市发展理想空间结构角度出发而形成的

控制线类型。“三规合一”结构控制线重在规划的引导和控制，主要是通过对不同类型的空间区域采取特有的空间管制来实现统一城市发展的目标，包括生态控制线、建设用地增长边界控制线。

在结构控制线之下，是用地控制线。“三规合一”用地控制线是在一定的时间期间内，与城乡规划、土地利用总体规划具体用地进行衔接的控制线类型，重点是面向规划实施，保障“三规”在土地利用布局的一致性，包括基本生态控制线、基本农田控制线、生态林地控制线、建设用地规模控制线。

我们先来看看厦门的结构控制线。

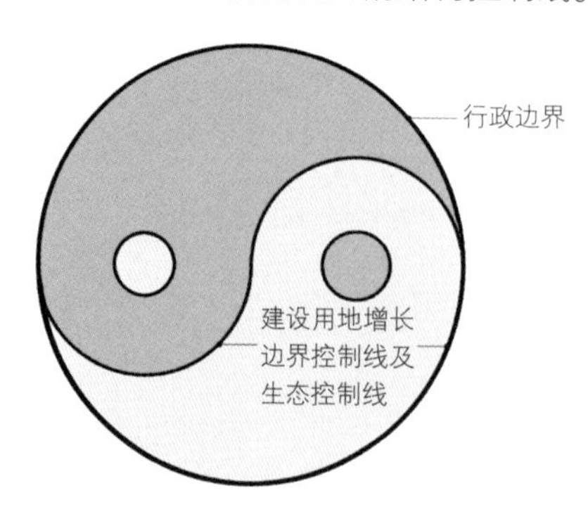

图10-8 厦门“三规合一”结构控制线关系图

厦门市“三规合一”结构控制线包括生态控制线和建设用地增长边界控制线。这两条控制线的名称虽然与广州市的生态控制线、建设用地增长边界控制线的名称一致，但是内涵有较大的差别。

广州市的生态控制线、建设用地增长边界控制线之间存在非建设用地进行隔离。而厦门市“三规合一”生态控制线与建设用地增长边界控制线是一对相互咬合的界限，如果扣除海域的因素，这两根控制线可以合二为一。

关于生态控制线的内涵，广州市与厦门市也有较大的不同。广州市的生态控制线范围内全部为非建设用地，而厦门市的生态控制线范围内包括基本生态控制线（含基本农田控制线、生态林地控制线）、非建设用地和规划控制的建设用地。也就是说厦门市生态控制线的范围内含有部分的建设用地。

结构控制线的划定对落实“美丽厦门”空间发展战略、打造城市空间发展平台具有重大意义。

首先，保障了“美丽厦门”空间战略的落地实施。

结构控制线的划定是在生态敏感性分析和建设用地适宜性评价基础上，将《“美丽厦门”战略规划》中确定“大海湾”、“大山海”、“大花园”的空间发展战略落实到用地控制的层面，在全市域范围内明确了城市适宜建设和需要保护的空间。

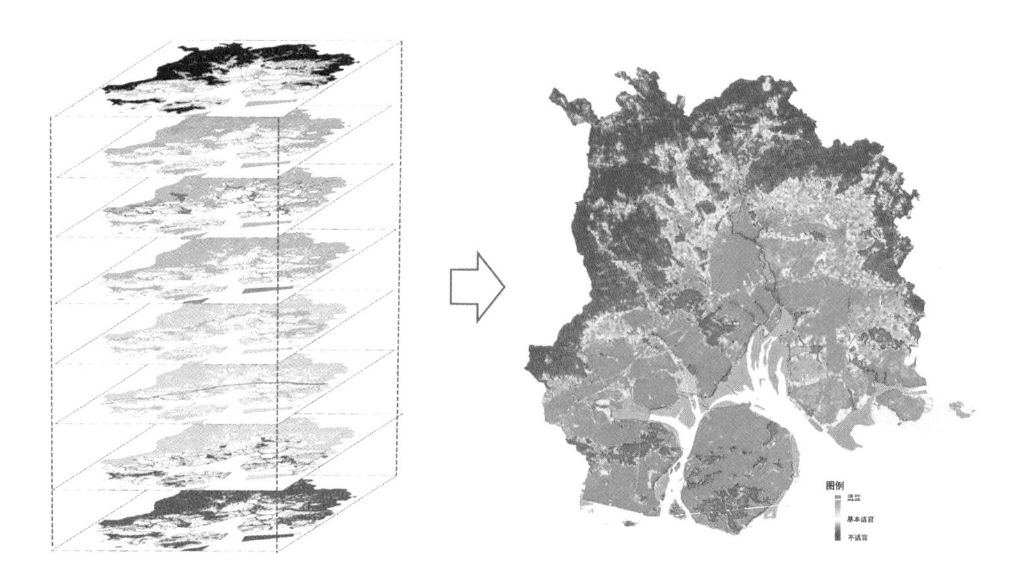

图10-9 厦门市用地适宜性评价图
图片来源：《厦门市“三规合一”“一张图”工作》

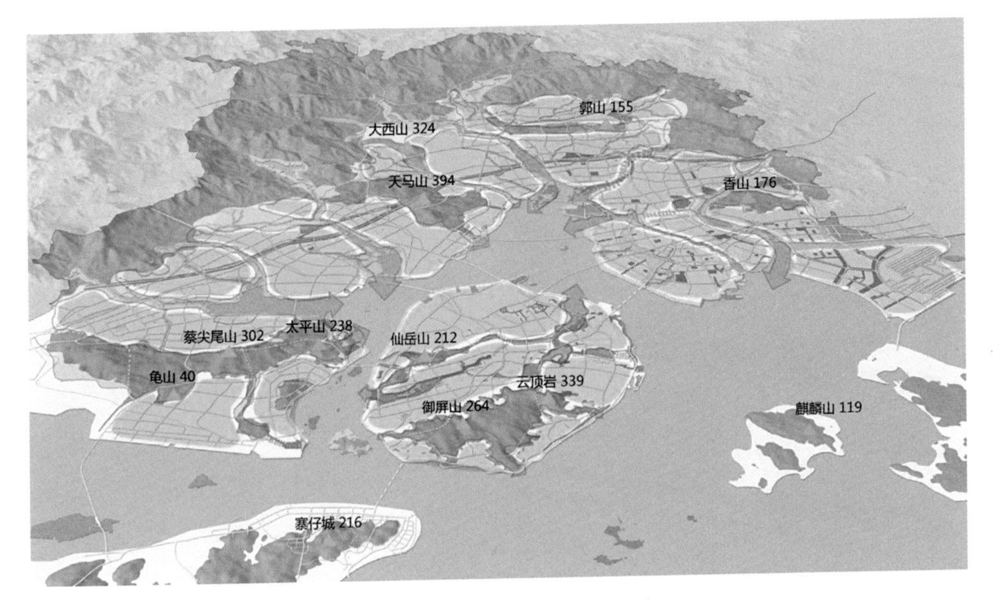

图 10-10 厦门市山水格局图

图片来源：《美丽厦门——山水格局概念研究》

利用“反规划”方法，厦门“三规合一”优先划定了生态控制线。

厦门生态控制线的划定保护了海沧湾、马銮湾、杏林湾、同安湾、东坑湾、南部港汊、九溪河口等湾区和河口地区的生态保护用地，以及与漳州、泉州接边地区的生态隔离用地，促进了“大海湾”格局的落实。

控制了形成城市山水格局最为重要的蔡尖尾山生态廊道、马銮湾生态廊道、杏林湾生态廊道、美人山生态廊道、同安湾生态廊道、下潭尾湾生态廊道、东坑湾生态廊道、西山岩生态廊道、九溪生态廊道等山海连接廊道用地，滨海绿廊、市政走廊重要的河流水系、湖泊水库等用地，以及680平方公里的生态林地、103平方公里的基本农田，促进了“大山海”生态格局的落实。

厦门生态控制线采用差别化管理政策保护了城市中的绿色开敞空间，促进了“大花园”战略的落地。

在生态控制线划定基础上，将“一岛一带多中心”城市功能组团用地落实，形成建设用地增长边界控制线。建设用地增长边界控制线是厦门今后若干年可建设的区域，是厦门未来城市功能的主要载体。

厦门“三规合一”通过生态控制线和建设用地增长边界控制线的划定，落实了“美丽厦门”空间发展战略，明确了对生态用地和适宜建设用地的控制要求，促进了理想城市格局的形成。

第二，引导“三规”未来编制方向。

国民经济和社会发展规划、城乡规划、土地利用总体规划由于受规划期限的限制，对城市发展和空间的引领具有一定的局限性。厦门“三规合一”结构控制线的期限与“美丽厦门”战略规划一致，是对厦门城市空间长远发展的引领。通过结构控制线的划定，可以将需要长远控制的生态用地控制下来，可以将对生态结构有重大影响，但近期无法实施复垦复绿的建设用地控制下来，可以将可以建设的区域进一步明确下来，通过时间的积累，最终实现保护良好城市山水格局，构建理想城市空间格局的目标。

结构控制线可以实现长远控制的特性，将成为引领“三规”未来编制方向的工具。结构控制线划定后，制定相应的管理规定，并通过立法手段付诸实施。在三个法定规

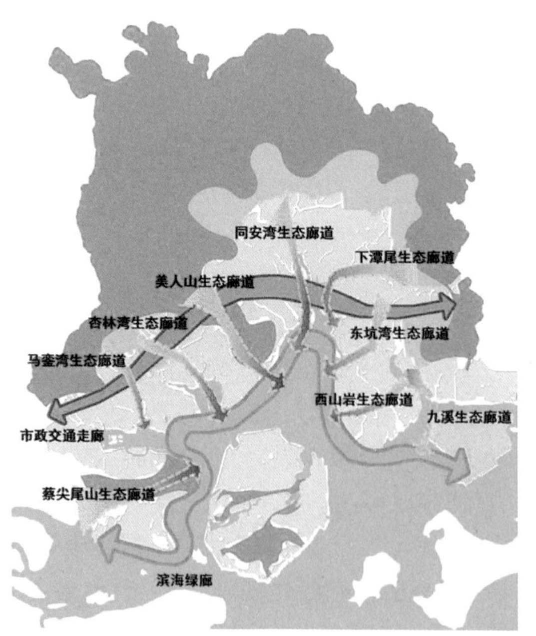

图10-11 厦门市结构性生态控制廊道
图片来源：《美丽厦门战略规划》

划进行新一轮规划编制时，应按照结构控制线的引导方向进行建设项目选择和选址、城乡空间的布局和土地利用的安排。因此，结构控制线的划定将引领“三规”未来空间布局的方向。

第三，形成城市空间发展平台基础。

城市空间发展平台的形成最为基本的要求是首先明确城市保护与建设空间，而结构控制性解决的核心问题也是城市保护与建设空间的问题，因此结构控制线的划定必然成为形成城市空间发展平台的基础。

在结构控制线基础上，城市未来空间发展的各种规划和设想都可以叠加于此。在生态控制线基础上可以进一步深化形成林地保护、农田保护、湿地保护、河流水域保护等各种保护空间的发展设想；在建设用增长边界控制线基础上可以构建理想城市交通体系、公共服务体系、产业体系等建设空间的发展设想。最终这些规划或设想共同促进城市和谐发展。

厦门市“三规合一”用地控制线重点是从规划可实施性的角度，协调“三规”，安排保护空间和建设空间。

厦门“三规合一”各类用地控制线的划定特点包括：

一是进行保护分级，明确核心保护范围，在生态控制线内划定基本生态控制线面积约860平方公里，包含生态林地、基本农田保护区和生态廊道、市政走廊、山海通廊中控制用地，以及重要的河湖水系等。明确在基本生态控制线外的非建设用地面积约120平方公里。

二是落实“保耕地红线”行动，在厦门市“三规合一”工作中坚持实行严格的耕地保护制度，在农用地分等定级基础上，按照现行土地利用总体规划的基本农田保护区，划定厦门“三规合一”基本农田控制线约103平方公里，维护粮食安全。

三是按照国家“森林城市”评价标准，结合林业用地现状及规划，根据现状林地潜力分析，按照不小于市域土地面积的40%比例，统筹划定生态林地控制线约680平方公里，建设美丽“森林城市”。

四是不突破现行土地利用总体规划确定的各项约束性指标，优化建设用地空间布局,落实建设项目用地，利用OR模型引导新增建设用地增长，全市划定建设用地控制线，面积为585平方公里。在规划期内，土地利用总体规划和空间布局规划，应该将建设用地布局在建设用地规模控制线范围内，发改的建设项目也应该落实在建设用地规模控制线内。

在指导城乡规划、土地利用总体规划等法定规划修改后，“三规合一”的建设用地规模控制线为项目选址、规划许可、用地报批等提供了审批依据。

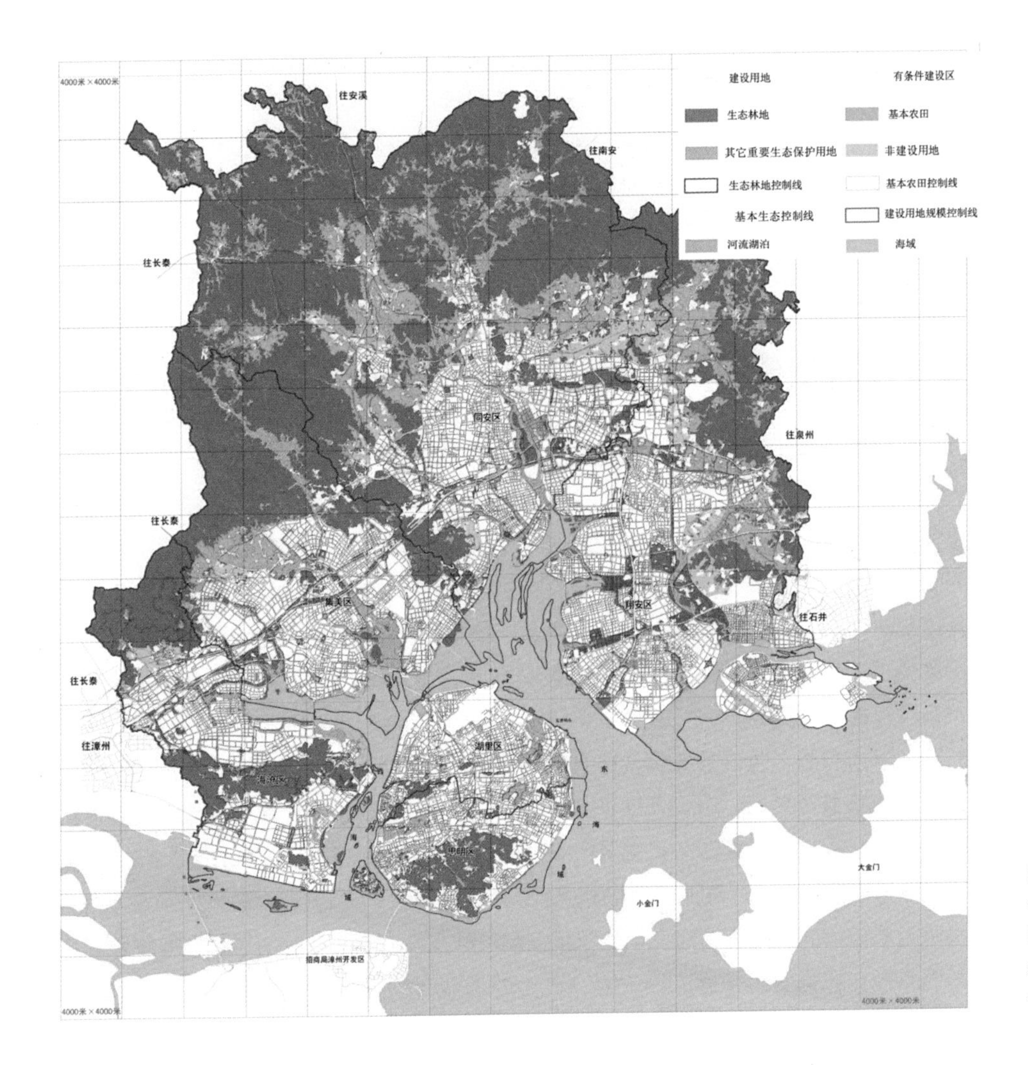

图 10-12 厦门“三规合一”用地控制线规划图
图片来源：《厦门市“三规合一”“一张图”工作》

第三节 流程再造，构建城市空间管理平台

“三规合一”“一张图”明确了城市空间发展平台，但是要实现城市治理体系和空间管理体系的改革，需要理顺城市空间管理职能和相互关系，厦门市“三规合一”工作从建设用地审批流程再造入手，结合“三规合一”信息联动平台的建设，探索城市空间管理平台搭建的方式方法。

厦门建设用地审批流程再造采用“统一收件、同时受理、并联审批、同步出件”的运行模式。主要是依托“三规合一”信息联动平台，对建设项目用地规划许可阶段涉及的规划许可、用地预审、项目立项（或可研批复）等审批事项进行全面梳理，压缩审批环节、再造审批流程、精简审批材料、推进信息共享，实现政府统筹、多部门参与的协同审批工作机制，最大限度减少申请人在各部门之间的来回奔波，大幅度提升行政审批效能。以信息平台为依托的审批流程再造为构建城市空间管理平台进行了有益探索。

首先，再造审批流程，大幅压缩审批时间。

审批流程再造之前，申请人需要分别到发改、规划、国土等相关审批部门串联审批，审批时间逐项累加，从项目立项申请开始到规划许可办出约需半年时间。审批流程再造之后，审批环节减少，审批时限大幅压缩，用地规划许可阶段实际审批时间减少至12个工作日。该项城市管理平台创新主要包括：

一是将用地规划许可前置审批条件由项目立项（或可研批复）改变为仅提交项目建议书或前期工作函（要求深化项目建议书批复内容），将项目立项（或可研批复）调整至项目方案设计阶段或规划方案批复同步联审办理。

二是将部分环节调整至行政部门内部业务流程，如将建设项目用地预审的前置中介服务事项“勘测定界报告”改变为国土房产局内部业务流程。

三是区分项目类别，制定不同流程。分别按照非公开出让用地的财政投融资项目、非公开出让用地的核准类项目和公开出让用地项目制定审批流程、编制办事指南。

第二，创新项目报审模式，推行一表受理审批。

审批流程再造之前，各审批部门单独受理申请，因无信息共享平台，申请人需充分提交各种申报材料，以财政投融资项目为例，办理建设用地规划许可阶段的各类审批事项，申请人需向相关审批部门提交的各类材料累计达25项。审批流程再造之后，依托“三规合一”信息联动平台，申请人只需提交6项申报材料即可办理建设用地规划许可阶段的各类审批事项，实现了“一份办事指南、一张申请表单、一套申报材料、完成多项审批”的目标。

第三，实行统一收发件，实现网上申报和审批。

审批流程再造之后，申报人只需将受理材料提交到市政务中心统一收发件窗口。由市政务中心将审批材料发送至“三规合一”信息平台，各部门在“三规合一”信息平台上实时接受申请材料、一表形成审批意见、及时上传审批结果，“三规合一”信息平台将各类审批数据实时推送到市建设项目审批信息管理系统，由市政务中心统一收发件窗口统一将审批结果送达申请人。“三规合一”信息联动平台将成为审批部门互动互通的窗口，通过实行统一收发件、实时流转、信息共享，大大减少了申请人在各部门的来回奔波，各审批部门通过共享平台提前介入、同步受理，确保了建设项目审批的高效运作。

第四，协同办公、信息共享，实现并联审批。

审批流程再造之前，部门审批为前后关系，前一环节的审批结果为后一环节审批的必要条件，并且在具体操作过程中，前后道审批缺乏有效、及时的信息沟通，经常造成项目的调整和反复。

审批流程再造之后，一是依托“三规合一”信息联动平台，推进项目策划阶段项目生成机制，在项目初期即避免部门间信息不对称带来的反复调整。

二是利用“三规合一”信息联动平台，推动了投资主管部门、国土、规划等的统一收件，并联审批，环保、水利、经发、林业、海洋等部门也提前介入，一表提供初审意见，减少后期审批的调整与反复。

三是对接“三规合一”信息联动平台，通过统一收发件、实时流转的工作模式和审批管理系统的设计，对审批环节进行全程跟踪督办及审批节点控制。

厦门市“三规合一”信息联动平台建设工作，为构建统一的城市空间管理平台奠定了基础。借助“三规合一”信息联动平台，厦门市对城市治理体系和空间管理体系进行了改革：以信息联动平台为工作基础，开拓创新项目报审模式，再造审批流程，提高行政审批效能；依托信息联动平台，以城市治理、改革创新为动力，逐步转变政府职能和行政管理方式，进一步理顺市区两级政府及各部门在空间管理职能上的关系，为行政体制改革奠定方向；依托信息联动平台，及时公开及沟通信息，为政务公开，转变政府职能，提高科学决策奠定基础。

厦门市“三规合一”在“美丽厦门”战略规划引领下以“一张图”为依托形成城市空间发展平台，提供了城市空间发展的基础；以信息联动平台为依托形成城市空间管理平台，提供了城市空间管理的工具与手段。城市空间发展平台的形成和城市空间管理平台的建设，为厦门市城市空间治理探索出了新的方法和途径。

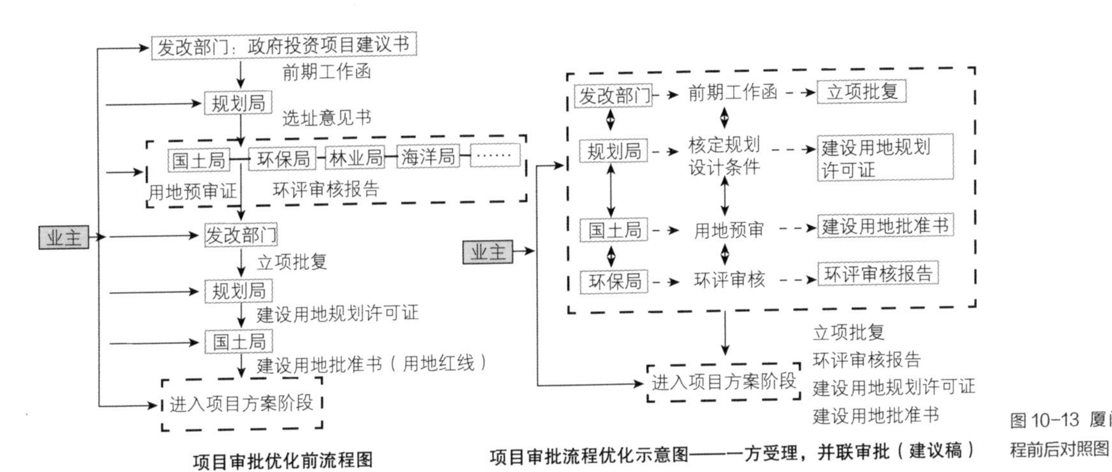

图 10-13 厦门市审批流程前后对照图

结束语

“三规合一”工作不仅仅是从理论的角度认真探索和研究的课题。而且，也是一项实践性极强的工作。不同的城市规模、不同的背景环境、不同的客观条件、不同的发展阶段，其具体运作和工作的方式方法都应有所区别。因此，本书特别选取广州和厦门两个案例，各自独立成章，详细介绍它们的共同特点和差异之处，以利于能够比较全面反映笔者的观点。

广州“三规合一”实践的特点在于：面对近1800平方公里的庞大建设用地规模，能够理性地将行政管理与技术协调有机地结合为一体，在历史与现实盘根错节的复杂条件下，在人们对“三规合一”认识还没有达到高度一致的环境中，摸索出一条普遍都能接受的工作道路，保证“三规合一”能够有条不紊、循序渐进地推进；同时，还能在工作推进过程中，认真有效地解决了广州城市发展面临的一些实际问题。广州“三规合一”的突出成就在于：通过实践探索了空间规划体系的基本框架和建立了“三规合一”的工作机制。

厦门“三规合一”实践的特点在于：能够以厦门城市发展目标纲领和“美丽厦门”战略规划为指引开展“三规合一”工作。厦门城市规模不足广州城市规模的四分之一，山城田海穿插交融特征比较突出，“三规合一”工作更需要清晰的宏观思路引领和细腻的空间把握。厦门“三规合一”以打造城市空间发展平台和城市空间管理平台为目标，通过建立结构控制线、用地控制线两种类型的控制线体系，对厦门市行政审批流程进行梳理分析，形成了“战略先行—空间落实—流程再造”的厦门“三规合一”工作三部曲。厦门“三规合一”的突出成就在于：目标控制与实施路径的完美结合，充分落实“美丽厦门”战略规划的目标、定位、战略方向和实施举措。

当前，都市群化倾向和城市边界碎片化倾向是城市空间发展的两个突出趋势。如何充分发挥国土部门在用地规模方面的管控作用、发改部门在经济和社会发展目标方面的引领作用和城乡规划部门在用地功能布局的统筹作用，是把握日趋复杂的城市空间的关键。建立空间规划和空间管理新秩序，强化边界内涵，建构新的城市门槛，抓住城市发展趋势，创造各具特色的“三规合一”方式将是未来的重要发展方向。

“三规合一”工作目前还只是一个开始，希望广大规划同仁共同努力，不断完善。

参考文献

[1] 董黎明，林坚．土地利用总体规划的思考与探索［M］．中国建筑工业出版社，2010．

[2] 董祚继，吴运娟等．中国现代土地利用规划——理论、方法与实践［M］．中国大地出版社，2008．

[3] 张晓瑞．数字城市规划概论［M］．合肥工业大学出版社，2010．

[4] 维克托・迈尔・舍恩伯格（著）．大数据时代［M］．袁杰译．浙江人民出版社，2012．

[5] 刘守英，周飞舟，邵挺，土地制度改革与转变发展方式［M］．中国发展出版社，2012．

[6] 原玉廷，张改枝．新中国土地制度建设60年回顾与思考［M］．中国财政经济出版社，2010．

[7] 爱德华・格莱泽（著）．城市的胜利［M］．刘润泉（译）．上海社会科学院出版社，2012．

[8] 李其荣．世界城市史话［M］．湖北人民出版社，1997．

[9] 张京祥，罗震东．中国当代城乡规划思潮［M］．东南大学出版社，2013．

[10] 汪德华．中国城市规划史纲［M］．东南大学出版社，2005．

[11] 赵晓．世界各国土地产权制度及其启示［OL］．2010．

[12] 张芝联．世界历史地图集［M］．中国地图出版社，2002．

[13] 张京祥．全球化世纪的城市密集地区发展与规划［M］．中国建筑工业出版社，2008．

[14] 董鉴泓．中国城市建设史［M］．中国建筑工业出版社，2004．

[15] 沈玉麟．外国城市建设史［M］．中国建筑工业出版社，2007．

[16] 王亚男．1900-1949年北京的城市规划与建设研究［M］．东南大学出版社，2008.

[17] 北京京投土地项目管理咨询股份有限公司．城市土地开发与管理［M］．中国建筑工业出版社，2006．

[18] 郭文华．巴西的土地问题与土地审批［J］．国土资源情报，2006，（7）．

[19] 吴唯佳．德国城市规划核心法的发展、框架与组织［J］．国外城市规划，2000，（2）．

[20] 赫尔曼・德沃尔夫（著）．荷兰土地政策解析［J］．贺璟寰（译）．国际城市规划2011（3）．

[21] 唐顺彦，杨忠学．英国与日本的土地管制制定对照比较［J］．世界农业，2001，（5）．

[22] 中国土地管理赴韩国考察团．韩国土地管理考察报告［J］．中国土地，1996，（6）．

[23] 柳岸林．新加坡：土地利用及其发展对策［J］．国土资源，2005，（5）．

[24] 靳婷．浅谈印度土地制度［J］．2011中国可持续发展论坛2011年专刊（一），2011，（11）．

[25] 郭文华．英国土地管理体制、土地财税政策及对我国的借鉴意义［J］．国土资源情报，2005，（11）：7-12．

[26] 唐子来，李京生．日本的城市规划体系［J］．城市规划，1999，（10）．

[27] 黄明华，田晓婧．关于新版《城市规划编制办法》中关于城市增长边界的思考［J］．规划师，2008，（6）．

[28] 程明华．芝加哥区划法的实施历程及对我国法定规划的启示［J］. 国外城市规划，2009，(3).
[29] 徐颖．日本用地分类体系的构成特征及其启示［J］. 国际城市规划．2012，(6).
[30] 刘健．法国国土开发政策框架与及其空间规划体系［J］. 城市规划．2011，(8).
[31] 赵燕霞，姚敏．数字城市的基本问题［J］. 城市发展研究，2001，(1).
[32] 张军，徐肇忠．数字城市对城市规划的影响［J］. 武汉大学学报（工学版），2003，(6).
[33] 黄明华，寇聪慧，屈雯．寻求“刚性”与“弹性”的结合—对城市增长边界的思考［J］. 规划师，2012，(3).
[34] 张振龙，于淼．国外城市限制政策的模式及其对城市发展的影响［J］. 现代城市研究，2010，(1).
[35] 朱江．探索精明增长理论在我国城市规划的应用之路［J］. 现代城市研究，2009，(9).
[36] 秦凌亚等．修武县土地利用总体规划［J］. 河南大学学报，1990，(1).
[37] 余军，易峥．综合性空间规划编制探索—以重庆市城乡规划编制改革试点为例［J］. 规划师，2009，(10).
[38] 胡飞，徐昊．“两规合一”背景下的武汉市城乡体系构建探讨［J］. 规划师，2012，(11).
[39] 田莉，吕传廷，沈体雁．城市总体规划实施评价的理论与实证研究——以广州市总体规划（2001-2010年）为例．2008，(5).
[40] 赵嘉新，黄开华．“三规融合”视角下的城乡总体规划编制实践——以广东云浮市为例．多元与包容——2012中国城市规划年会论文集［J］. 02. 城市总体规划，2012.
[41] 海外的土地产权制度［J］. 理财周刊，2001，4-11.
[42] 中华人民共和国土地管理法.
[43] 中华人民共和国城乡规划法.
[44] 基本农田保护条例.
[45] 市（地）级土地利用总体规划编制规程.
[46] 城市规划编制办法.
[47] 关于市县镇级土地利用总体规划修编有关问题指导意见的通知（粤国土资规划发［2010］207).
[48] 城市用地分类与规划建设用地标准 GB50137-2011［S］.
[49] 广州城市战略规划.
[50] 广州市土地利用总体规划 2006-2020 年.
[51] 广州市土地利用总体规划 1997-2010 年.
[52] 广州市城市总体规划（2001-2010).
[53] 广州市城市总体规划（2012-2020).
[54] 广州市“三规合一”工作技术成果.
[55] “美丽厦门”战略规划.
[56] 厦门市土地利用总体规划 2006 - 2020 年.
[57] 厦门市空间布局规划.
[58] 厦门市“三规合一”技术成果.
[59] 济南市近期建设规划（2013 - 2016).
[60] 广州市“三规合一”“一张图”技术报告［R］.

[61] 上海市“两规合一”工作技术成果.
[62] 武汉市“两规”编制体系专题研究.
[63] 河源市城市总体规划“三规合一”技术报告 [R].
[64] 云浮市资源环境城乡区域统筹规划.
[65] 深圳市基本生态控制线管理规定.
[66] 深圳市人民政府关于执行《深圳市基本生态控制线管理规定》的实施意见.
[67] 关于基本生态控制线管理工作的专项报告 [R].
[68] 国家新型城镇化规划.
[69] 中华人民共和国国家统计局.国际统计年鉴 [M]. 中国统计出版社.
[70] 中华人民共和国国家统计局.中国统计年鉴 [M]. 中国统计出版社.
[71] 中华人民共和国国家统计局.中国城市统计年鉴 [M]. 中国统计出版社.
[72] 中国南方航空航机杂志——空中之家 [J]. 2014，8.
[73] https://gisapps.cityofchicago.org-Chicago Departmengt of Zoning
Ministry of National Development [EB/OI] .https://app.mnd.gov.sg/.
[74] http://data.worldbank.org.cn/indicator/SP.URB.TOTL.IN.ZS.

后　记

城镇化的快速发展伴随信息革命，持续地冲击城市社会、经济、政治生活，对当前我国城市管治提出前所未有的挑战。具体到城市空间管治，分部门的行政管理带来专业化、精细化的同时，也因为信息不共享、不对称，决策不协同带来矛盾和困惑。

挑战带来机遇。

当前“三规合一”的探索正是代表了城市政府对空间管治尝试多部门协同，加强规划（公共政策）统筹的尝试。在这个意义上，也可以理解为社会大变革背景下，追求地方社会管治优化与提升的一种变革。

这种变革以构建信息交流、互通的平台为基础，以决策协同，相互补位，综合治理为手段，以行政管理效率大幅度提升为目标，追求社会的整体良治。

“三规合一”既是现实命题，又是未来方向。作为现实命题，“三规合一”要解决“三规”矛盾给城市空间管理带来的困惑；作为未来方向，“三规合一”应搭建适用于未来城市空间规划管理的运行平台。

面对这两大重任，本书进行了理论研究和实践探索。

理论研究重在揭示“三规合一”的核心内容，明确实现路径。

实践探索重在理论与实际结合，验证实现路径的现实可行性。

两者相辅相成，围绕“规模、边界、秩序”这一“三规合一”主题，构成和谐整体，体现“三规”空间和谐本质。

本书著者的构成也体现了一种和谐的组合。三位著者分别来源于规划管理与技术的一线。河源、云浮、广州、厦门的“三规合一”实践将他们聚集在一起。规划管理与技术的互补，城乡规划与土地利用总体规划编制经验的碰撞，理论与实践的结合给本书的撰写带来许多精彩的篇章。

本书的撰写还有来自多方面朋友的帮助。

感谢王蒙徽、陈建华对本书撰写的指导和帮助。

感谢郭昊羽自始至终参与本书的讨论，不遗余力地给予支持和帮助。

感谢王俊、李洪斌、尹向东在本书成稿过程中的帮助。

感谢邓木林、王喜勇、蔡英杰、王立祥、李密滔为本书绘制美妙的插图。

感谢姜声宏、常延聚、闫永涛为本书提供照片资料。

感谢广州“三规合一”、厦门“三规合一”的工作人员，你们辛勤的劳动给我们提供了“三规合一”鲜活的案例。

感谢笔者家人在本书成稿过程中给予的理解和支持，谢谢！